AUFTRAGSBEARBEITUNG: PRAXIS AM PC

Sage Classic Line 2008 Auftragsbearbeitung

Brawaweg 5 • 85465 Langenpreising
Telefon 08762 – 726 58 90 • Fax 08762 – 726 58 91
info@neueweltverlag.de

Edition lernen und Wissen

Gedruckt in Deutschland

Coverabbildung: © Luis Francisco Cordero - Fotolia.com

Autor: Jörg Merk
info@neue-welt-verlag.de

ISBN-13 978-3-937957-43-2
EAN 9783937957432

VORWORT:

Dieses Schulungshandbuch zeigt dem Anwender der Classic Line 2008 (intern 4.0) auf anschauliche Weise und mit praxisnahen Übungen, wie das Tagesgeschäft einer Warenwirtschaft in der Classic Line umgesetzt werden kann.

Es geht darum, einen Überblick über die wichtigsten Funktionen der Software zu bekommen, eine eigene Firma anzulegen und möglichst schnell den Echtbetrieb aufzunehmen.

Dieses Schulungsbuch hat nicht die Absicht, ein Handbuch zu ersetzen oder die Bedienung eines PCs zu erklären. Hier geht es rein um Fragen der Auftragsbearbeitung und deren praktische Umsetzung. Das Ganze wird illustriert mit Screenshots, Aufgaben, Belegen, praktischen Übungen und Fragen zur Selbstkontrolle. Da in diesem Buch systematisch der komplette Aufbau einer Warenwirtschaft in der Classic Line erarbeitet wird, setzen wir in einem Kapitel erklärten Funktionen in der Folge als bekannt voraus und gehen nur noch auf Änderungen und neue Funktionalitäten ein. Dadurch wird es möglich, auf laufende Wiederholungen zu verzichten und die Lektüre spannender zu gestalten.

Für die Übungen haben wir uns für die Firma Musikladen GmbH entschieden, eine Firma, die Stereoanlagen, Musikinstrumente und Boxen baut und Musik CDs und Videos anbietet. Das ist eine Materie, mit der sich jeder sehr leicht identifizieren kann und mit umso mehr Freude an die Arbeit geht.

Um eine bessere Kontrolle zu bieten, wird es zu den Aufgaben jeweils auch einen Datenbestand mit den erfassten Stammdaten und Belegen geben, der es Ihnen ermöglicht, Ihre Ergebnisse abzugleichen.

Zu Beginn geht es darum, die eigene Firma als Mandant anzulegen und sich mit der grundlegenden Funktionalität des Programms vertraut zu machen. Anschließend wird eine einfache Warenwirtschaft eingerichtet und der komplette Ablauf der Auftragsbearbeitung durchgespielt, vom Angebot bis zur Rechnung.

Im nächsten Teil des Handbuches geht es dann um alle erforderlichen Auswertungen, die Möglichkeiten der Abstimmung und Korrektur und die Lagerbuchhaltung auch ohne das Modul Bestellwesen.

Abschließend werden wir uns mit der Schnittstelle zur Finanzbuchhaltung beschäftigen.

Zielsetzung dieses Buches ist die einfache, praxisnahe Auftragsbearbeitung mit der Classic Line im Standard. Für die Bereiche Finanzbuchhaltung, Bestellwesen, Produktion und Lohn & Gehalt gibt es eigene Bücher.

Auf spezielle Neuerungen im Programm werden wir in den einzelnen Kapiteln hinweisen. Weitere neue Funktionen finden Sie im Kapitel Tipps und Tricks.

Dieses Schulungshandbuch wurde komplett überarbeitet. Insbesondere wurden in einigen Fälle neue Daten eingepflegt, um auch Details, wie E-Mail oder Internetseite verfügbar zu machen.

Viel Spaß bei der Lektüre.

Inhaltsverzeichnis

Vorbereitende Arbeiten 4
Einleitung 6
Allgemeines zur Classic Line 7
Die Symbole 10
Die Druckereinrichtung 14
Anlage eines eigenen Mandanten 17
Der Mandantenstamm 19
Stammdaten 27
Grundlagen 28
Der Kundenstamm 32
Memos und Sperrvermerke 43
Der Lieferantenstamm 45
Der Artikelstamm 54
Stammdatenlisten 62
Das Angebot 66
Die Angebotserfassung 66
Die Auftragserfassung 76
Die Auftragsbestätigung 76
Der Lieferschein 91
Die Rechnung 95
Gutschrift / Stornorechnung 102
Das Rechnungsaus-gangsbuch 108
Druck Rechnungsausgangsbuch 109
Meldungen beim Druck des Rechnungsausgangsbuches 114
Auswertungen 115
Auswertungen Angebote / Aufträge 115
Aktuelle Informationen in den Stammdaten 118
Listen und Statistiken 121
Vorjahresvergleich 125
Perioden- und Jahresabschluss 128
Preise und Rabatte 131
Die Lagerbuchhaltung 140
Die Lagerbewegungserfassung 140
Tipps und Tricks 145
Arbeiten mit Favoriten 145
Anpassen der Optionen 146
Lieferdaten in Rechnung übernehmen 147
Datensicherung 148
Der Multicom Informationserver 151
Zusätzliche Informationen im Kundenstamm 151
MC Information Server – das Menü 155
Fragen und Aufgaben 156
Nachwort 159

Vorbereitende Arbeiten

Bevor Sie in der Classic Line eine neue Firma anlegen, sollten Sie einige nützliche Vorarbeiten erledigen.

Erstellen Sie eine Checkliste mit den Unterlagen und Informationen, die Sie für die Einrichtung Ihrer Auftragsbearbeitung benötigen. Die folgende Übersicht mag dabei als Vorlage zur Orientierung dienen, wird aber sicherlich im Einzelfall um weitere Punkte zu ergänzen sein.

- Mit welchem Kontenrahmen soll gearbeitet werden (SKR 03 oder SKR 04)? Fragen Sie im Zweifel Ihren Steuerberater. Sie haben die Möglichkeit, die Rechnungen, die Sie in der Auftragsbearbeitung schreiben, automatisch in die Finanzbuchhaltung oder an die DATEV zu übergeben, deshalb hinterlegen Sie am Besten gleich den richtigen Kontenrahmen.

- Wie sieht Ihr Artikelstamm aus? Wenn Sie schon ein System haben, stellen Sie sich die Frage: Bin ich damit zufrieden? Wie viele Stellen haben Ihre Artikelnummern?

- Welche Artikelgruppen gibt es? Sind vor der Datenübernahme ins neue System Änderungen oder Bereinigungen durchzuführen?

- Wollen Sie eine Provisionsabrechnung machen? Gibt es mehrere Vertreter pro Kunde?

- Wollen Sie mit Fremdwährungen und Fremdsprachen arbeiten?

- Werden in der Classic Line auch andere Module genutzt (z.B. Finanzbuchhaltung, Bestellwesen, Produktion oder Lohn & Gehalt)?

- Wie viele Stellen sollen die Kundennummern haben (möglich von 5-10)?

- Sollen externe Programme (z.B. Webshop, Kundenmanager) mit Daten versorgt werden?

- Wollen Sie Daten aus anderen Programmen (z.B. der Artikelstamm aus einem elektronischen Katalog) importieren? Sollen diese Daten einmalig eingelesen werden oder regelmäßig?

- Welche Belege gibt es? Welche Anpassungen sind erforderlich?

- Arbeiten Sie mit EAN-Nummern? Wenn ja, welchen Barcode verwenden Sie?

- Welche Besonderheiten gibt es in Ihrem Betrieb? (z.B. Seriennummern, Stücklisten, ...)

- Wie sollen Ihre Formulare aussehen? (Angebot, Rechnung, ...)

- Welche Druckoptionen sollen eingerichtet werden (z.B. Fax, Mail, PDF)?
- Benötigen Sie eine mobile Lösung für Ihren Außendienst?

Eine gute Struktur und Vorbereitung im Vorfeld ist sehr wichtig, weil manche Daten nachträglich nicht mehr geändert werden können, oder die Änderungen mit großem Aufwand verbunden sind. Es ist hilfreich, zu Beginn der Arbeit mit dem Programm eine kleine Musterfirma anzulegen und mit einigen Datensätzen einmal den kompletten Ablauf durchzuspielen. Dann sehen Sie, wo Änderungen erforderlich sind.

Wichtig

- Datensicherung: Gibt es ein Sicherungskonzept? Eine regelmäßige Datensicherung auf ein externes Medium ist zwingend erforderlich; eine Sicherung auf der Festplatte ist keinesfalls ausreichend.

Praxistipp

- Je besser Sie im Vorfeld Ihre Daten strukturieren und Ihre Besonderheiten berücksichtigen, desto leichter ist es, alle Erfordernisse im Programm umzusetzen. Nachträgliche Änderungen in der Struktur sind aufwendiger und bringen immer einen Bruch in den Auswertungen mit sich.
- Wenn Sie schon eine Software im Einsatz haben und umsteigen: Vergessen Sie Ihr bisheriges System; jedes Programm arbeitet anders, d.h. setzen Sie bitte keine Funktionen voraus, die Sie von Ihrem bisherigen Programm kennen. Gehen Sie Ihren Arbeitsablauf durch und prüfen Sie, wo die Unterschiede liegen. Bevor Sie dann Änderungen am Programm vornehmen, prüfen Sie bitte, ob es im Einzelfall nicht einfacher ist, die Arbeitsabläufe zu ändern und sich am Programm zu orientieren. Nur wenn die Abläufe und die Software auf einander abgestimmt werden, ergibt sich am Ende eine optimale Integration.
- Wenn Sie bereits mit einer älteren Version der Classic Line gearbeitet haben, empfiehlt es sich, das auf der CD mit ausgelieferte Dokument mit den Neuerungen zu lesen. Bei einem Update sind anschließend vor allem die Formulare zu prüfen.[1]

[1] Bedingt durch Änderungen in der Datenbank sind hier in aller Regel Nacharbeiten erforderlich. Oft ist es sinnvoll, die Formularanpassungen neu zu machen, um auch die neuen Felder in den Formularen verfügbar zu haben.

Einleitung

Die Firma Sage hat für die neue Classic Line 2008 sowohl den Demomandanten, als auch die Vorlagenmandanten komplett überarbeitet. Damit ergeben sich für den Anwender folgende Änderungen:

- Der Steuerschlüssel für 19% ist auf der 101, statt wie bisher auf der 001.
- Überflüssige Steuersätze aus früheren Jahren, die heute nicht mehr gültig sind, wurden gelöscht.

Damit wurde die Steuertabelle deutlich verkürzt und wesentlich übersichtlicher.

Sofort ins Auge sticht die Änderung der Farbe der Masken und die Veränderung einiger Symbole.

Alle weiteren Neuerungen, die auch den Bereich der Finanzbuchhaltung betreffen, werden im Verlauf der einzelnen Kapitel mit erklärt. Dabei gibt es nach den gravierenden Änderungen der letzten Jahre, wie die Erweiterung der Nummernkreise, neuen, zusätzlichen Feldern in der Datei und jeder Menge neuer Funktionen und Zusatzmodule, diesmal in erster Linie Verbesserungen in Detailbereichen, die der Anwender oft erst im Laufe seiner Arbeit mit dem Programm entdeckt.

Aus Sicht des Autors wurde das Storybord ein wenig aktualisiert. Teilweise in Reaktion auf Kundenwünsche, teilweise aus anderen Notwendigkeiten heraus, wie z.B. der Problematik, dass vereinzelt Kunden mit den im Schulungshandbuch verwendeten Steuerdaten Ihre Umsatzsteuervoranmeldung abgegeben haben. Die neue Steuernummer wurde mit dem Finanzamt Dachau abgestimmt und fällt in einen Bereich, der die nächsten Jahrhunderte nicht vergeben wird.

Zu guter letzt wurden die Kunden- und Lieferantendaten in weiten Teilen durch Echtdaten ersetzt, um Ihnen bei der Datenerfassung noch mehr Praxisnähe zu bieten, insbesondere bei Daten, wie Mail, Website und Telefon.

Sollten Sie weitere Änderungs- und Verbesserungswünsche haben, freuen wir uns über jede konstruktive Kritik, die uns die Möglichkeit bietet, noch besser zu werden.

Kapitel
1

Allgemeines zur Classic Line

Vorab einige grundlegende Informationen zur Bedienung der Classic Line, der Einrichtung von Druckern und zur Datensicherung.

Zum Start der Classic Line machen Sie einen Doppelklick auf das entsprechende Symbol auf Ihrem Arbeitsplatz. Bei einer Standardinstallation müssen Sie in der jetzt geöffneten Maske nur auf OK klicken und schon geht's los. Bei einer individuellen Installation müssen Sie Ihre Benutzerkennung und Ihr Passwort eingeben.

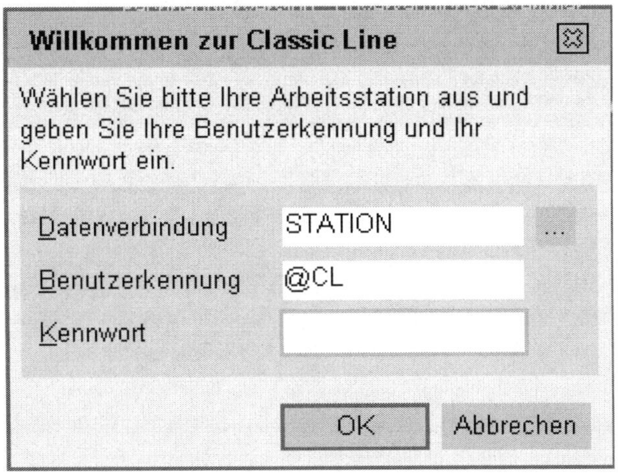

STARTBILD DER CLASSIC LINE. Wählen Sie die Datenverbindung für Ihren Arbeitsplatz aus und geben Sie Ihre Benutzerkennung und Ihr Kennwort ein.

Bevor Sie jetzt mit der Arbeit beginnen, wollen wir gemeinsam einen Mandanten auswählen, einen Drucker einrichten und Sie mit den wichtigsten Einstellungen und Funktionstasten vertraut machen.

Praxistipp

Selbstverständlich finden Sie auf der Classic Line CD auch alle Handbücher als PDF-Datei und können hier bei Bedarf nachlesen oder einzelne Kapitel ausdrucken.

Nach einer Neuinstallation der Classic Line finden Sie sich beim ersten Start des Programms im Mandant 000 wieder. Dabei fällt sofort auf, dass die Farben im Programm geändert wurden von grün auf blau und einige Symbole wurden verändert bzw. neue ergänzt.

Wichtig

Der Mandant 000 enthält keine vollständigen Daten und ist zum Arbeiten nicht geeignet. Er dient lediglich zum Start des Programms und zur Installation von Updates. Er darf keinesfalls gelöscht werden, weil ein Programmstart sonst nicht mehr möglich ist.

Beim ersten Start der Classic Line befinden Sie sich automatisch im Mandant 000, Grundmandant Deutschland.

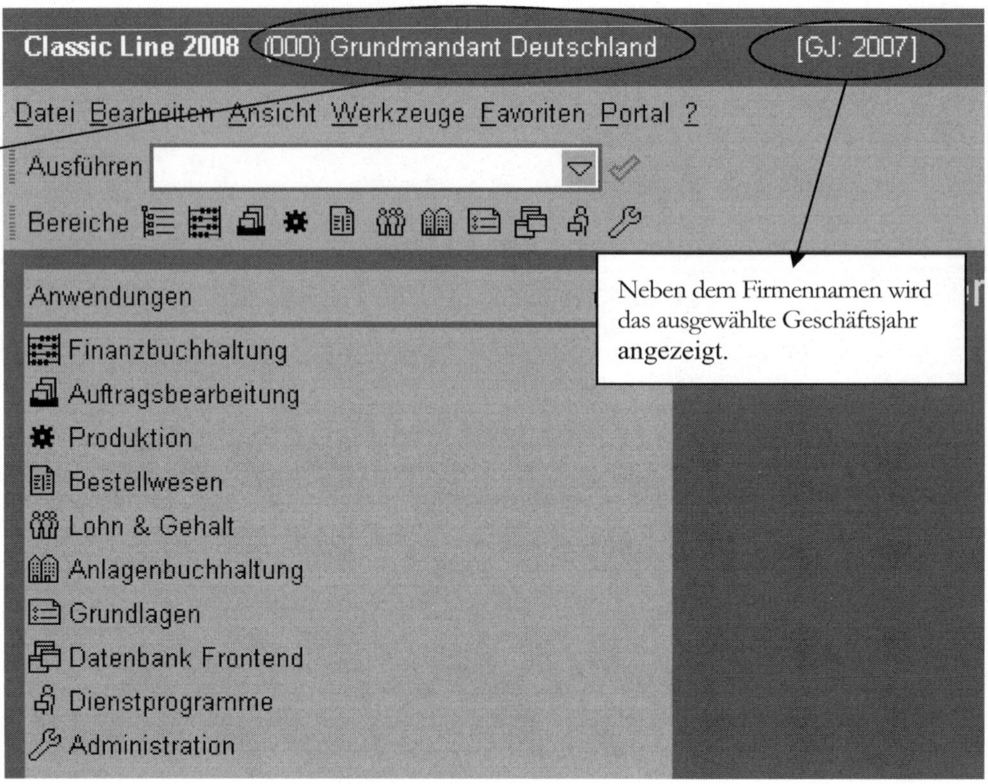

STARTBILD DER CLASSIC LINE. Prüfen Sie, in welchem Mandanten und in welchem Geschäftsjahr Sie sich befinden.

Wenn Sie nach dem Start der Classic Line **Datei → Geschäftsdaten** auswählen, haben Sie im Standard nur noch den Mandanten 0. Die Einrichtung der Vorlagen- und Demomandanten funktioniert seit der Classic Line 3.4 nicht mehr über die Installation. In der Classic Line 2008 müssen Sie einen neuen Mandanten anlegen, um einen Demomandanten oder eine Vorlage zu verwenden.

Wenn Sie als Händler beim Kunden installieren, sollten Sie Ihre Kunden unbedingt darauf hinweisen und die Installation des Demomandanten gleich mit erledigen.[2] Dasselbe gilt für die Vorlagenmandanten mit den Kontenrahmen (z.B. SKR03 oder SKR04). Das hat den Vorteil, dass Sie im System wirklich nur die Mandanten haben, die Sie auch selbst angelegt haben.

Praxistipp

Starten Sie unmittelbar nach der Installation das Liveupdate und aktualisieren Sie Ihr Programm auf den neuesten Stand. Gerade bei diesen Versionen, die auf Null enden (z.B. 4.0) kommen oft schon nach wenigen Tagen / Wochen die ersten Aktualisierungen. So gibt es für die neue Classic Line 2008 bereits ein erstes Liveupdate.

[2] Viele sagen, Sie brauchen keinen Demomandanten. In der Praxis ist es aber oft hilfreich, sich an Hand des Demomandanten mit neuen Funktionen vertraut zu machen (z.B. der Formatierung der Mahntexte oder der Anlage der Steuerschlüssel für den §13b). Interessant ist z.B. die Möglichkeit, im Demomandanten die Verwendung neuer Steuerschlüssel zu testen.

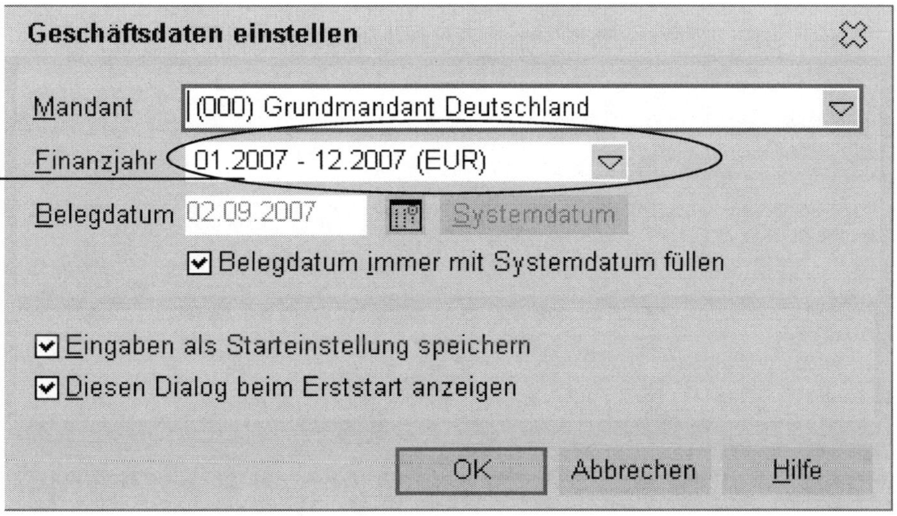

Nach der Installation ist nur der Grundmandant vorhanden.

GESCHÄFTSDATEN EINSTELLEN. Die Auswahl beschränkt sich nach der Installation auf den Grundmandanten.

Unter **Administration → Mandantenverwaltung → Mandanten** anlegen haben Sie seit der Version 3.4 die Möglichkeit, Demomandanten anzulegen oder auf Vorlagenmandanten zuzugreifen. Das hat den großen Vorteil, dass Sie den Demomandanten jetzt jederzeit wieder neu einspielen können, ohne, dass Sie dazu eine Installations-CD benötigen.

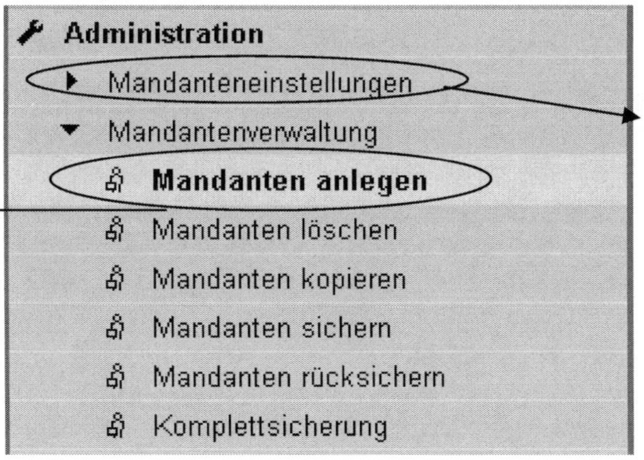

Unter Mandant anlegen haben Sie jetzt neu die Möglichkeit, auf Vorlagen zuzugreifen.

Den Menüpunkt Mandant bearbeiten finden Sie ab sofort im Ordner Mandanteneinstellungen.

MANDANTEN ANLEGEN. Hier legen Sie auch den Demomandanten an.

🗁 **Wichtig**

Bitte spielen Sie den Demomandanten neu ein und übernehmen Sie Ihn nicht aus der alten Version. Im neuen Demomandanten gibt es Beispiele für die Anlage der Steuergebiete und den § 13b und die neuen Steuerschlüssel und –klassen.

Der Demomandant und die Vorlagenmandanten wurden für die Classic Line 2008 komplett überarbeitet. Die Steuerumstellung auf 19% ist implementiert und die alten, nicht mehr benötigten Steuersätze wurden entfernt.

Über **Datei -> Geschäftsdaten wählen** können Sie jetzt den Mandanten 991, Demomandant Deutschland, auswählen (sofern bereits installiert). Hier finden Sie neben einem Kontenrahmen (**SKR 03**) auch für alle Bereiche der Classic Line Stammdaten, um sich vor der Arbeit mit dem eigenen Mandanten schon einmal mit dem Programm vertraut zu machen.

Wählen Sie das gewünschte Finanzjahr aus; es stehen maximal 10 Jahre zur Auswahl.

Hier legen Sie fest, ob dieser Dialog beim Programmstart immer automatisch angezeigt werden soll.

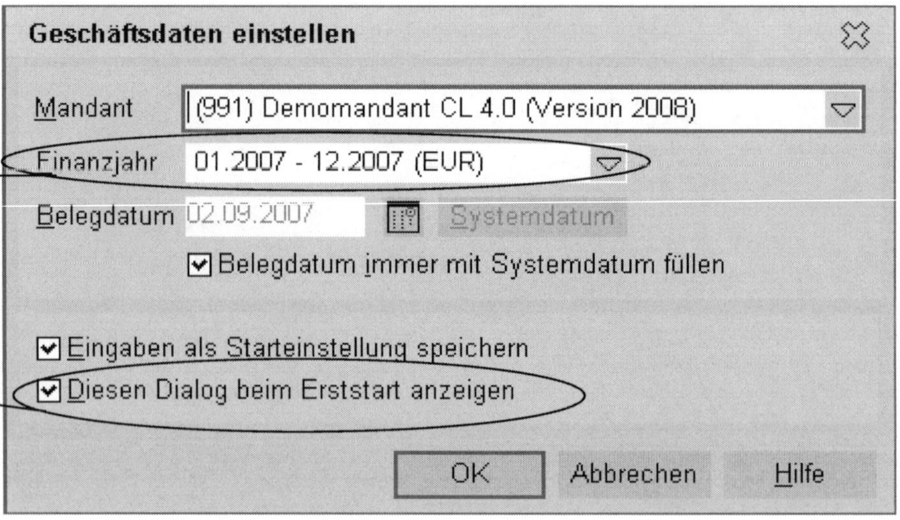

GESCHÄFTSDATEN AUSWÄHLEN. Wählen Sie hier mit F2 oder der Maus den gewünschten Mandanten und das Geschäftsjahr aus.

Bevor wir jetzt in der Classic Line einen Drucker einrichten, ein paar kurze Worte zur Navigation im Programm. Wir haben im Programm, wie im MS Windows üblich, überall sog. Pulldown Menüs, die man durch Anklicken mit der Maus nach unten aufklappen kann.

Wie in anderen Windowsprogrammen können Sie bei jedem Menüpunkt ein Untermenü aufklappen und dort die gewünschte Funktion auswählen.

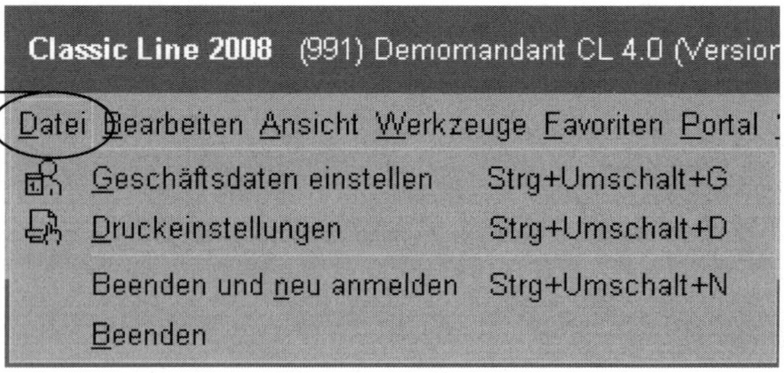

AUFGEKLAPPTES MENUE. Hinter vielen Menüpunkten finden Sie Tastenkombinationen zum Aufruf der gewünschten Funktion. Das ermöglicht ein schnelleres Arbeiten ohne Maus.

Die Symbole

Um Ihnen den Einstieg zu erleichtern, werden wir in der folgenden Übersicht die Funktionen aller neuen Symbole auflisten. Dabei gehen wir von oben nach unten und von links nach rechts durch das Menü und anschließend in die einzelne Anwendung.

Im Menü:

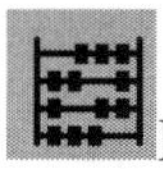
Finanzbuchhaltung

Auftragsbearbeitung

DIE SYMBOLE

 Produktion

 Bestellwesen

 Lohn & Gehalt

 Anlagenbuchhaltung

 Grundlagen

 Datenbank Frontend

 Dienstprogramme

 Administration

 Menübaum verschieben (rechts – links)

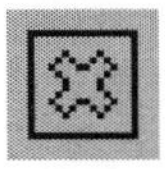 **ESC** →Verlassen, schließen

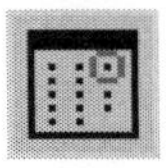 **F2** → Datum auswählen

 Geschäftsdaten auswählen

 Druckeinstellungen

 Ausschneiden

 **STRG+C** → Kopieren

 **STRG+V** → Einfügen

F4 → Löschen

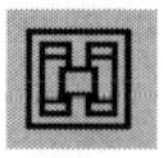
STRG+Umschalt+F → Anwendung suchen

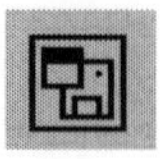
Ansicht speichern

STRG+Umschalt+K → Kalender

STRG+Umschalt+R → Taschenrechner

STRG+Umschalt+T → Telefon (setzt voraus, dass die Tapischnittstelle zur Telefonanlage eingerichtet ist).

F1 → Hilfe, oder **STRG+F1** → Inhalt

Programm zur Stammdatenerfassung

Programm zur Vorgangserfassung

Programm zum Listendruck

In der Eingabemaske (z.B. im Kundenstamm):

F2 → Suche; **Umschalt+F2** → erweiterte Suche

F12 → Eingabehistorie

Bild nach oben → Blättern (zurück)

Bild nach unten → Blättern (vorwärts)

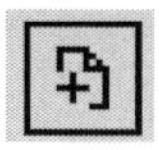
F10 → Neue Nummer, neuer Vorgang

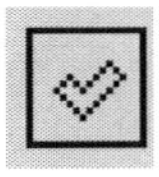
ENTER → Bestätigen, speichern

F9 → Details

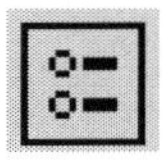
F2 → Suche; **F11** → Optionen auswählen

F7 → E-Mail schreiben

F7 → Website öffnen

J+ENTER → Datensatz speichern (in der OK-Abfrage)

N+ENTER → nicht speichern, Änderungen verwerfen (in der OK-Abfrage)

Statt J können Sie auch + eingeben und statt N ein -, das ermöglicht Ihnen an dieser Stelle in der OK-Abfrage die Arbeit mit dem Ziffernblock.

Wie bisher, werden in der Fußzeile jeweils im gerade geöffneten Programm unterstützte Funktionstasten angezeigt.

In der Vorgangserfassung:

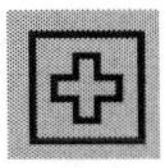
F3 → Position einfügen (an der aktiven Position)

F10 → Position anfügen (am Ende)

Auf die ein oder andere wichtige Funktion werden wir im Rahmen unserer Übungen noch genauer eingehen. Jetzt noch schnell einen Drucker mit Druckvorschau einrichten und schon geht's los mit der eigenen Firma.

Praxistipp

Bereits in der Classic Line 2007 wurde die Hilfe (**F1**) komplett überarbeitet. Neben zahlreichen Ergänzungen und Verbesserungen gibt es neu in der Hilfe einen E-Mail Button, damit der Anwender unmittelbar zu einem bestehenden Eintrag Verbesserungsvorschläge machen kann. Das ist wirklich praxisnah und zeigt, dass wieder vermehrt auf Kundenwünsche und –forderungen eingegangen wird. In der heutigen Zeit ein wichtiger Ansatz, um ein praxisnahes Programm zu liefern.

Die Druckereinrichtung

Unter dem Menüpunkt **Administration → Druckeinstellungen → Druckerzuweisung** können Sie in der Classic Line einen Drucker zuweisen. Wichtig dabei: Sie können nur Drucker einrichten, die auf Ihrem Arbeitsplatz im Windows bereits installiert sind.

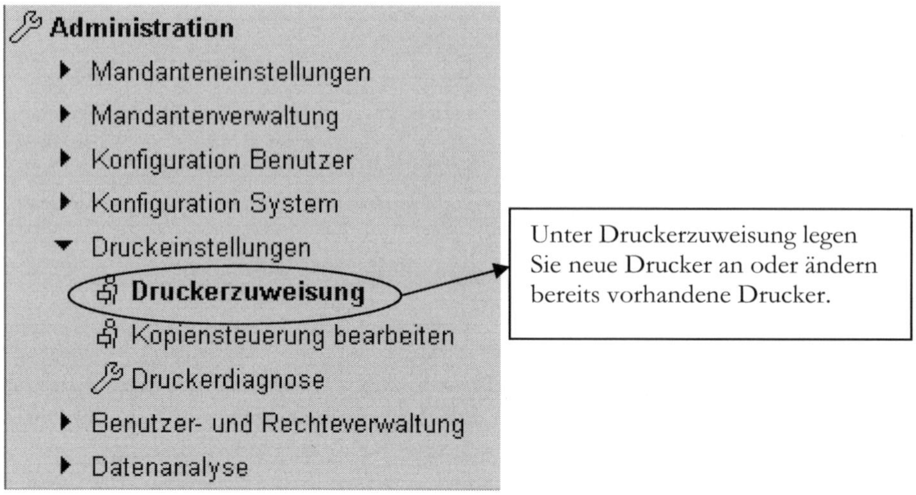

DRUCKERZUWEISUNG. Hier können Sie für die Classic Line beliebige Drucker zuordnen.

Dabei können Sie die Drucker lokal einrichten oder auch im Netz für andere Benutzer in der Classic Line freigeben. Das funktioniert allerdings nur, wenn der ausgewählte Drucker an jedem Arbeitsplatz identisch eingerichtet ist und die Einrichtung durch den Benutzer **@CL** erfolgt.

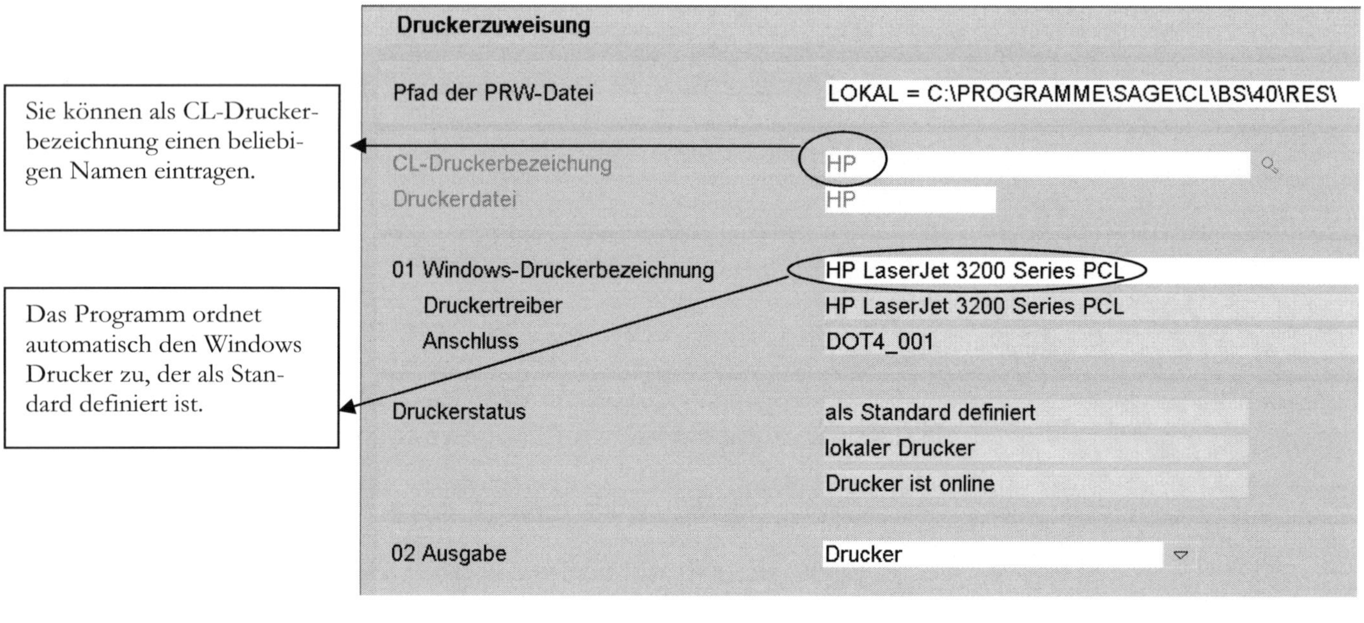

DRUCKERZUWEISUNG. Vergeben Sie im Feld CL-Druckerbezeichnung einen beliebigen Namen. Das System bindet automatisch den Standarddrucker ein. Wenn Sie in der Classic Line einen anderen Drucker verwenden möchten, dann geben Sie in der OK-Abfrage ein E für Drucker einrichten ein. Es werden dann alle an diesem Arbeitsplatz installierten Drucker zur Auswahl angeboten.

Darüber hinaus haben Sie in der OK-Abfrage noch die Möglichkeit über **F2** die Randeinstellungen zu verändern oder eigene Schriften für diesen Druckertreiber zu hinterlegen. Im **Feld 02** Ausgabe ist es auch möglich, einen Faxdrucker einzurichten. Voraussetzung dafür ist allerdings, dass der Faxdrucker (z.B. Tobit Faxware) unter Windows bereits verfügbar ist.

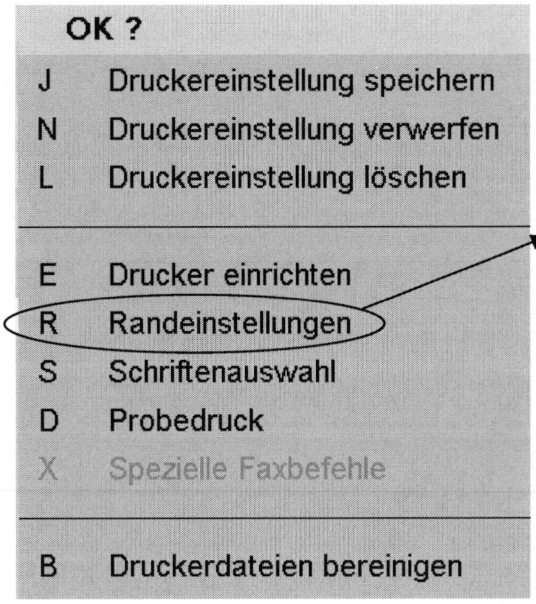

Mit Hilfe der Randeinstellungen können Sie die Seitenränder anpassen. Dabei ist es möglich, ein und denselben Drucker mehrfach anzulegen, z.B. mit und ohne linken Seitenrand.

OK-ABFRAGE. Hier können Sie für den ausgewählten Drucker noch individuelle Einstellungen vornehmen.

Sobald Sie alle gewünschten Anpassungen vorgenommen haben, wählen Sie J und speichern Ihre Druckeinstellung. Unter **Datei → Druckeinstellungen** können Sie den soeben angelegten Drucker jetzt auswählen.

Neu bei den Druckeinstellungen ist die Option, Hintergrundbild nicht drucken. In erster Linie wichtig für den Lohn, aber auch hilfreich, für individuelle Formularanpassungen.

Ebenfalls neu in der Classic Line 2008 ist die Möglichkeit, an dieser Stelle parallel einen Maildrucker einzutragen.

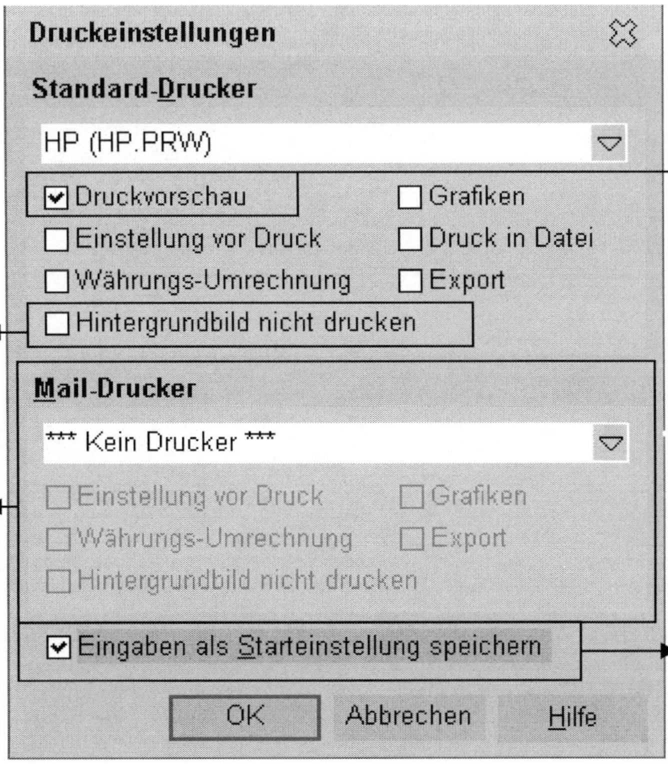

Vor allem zu Beginn der Arbeit mit der Classic Line ist es hilfreich, die Druckvorschau zu aktivieren und den Ausdruck erst einmal am Bildschirm zu prüfen.

Wenn Sie in der Classic Line mehrere Drucker angelegt haben, können Sie mit Hilfe dieser Option einen Drucker für Ihre Classic Line als Standarddrucker festlegen (hat nichts zu tun mit dem Windows Standard Drucker).

DRUCKEINSTELLUNGEN. Hier können Sie einen Classic Line Drucker für den aktuellen Ausdruck auswählen oder als Starteinstellung speichern.

In der Druckauswahl stehen Ihnen weitere Optionen für den aktuellen Druck zur Verfügung. Diese sind in der Hilfe (**F1**) recht ausführlich erklärt.

Lernzielkontrolle:

☺ **Testen Sie Ihr Wissen**

1) Wie installieren Sie in der Classic Line 2008 einen Demomandanten?
2) Wie legen Sie einen neuen Drucker an?
3) Welche Funktion hat die **F1**-Taste?
4) Wie legen Sie einen neuen Mandanten an?
5) Mit welcher Tastenkombination können Sie einen Feldinhalt kopieren?
6) Mit welcher Tastenkombination fügen Sie die Daten aus der Zwischenablage in ein Feld ein?
7) Welche Funktion hat die **F10**-Taste?
8) Wie können Sie mit dem Ziffernblock **ja** oder **nein** eingeben?
9) Wie können Sie den Druck eines Hintergrundbildes unterdrücken?
10) Wie speichern Sie in der Classic Line einen Drucker als Standarddrucker?

Praktische Übungen:

Tastaturübungen

1) Installieren Sie den neuen Demomandanten auf der Nummer 990.
2) Legen Sie einen neuen Drucker HP-List an; geben Sie für den linken Seitenrand 7 mm ein.

Kapitel

2

Anlage eines eigenen Mandanten

Hier richten wir unseren eigenen Mandanten ein, mit allen für die Auftragsbearbeitung wichtigen Grundlagen.

Zur Neuanlage eines Mandanten[3] in der Classic Line wählen Sie bitte einen leeren Kontenrahmen als Vorlage (z.B. SKR03 Kontenrahmen für Kapitalgesellschaften) und bauen Sie in diesem Mandanten Ihre Firma auf.

Wählen Sie im Menü unter **Administration → Mandantenverwaltung → Mandanten anlegen.** Geben Sie die von Ihnen gewünschte Nummer ein (in unserem Beispiel die 200) und wählen Sie als Vorlage den **SKR03** (Kap.-Ges.).

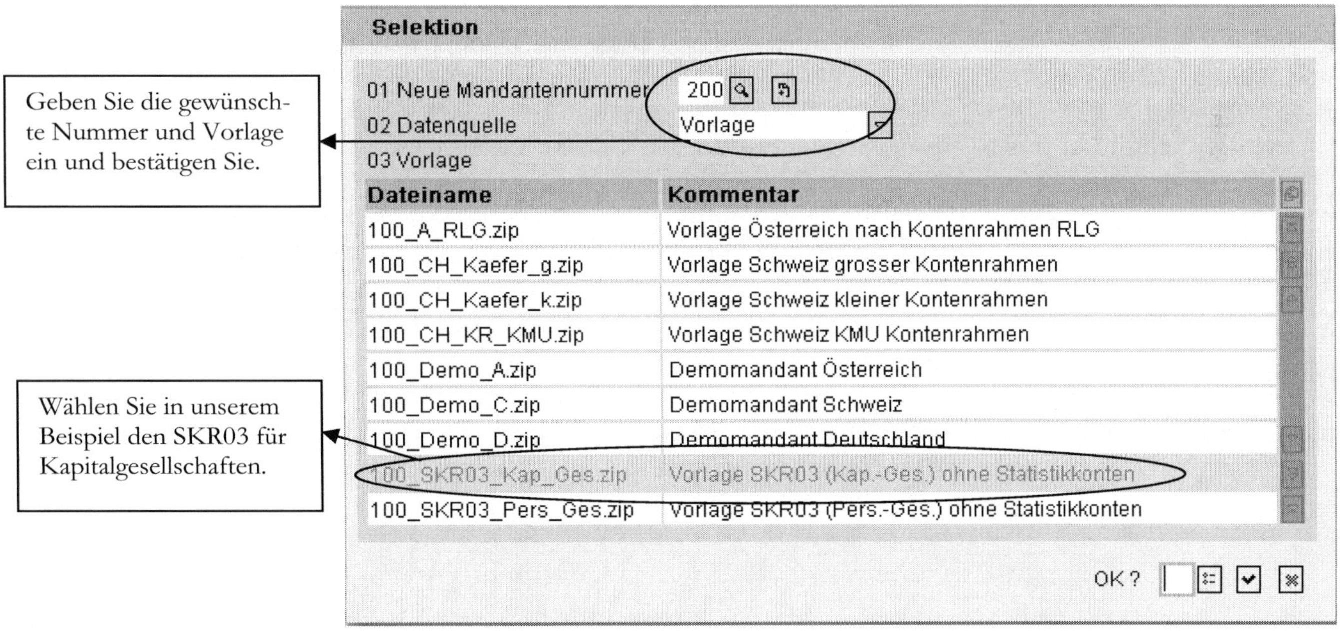

MANDANTEN ANLEGEN. Geben Sie jetzt ein, welchen Mandanten Sie als Vorlage (Quellmandant) nehmen wollen.

---

[3] Der Mandant ist unsere eigene Firma. Der Begriff kommt von dem Wort Mandat. Ihr Steuerberater bekommt von Ihnen das Mandat (den Auftrag) Ihre Buchhaltung und Ihre Steuererklärungen zu machen. Aus seiner Sicht ist Ihre Firma ein Mandant, eine in sich abgeschlossene Firma mit eigenem Kontenrahmen, Kunden und Lieferanten.

🗁 Wichtig

Achtung: wenn Sie als Vorlage einen bereits bestehenden Mandanten wählen, werden nur die Grundeinstellungen des Mandanten übernommen, nicht aber der Kontenrahmen. D.h. Sie haben eine leere Hülle, mit der Sie nicht arbeiten können.

Mit Anzeige dieses Hinweises ist die Neuanlage des Mandanten abgeschlossen.

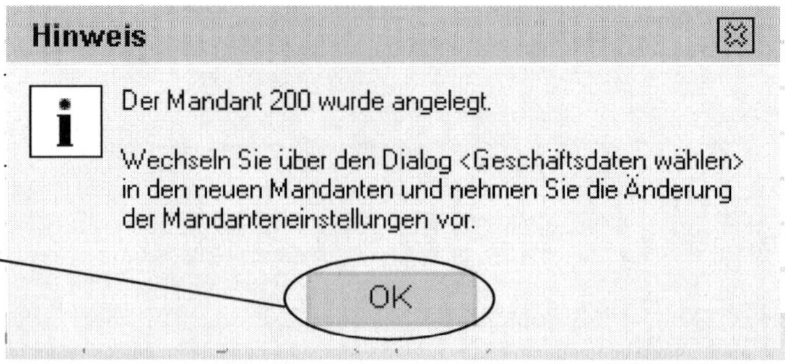

HINWEIS. Die Meldung zeigt Ihnen, dass der neue Mandant richtig angelegt wurde.

Für einige von Ihnen stellt sich hier sicherlich die Frage: wofür brauche ich einen Kontenrahmen, wenn ich nur Rechnungen schreiben möchte und die Buchhaltung bei meinem Steuerberater gemacht wird.

Es gibt in der Classic Line nicht nur eine Schnittstelle zur Finanzbuchhaltung und zur DATEV, sondern auch die Möglichkeit, nur die Offenen Posten zu verwalten und Mahnungen zu schreiben. Dafür ist ein Kontenrahmen erforderlich. Im Hintergrund gibt es sehr viele Einstellungen und Verknüpfungen, die mit dem Kontenrahmen zusammenhängen. Wenn Sie jetzt später einmal doch die Buchhaltung im eigenen Haus machen wollen oder Ihrem Steuerberater das Rechnungsausgangsbuch als Datei weitergeben möchten, müssten Sie die Daten mit großem Aufwand nachpflegen. Da ist es wesentlich einfacher, diese Frage bereits im Vorfeld zu klären. Wir nehmen für dieses Handbuch den SKR03 als Vorlage.

Um Ihnen unsere Auswahl zu erläutern, vorab ein Portrait der Firma, mit der wir diesen Kurs bestreiten werden:

Die Firma Musikladen GmbH ist ein Unternehmen mit 5 Mitarbeitern, das HiFi-Boxen produziert. Daneben werden komplette Stereoanlagen, CDs und Videos verkauft. Wir machen Auftragsbearbeitung, Bestellwesen, Buchhaltung, die Lohnabrechnung und die Produktion in der Classic Line[4]. Wir starten mit dem Programm im Oktober 2007.

Da es sich also um eine Kapitalgesellschaft handelt, wählen wir als Basis für unseren Mandanten die Vorlage SKR03 (Kapitalgesellschaften). Wichtig bei der Anlage oder Kopie eines Mandanten:

🗁 Wichtig

Im Quellmandant darf keine Datei geöffnet sein und der Zielmandant darf noch nicht vorhanden sein. Sie können mit der Funktion "Mandant anlegen" oder "Mandant kopieren" also nicht einen bereits bestehenden Mandanten überschreiben.

[4] Für jedes dieser Programme gibt es ein eigenes Schulungshandbuch mit eigenem Datenbestand und eigenen Übungen.

Hier wird vom System immer das aktuellste Geschäftsjahr des ausgewählten Mandanten angezeigt; das Geschäftsjahr in den Vorlagen ist abhängig vom Zeitpunkt der Installation.

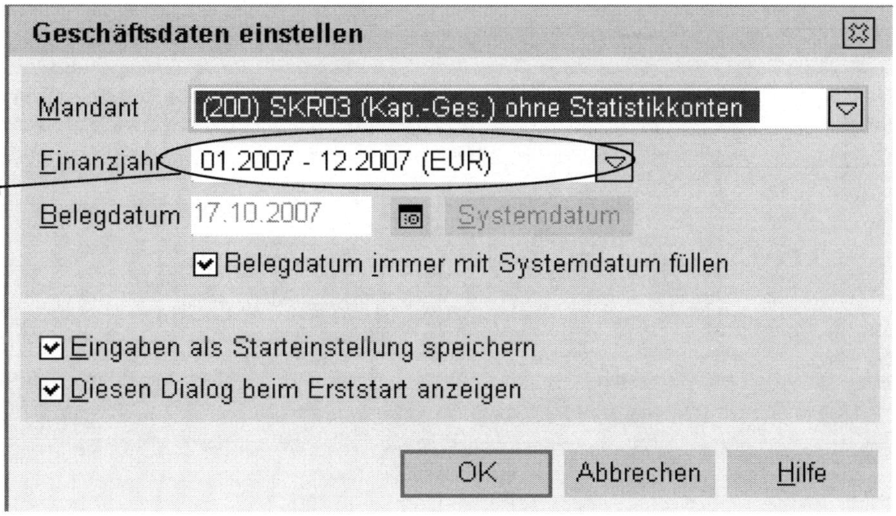

MANDANTEN AUSWAHL. Über **Datei → Geschäftsdaten einstellen** können Sie jetzt in der Zeile Mandant den Mandant 200 auswählen.

In dieser Maske kann man zum ausgewählten Mandanten auch das Geschäftsjahr auswählen; das Geschäftsjahr ist in der Classic Line nur für die Finanzbuchhaltung wichtig und wird auch nur bei einem Jahresabschluss in der Buchhaltung aktualisiert. Mit der Möglichkeit, Belegdatum immer mit Systemdatum füllen, schlägt das System generell für alle Vorgänge das Tagesdatum vor. Beim Fakturieren auf den Vormonat ist es sinnvoll, das Datum manuell vorzugeben. Die Option "Diesen Dialog beim Erststart anzeigen" benötigen Sie, wenn Sie mit unterschiedlichen Mandanten arbeiten, sprich die Auftragsbearbeitung für mehrere Firmen machen.

Nachdem Sie Ihren gewünschten Kontenrahmen auf der von Ihnen ausgewählten Nummer angelegt haben, werden als Erstes unter **Administration → Mandanteneinstellungen → Mandant bearbeiten**, alle für diesen Mandanten wichtigen Grundlagen eingestellt.

Der Mandantenstamm

Im Mandantenstamm werden für die Firma allgemein gültige Grundeinstellungen vorgenommen, die auf verschiedene Programmteile Einfluss haben. Einige dieser Einstellungen können später im laufenden Betrieb nicht mehr geändert werden.

Wichtig

Daher ist es wichtig, diese Eingaben systematisch und mit großer Sorgfalt vorzunehmen. Bei Unsicherheit über die Bedeutung oder die Auswirkung einzelner Eingaben empfiehlt es sich, mit F1 die Hilfe zu Rate zu ziehen und das Ein oder Andere in Ruhe nachzulesen.

Änderungen im Mandantenstamm sollten nur gemacht werden, wenn sonst niemand im Programm arbeitet und die Classic Line kein weiteres Mal geöffnet ist. Später im Echtbetrieb ist es empfehlenswert, vor solchen Änderungen eben eine Datensicherung zu erstellen und die Änderungen zu dokumentieren.

Bitte prüfen Sie, ob noch andere Programmteile geöffnet sind, bevor Sie diese Meldung bestätigen.

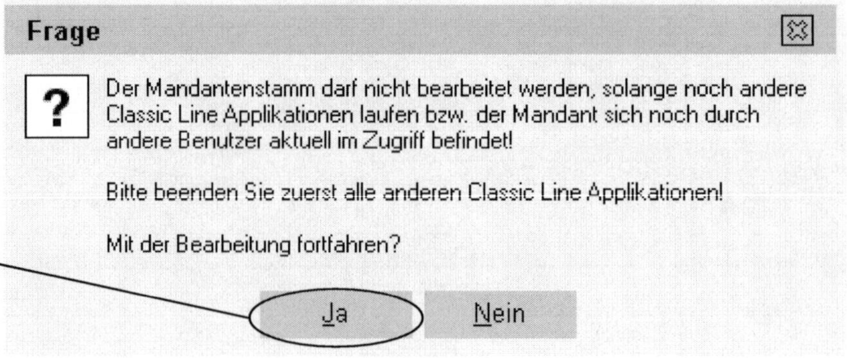

SICHERHEITSABFRAGE. Bitte prüfen Sie vor Beginn der Arbeit im Mandantenstamm, ob noch weitere Programmfenster der Classic Line geöffnet sind. Bei einer Netzwerkinstallation ist zu prüfen, ob noch andere Teilnehmer in der Classic Line arbeiten.

Bestätigen Sie die Meldung und erfassen Sie alle wichtigen Daten im Mandantenstamm, angefangen mit der Bezeichnung. Der Name des Mandanten erscheint nicht nur am Bildschirm, wenn man den Mandanten aufgerufen hat, er wird auch in den meisten Listen und Auswertungen mit angedruckt. Hier geben wir unsere Musikladen GmbH ein.

Der Briefkopf für Korrespondenzformulare kann verwendet werden, wenn auf weißes Papier gedruckt werden soll, d.h. nicht mit eigenem Briefpapier gearbeitet wird.

Neu seit der Version 2007 sind die Reiter. Sie können jetzt die einzelnen Seiten direkt aufrufen.

In diesem Bereich können Sie ihre Daten für den Briefkopf hinterlegen, wenn Sie kein gedrucktes Briefpapier haben und deshalb alle Angaben aus dem Programm drucken möchten. Vorteil gegenüber einem direkten Eintrag im Formular: Bei Änderungen reicht es, diese einmal zentral vorzunehmen.

Geben Sie hier Ihre eigene Umsatzsteuer Identnummer ein. Sie kann in allen Formularen angedruckt werden.

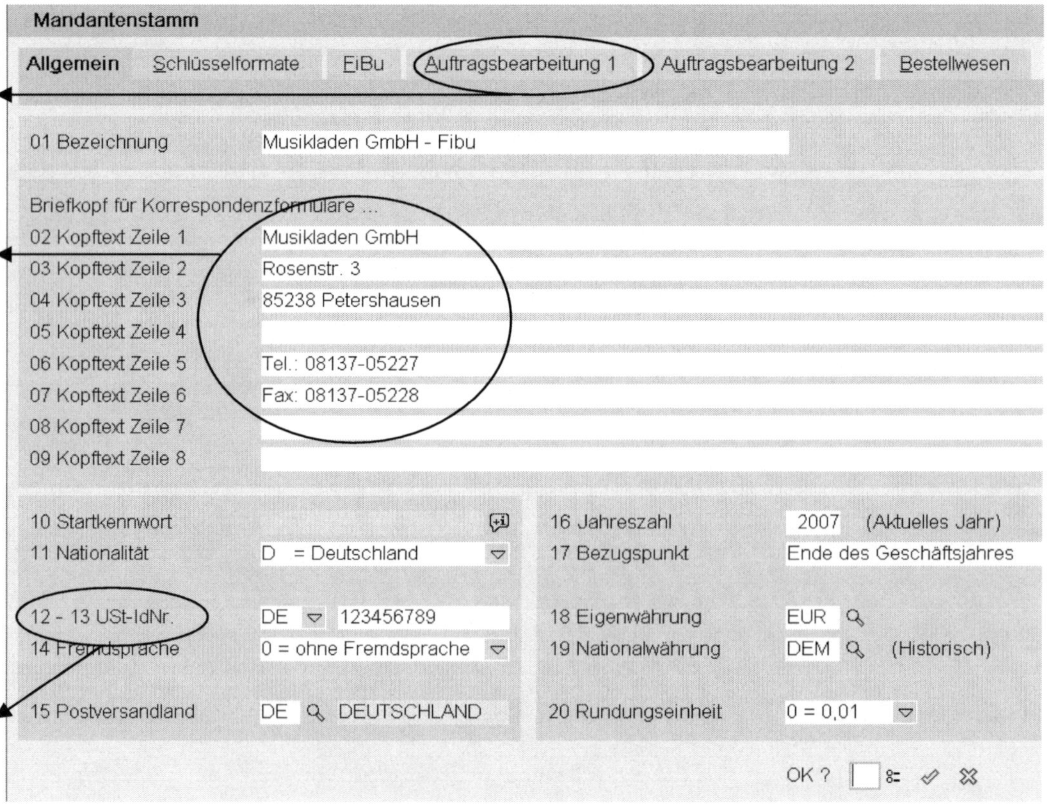

MANDANTENSTAMM - ALLGEMEIN. Wie in allen Masken der Classic Line kann man aus der OK-Abfrage heraus jedes Feld durch Eingabe der Feldnummer und drücken der ENTER-Taste erreichen. Natürlich könnte man auch die Maus benutzen, aber mit der Tastatur bzw. dem Ziffernblock geht's einfach schneller.

Neu

Seit der Classic Line 2007 gibt es im Mandantenstamm für die einzelnen Seiten Reiter, die mit der Maus oder mit Eingabe des unterstrichenen Buchstaben in der OK-Abfrage geöffnet werden können. Das hat den Vorteil, dass Sie jetzt auch ganz gezielt Änderungen auf einzelnen Seiten vornehmen können, ohne jedes Mal alle Seiten öffnen und bestätigen zu müssen.

Unter Briefkopf für Korrespondenzformulare können Sie Ihre vollständige Anschrift erfassen. Die einzelnen Felder stehen in allen Korrespondenzformularen zur Verfügung. Auf diese Weise können Sie Ihren Briefkopf z.B. für Mahnungen und Kontoauszüge mit andrucken. Das ist hilfreich, wenn Sie Ihre Mahnung gleich per Fax verschicken und gar nicht erst drucken wollen.[5]

Wichtig

Zentrale Bedeutung kommt in dieser Maske dem Geschäftsjahr zu. Einmal eingegeben, darf es nach der ersten Buchung nicht mehr verändert werden[6]. D.h. wenn Sie nach dem Erfassen von Buchungen feststellen, dass Sie ein falsches Geschäftsjahr eröffnet haben, bleibt nur die Möglichkeit, alle Bewegungsdaten in der Finanzbuchhaltung zu löschen, die Jahreszahl zu ändern und die Buchungen neu zu erfassen.

Die Ust-Id-Nr., die in den Feldern 12 und 13 eingegeben wird, ist erforderlich für Lieferungen und Leistungen vom und in das europäische Ausland (EU).

Das Geschäftsjahr hat auf die Auftragsbearbeitung keinen direkten Einfluss; es wird nur beim Jahresabschluss in der Finanzbuchhaltung aktualisiert. Im Gegensatz zur Finanzbuchhaltung wird in der Auftragsbearbeitung nicht in mehreren Perioden gleichzeitig gearbeitet.[7]

Neu

Mit **J** für **Ja** in der **OK-Abfrage** und bestätigen speichern Sie Ihre Eingabe und können nicht mehr, wie in früheren Versionen, auf die nächste Seite blättern. Um die Seite mit den Schlüsselformaten zu öffnen, geben Sie bitte in der OK-Abfrage ein **S** ein und bestätigen Sie, oder klicken Sie mit der Maus auf den entsprechenden Reiter.

[5] Alternativ können Sie die Daten auch im Reportdesigner erfassen oder in der Faxsoftware entsprechend Ihr Briefpapier hinterlegen.

[6] Wenn Sie in einer laufenden Buchhaltung die Jahreszahl ändern, passen hinterher die ganzen Auswertungen nicht mehr.

[7] Nachdem das Geschäftsjahr in der Kopfzeile des Programms angezeigt wird, ist es, auch wenn Sie nicht mit der Finanzbuchhaltung arbeiten, sinnvoll, hier jedes Jahr eine Aktualisierung vorzunehmen.

Hier können Sie die Kontonummern für die Personenkonten um bis zu 5 Stellen auf maximal 10 erweitern.

Wenn Sie bei den Vorgangsnummern nach der 4. Stelle einen Bindestrich eintragen, können Sie auf die ersten 4 Stellen die Jahreszahl setzen und haben einen besseren Überblick.

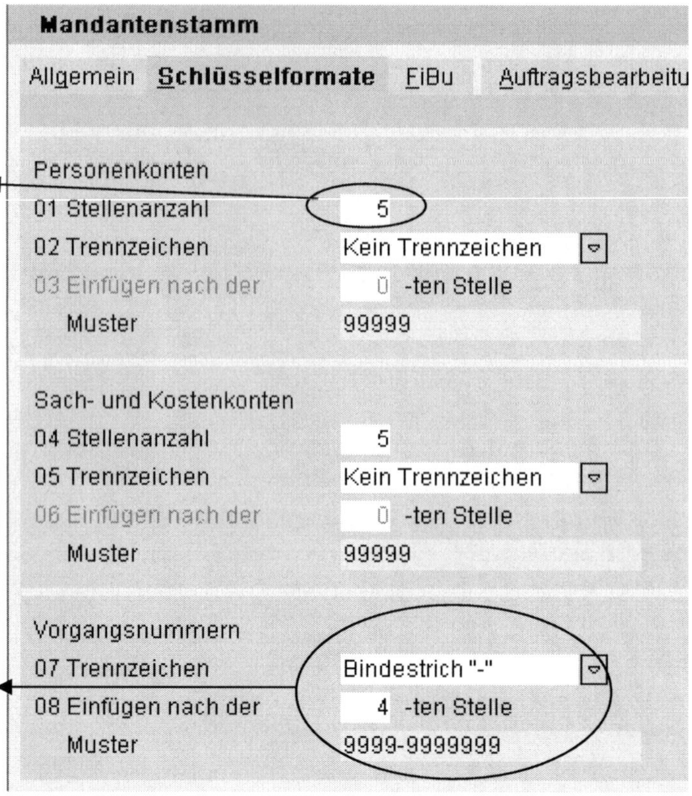

MANDANTENSTAMM SCHLÜSSELFORMATE. Bei der Einstellung der Nummernkreise empfiehlt es sich, für die Sach- und Personenkonten die Standardeinstellungen zu übernehmen. Nur bei der Vorgangsnummer fügen wir nach der 4. Stelle einen Bindestrich als Trennzeichen ein.

📖 **Praxistipp**

Sie können die Nummernkreise zu einem späteren Zeitpunkt immer noch erweitern; nur eine Verkürzung ist nicht mehr möglich, d.h. es empfiehlt sich vor solchen Änderungen grundsätzlich eine Datensicherung[8].

Auf der Seite Auftragsbearbeitung 1 im Mandantenstamm gibt es eine Reihe von Angaben, die für die Auftragsbearbeitung und das Bestellwesen[9] von Bedeutung sind. Wir werden die Felder einzeln erläutern, um Ihnen wichtige Zusammenhänge deutlich zu machen.

[8] Alternativ können Sie auch eine Kopie Ihres Mandanten erstellen und erst einmal in dieser Kopie testen, wie sich eine Erweiterung der Nummernkreise in der Praxis auswirkt. Hier ist vor allem wichtig, einmal mit **F10** im Kundenstamm eine neue Nummer zu vergeben, um zu prüfen, wie die neuen Nummern vergeben werden.

[9] Auftragsbearbeitung und Bestellwesen greifen in der Classic Line auf die gleichen Stammdaten zu. Nur einige zusätzliche Informationen werden in eigenen Dateien gespeichert.

Hier legen Sie fest, wie viele Kopien bei einem Vorgang generell automatisch gedruckt werden sollen.

Hier wird vorbelegt, ob Sie die Artikel im Vorgang mit der Artikelnummer oder dem Barcode erfassen wollen.

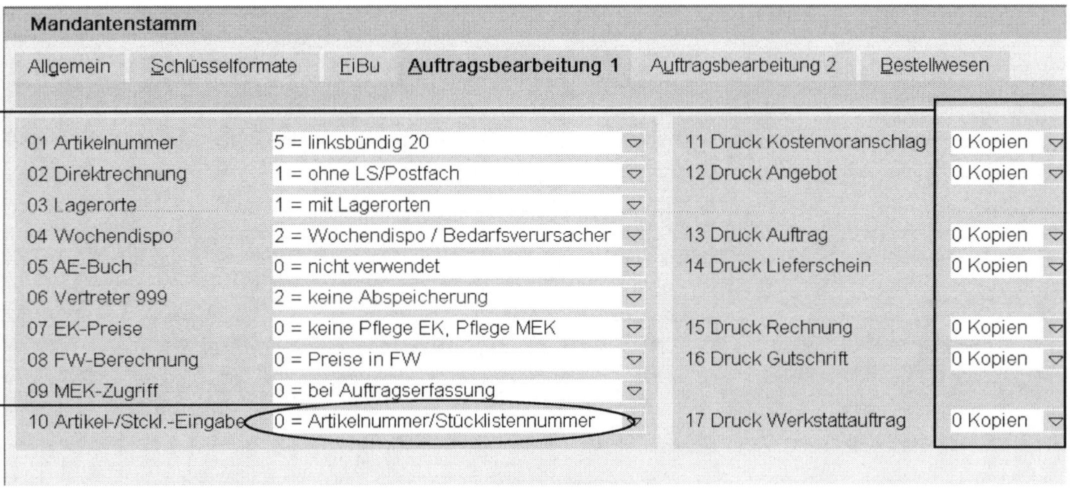

MANDANTENSTAMM AUFTRAGSBEARBEITUNG 1. Die hier eingestellten Optionen wirken sich zum Teil auch auf das Bestellwesen aus.

- **01 Artikelnummer**: Sie können hier die maximale Länge der Artikelnummer angeben und festlegen, ob die Artikelnummern linksbündig oder rechtsbündig gespeichert werden sollen. Maximal 20 Stellen sind möglich. Sie können für die Artikelnummer Ziffern, Buchstaben und Sonderzeichen verwenden, sollten aber Umlaute und Trennzeichen (Komma, Semikolon, Hochkomma,...)[10] vermeiden.

- **02 Direktrechnung**: Hier legen Sie fest, ob bei einer Direktrechnung (Lieferschein und Rechnung in einem Vorgang) automatisch ein Lieferschein gedruckt werden soll und welche Adresse verwendet werden soll (Postfach oder Lieferanschrift).

- **03 Lagerorte**: Sie können in der Classic Line bis zu 99999 Lagerorte anlegen; hier legen Sie nur fest, ein Lager oder mehrere. Wir wählen aus: mit Lagerorten.

- **04 Wochendispo**: Diese Option ist erforderlich, sobald Sie mit automatischen Bestellvorschlägen arbeiten wollen und deshalb wählen wir hier aus Wochendispo und Bedarfsverursacher (das könnte ein Auftrag oder ein Produktionsauftrag sein).

- **05 AE-Buch**: Das Auftragseingangsbuch gibt lediglich eine Übersicht über die erfassten Aufträge; das ist nur bei größeren Firmen mit vielen Aufträgen erforderlich; wir werden in unserem Beispiel darauf verzichten.

- **06 Vertreter**: Für jede Firma mit Außendienstmitarbeitern ist die Provisionsabrechnung ein zentrales Thema; wählen Sie auch für den Vertreter 999 mit Umsatz und Provision. So ist sichergestellt, dass die Summe der Vertreterumsätze immer mit dem Gesamtumsatz übereinstimmen muss.

---

[10] Spätestens, wenn Sie Daten mit anderen Systemen austauschen wollen, bekommen Sie Probleme, wenn sie im Feld Artikelnummer oder im Feld Artikelbezeichnung Sonderzeichen einsetzen. Wenn es sich nicht vermeiden lässt (z.B. weil Sie das Zeichen " für Zoll verwenden), sollten diese Ausnahmen schriftlich dokumentiert werden.

- **07 EK-Preise**: Zu unterscheiden ist hier der Einkaufspreis, der für einen bestimmten Lieferanten gültig ist und der MEK (Mittlerer Einkaufspreis), der im Programm als gleitender Durchschnitt berechnet wird. Während der Einkaufspreis meist in der Lieferantenpreisliste fixiert ist, ist es sinnvoll, den MEK beim Wareneingang automatisch zu aktualisieren, also die Auswahl keine Pflege EK, Pflege MEK.

- **08 Preise in Fremdwährung**: Sie können in der Classic Line beliebige Fremdwährungen verwenden. Bei der Einstellung: Preise in Fremdwährung wird für jede Währung eine eigene Preisliste angelegt; z.B. Preis 1 in Euro, Preis 2 in US$,... Bei Preise in Eigenwährung reicht eine Preisliste aus; der Preis wird dann bei der Vorgangserfassung in die im Kundenstamm hinterlegte Währung umgerechnet[11].

- **09 Zugriff MEK**: Diese Einstellung bestimmt, zu welchem Zeitpunkt der MEK (**M**ittlerer **Ein**kaufspreis) für die Ermittlung des Rohertrages herangezogen wird. Je nach Schwankung der Einkaufspreise und der Länge des Zeitraumes zwischen Auftragseingang und Lieferung, kann es hier gravierende Unterschiede beim Rohertrag geben. Diese Einstellung ist insbesondere von Bedeutung, wenn Sie die Provisionsabrechnungen auf Basis vom Rohertrag machen.

- **10 Artikeleingabe**: Hier legen Sie fest, ob die Artikeleingabe in der Vorgangserfassung mit der Artikelnummer oder mit dem Barcode erfolgen soll[12]; eine Umschaltung ist auch im Vorgang jederzeit möglich.

- **11 – 17 Anzahl Kopien**: Der Eintrag Anzahl Kopien legt fest, wie viele Kopien für einen Vorgang beim Druck automatisch erstellt werden. Diesen Eintrag nutzen Sie, wenn die Kopienzahl immer gleich ist. Alternativ können Sie mit der Kopiensteuerung im Formular arbeiten.

Wenn Sie alle erforderlichen Eingaben gemacht haben, geht's weiter auf die Seite Auftragsbearbeitung 2. Wollen Sie noch Änderungen vornehmen, einfach in der OK-Abfrage die Nummer des gewünschten Feldes eingeben und bestätigen. Das geht schneller als mit der Maus. Auf der nächsten Seite sind weitere wichtige Einstellungen für die Auftragsbearbeitung vorzunehmen. Wir werden hier nur die wichtigsten Felder einzeln erklären; bei Unsicherheiten nutzen Sie die **Hilfe** (**F1**) und lesen Sie die genaue Bedeutung einzelner Felder nach.

- **01 Vorgänge auslagern**: Sie haben die Möglichkeit einzustellen, nach wie vielen Tagen erledigte Aufträge und Vorgänge ausgelagert werden sollen. Die Auslagerung erfolgt immer nach dem Druck des Rechnungsausgangsbuches beim anschließenden Statistiklauf. Ausgelagerte Vorgänge können nicht mehr bearbeitet werden. Sinnvoller Weise wird für jedes Jahr ein eigenes Archiv angelegt.

---

[11] Nachteil bei dieser Variante: Wenn sich der Kurs ändert, ändert sich automatisch der Preis und Sie haben tägliche/monatliche Schwankungen und keinen glatten Preis. Das stört vor allem bei sehr teuren Artikeln.

[12] Es handelt sich dabei lediglich um eine Vorbelegung; die Einstellung EAN-Nummer nutzen Sie, wenn Sie am Arbeitsplatz über einen Scanner verfügen.

Stellen Sie hier ein, ob und nach wie vielen Tagen erledigte Aufträge ins Archiv ausgelagert werden.

Erst bei der Übergabe des Rechnungsausgangsbuches in die Fibu wird im System ein Offener Posten erzeugt. D.h. auch wenn Sie nur das Mahnwesen nutzen möchten, ist eine Übergabe in die Finanzbuchhaltung erforderlich.

Optional können Sie mit der Rechnung gleich einen Überweisungsträger zu drucken.

MANDANTENSTAMM AUFTRAGSBEARBEITUNG 2. Die hier eingestellten Optionen wirken sich zum Teil auch auf das Bestellwesen aus.

🗁 **Wichtig**

- **03 Übergabe RA**: Sie können das Rechnungsausgangsbuch in die Finanzbuchhaltung und / oder an die DATEV übergeben. Erst bei der Übergabe in die Finanzbuchhaltung werden Offene Posten (OPs) erzeugt; d.h. selbst wenn Sie nur Zahlungseingänge erfassen und Mahnungen schreiben wollen, ist die Übergabe RA an die Finanzbuchhaltung zwingend erforderlich. Die Einstellung kann nachträglich noch geändert werden, allerdings nicht rückwirkend.

- **07 Historienaufbau**: Das System bietet die Möglichkeit, Umsatzdaten in Karteikarten einzutragen (Kunden, Artikel und Lieferanten). Wenn Sie die Sortierung auf umgekehrt chronologisch einstellen, haben Sie immer zuerst den aktuellsten Eintrag in der Übersicht.

- **10 Zahlungsvordruck**: Mit Hilfe dieser Einstellung können Sie mit jeder Rechnung auch gleich automatisch einen Zahlungsbeleg (Überweisungsträger) ausdrucken. Hierfür ist ein separater Drucker oder eine 2. Papierkassette erforderlich für das entsprechende Formular.

- **16 – 25 Preise**: Hier legen Sie für jeden Preis in der Preisliste fest, ob es sich um einen Brutto- oder Nettopreis handelt. Wenn Sie Firmen und Privatkunden bedienen, ist es sinnvoll, 2 Preislisten zu pflegen, 1x brutto und 1x netto. Die Zuordnung zur Preisliste erfolgt im Kundenstamm.

- **26 Wochendisposition**: Stellen Sie ja ein; für bestimmte Optionen bei der Berechnung von Bestellvorschlägen und für die Bedarfsermittlung ist diese Einstellung später erforderlich.

Die Seiten Fibu und Bestellwesen im Mandantenstamm sind ausschließlich für die Finanzbuchhaltung und das Bestellwesen relevant. Diese beiden Seiten werden in den jeweiligen Schulungsunterlagen im Detail erklärt.

Lernzielkontrolle

☺ Testen Sie Ihr Wissen

1) Warum sollten Sie einen passenden Kontenrahmen wählen, auch, wenn Sie nur mit der Auftragsbearbeitung arbeiten?

2) Wofür benötigt man die Übergabe des Rechnungsausgangsbuches an die Finanzbuchhaltung?

3) Was versteht man unter "umgekehrt chronologisch"?

4) Wie viele Stellen kann die Artikelnummer in der Classic Line maximal haben?

5) Was sollten Sie beachten, wenn Sie später bei der Anlage Ihrer Artikel in der Classic Line mit Sonderzeichen arbeiten?

6) Was bedeutet die Abkürzung **MEK**?

7) Wie viele Preislisten werden unterstützt?

8) Was bedeutet: "auslagern"?

9) Auf wie viele Stellen können Sie die Kontonummern maximal erweitern?

10) Warum ist es sinnvoll, bei der Darstellung der Vorgangsnummern ein Trennzeichen zu verwenden?

11) Wie können Sie unter Mandant bearbeiten die einzelnen Seiten aufrufen, um die Werte zu prüfen oder zu ändern?

Praktische Übungen

Tastaturübungen

1) Legen Sie Mandant 200 an und ändern Sie die Bezeichnung auf Musikladen GmbH. Verwenden Sie als Vorlage den SKR03 für Kapitalgesellschaften.

2) Passen Sie den Mandantenstamm nach folgenden Vorgaben an:
   Kopftext für Rechnungen / Mahnungen:

   Musikladen GmbH
   Rosenstr. 3
   85238 Petershausen
   Tel.: 08137-05227
   Fax: 08137-05228
   Ust.Id.Nr.: DE 123456789

   Die Artikelnummern sind 20-stellig linksbündig, wir arbeiten mit Lagerorten, verzichten auf das Auftragseingangsbuch, pflegen nur unseren MEK automatisch und führen unsere Preisliste in Fremdwährung.

   Der Zugriff auf den MEK erfolgt bei Auftragserfassung; wir lagern nach 360 Tagen aus und übergeben unser RA-Buch an die Finanzbuchhaltung. Die Wochendisposition wird berücksichtigt.

   Alle anderen Felder und Seiten einfach nur bestätigen.

Kapitel

3

Stammdaten

In diesem Kapitel lernen Sie die Struktur und den Aufbau der Stammdaten in der Auftragsbearbeitung kennen.

Wir werden bei der Anlage der Stammdaten mit den Kunden und Lieferanten beginnen und dabei auch auf den Aufbau von Kundengruppen und Auswertungskennzeichen eingehen. Anschließend werden wir uns mit der Struktur des Artikelstamms beschäftigen.

Praxistipp

Wenn Sie bei der Anlage der Stammdaten bei einzelnen Feldern unsicher sind, nutzen Sie **F2** für die Auswahl (immer, wenn vom System eine Auswahl angeboten wird, wie z.B. für den Steuerschlüssel) oder die **Hilfe (F1)** und lesen Sie die Bedeutung der Felder nach.

Beim Aufbau der Stammdaten ist es wichtig, sich bereits im Vorfeld über die Struktur im Klaren zu sein. Welche Kundengruppen sind vorhanden? Gibt es bereits einen Kundenstamm in elektronischer Form? Kann dieser 1 zu 1 übernommen werden oder ist eine Bereinigung erforderlich? Ähnliche Fragen stellen sich beim Artikelstamm: Wie werden die Artikelnummern vergeben? Bei welchen Herstellern wird eingekauft? Sind Hersteller und Lieferant unterschiedlich? Welche Artikelgruppen vorhanden?

Sinnvoll ist es, einmal alle Vorgänge mit ein paar Datensätzen durchzuspielen und dann die wichtigsten Strukturen in einem Pflichtenheft zu erfassen. Viele Eingaben können Sie später noch über eine Schnelländerung korrigieren, andere (wie die Artikelnummer) sind nachträglich nicht mehr zu ändern. Außerdem sind alle nachträglichen Änderungen mit größerem Aufwand verbunden, deshalb ist es besser, bereits im Vorfeld die wichtigsten Punkte zu klären.

Eine weitere Frage ist: Sollen bestimmte Daten (z.B. Artikel) regelmäßig importiert oder aktualisiert werden? Das könnte z.B. der Fall sein, wenn Sie regelmäßig von Ihren Lieferanten Kataloge in elektronischer Form bekommen und die Preise und Artikel automatisch einlesen wollen. Genauso ist der Export von Daten oder ein Fremdzugriff zu berücksichtigen, wenn andere Programme einen ganz bestimmten Datenaufbau erfordern könnten. Wir gehen der Einfachheit halber in unserem Beispiel davon aus, dass wir alle Daten manuell neu erfassen. Wir werden bei der Vergabe der Nummern ein eigenes System entwickeln und die einzelnen Bereiche so aufbauen, dass die Struktur jederzeit erweiterbar ist.

Grundlagen

Wer die Classic Line von früheren Versionen kennt, muss sich ein wenig umstellen. Bereits in der Version 3.3 wurde das Menü deutlich gestrafft und die Grundlagen aus allen Bereichen in einem eigenen Punkt Grundlagen zusammengefasst. Auf diese Weise sind viele mehrfach vorhandene Menüpunkte verschwunden und die Struktur ist übersichtlicher geworden.

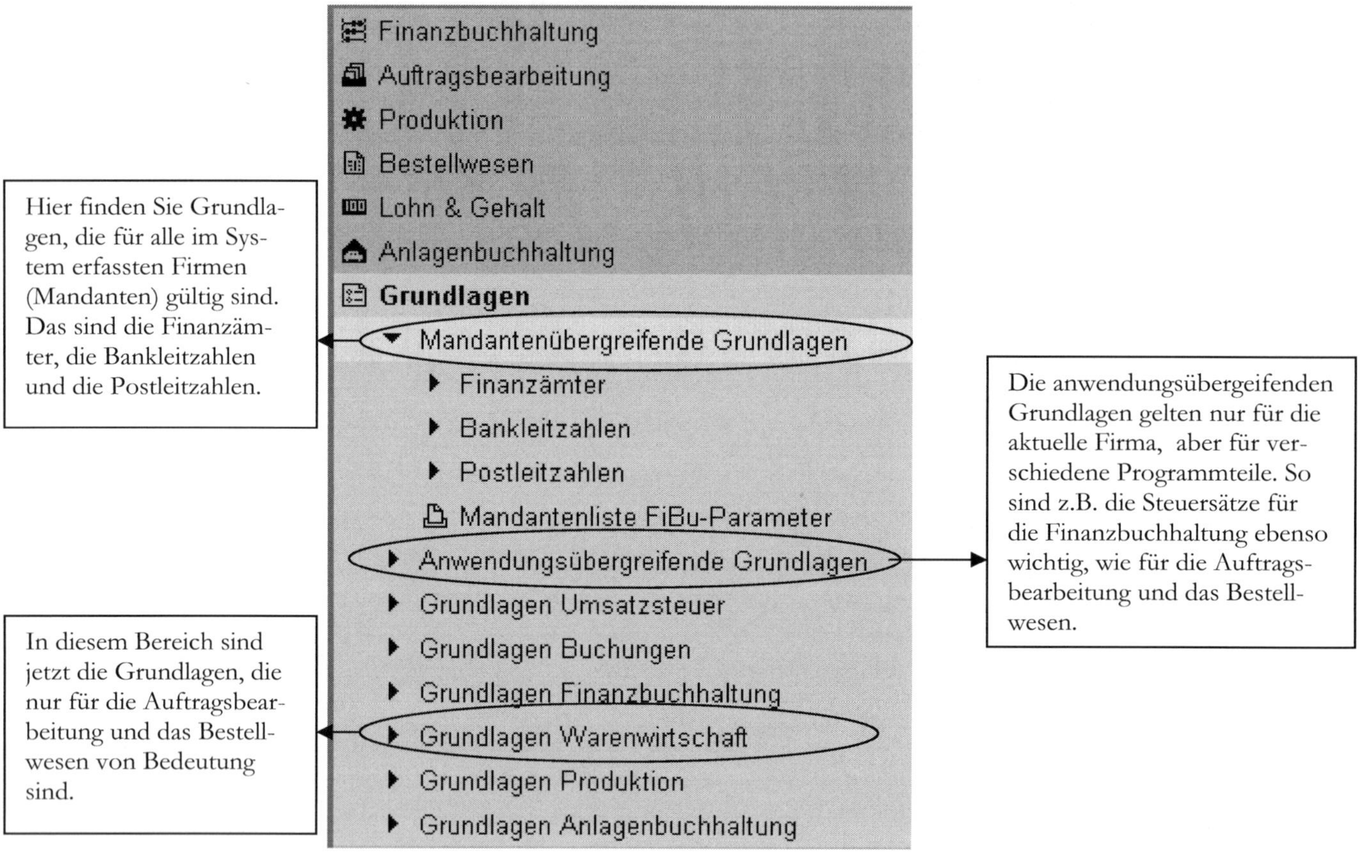

GRUNDLAGEN. Hier sind seit der Version 3.3 die Grundlagen aus allen Bereichen zusammengefasst. Seit der Version 3.4 gibt es noch einige neue Menüpunkte in diesem Bereich.

Neuerdings liefert die Firma Sage auf der Classic Line CD den kompletten Postleitzahlenstamm für Deutschland, Schweiz und Österreich aus. Sie können, je nach Bedarf, den gewünschten Datenbestand in Ihre Installation der Classic Line importieren. Ebenfalls neu mit auf der CD ist der aktuellste Bankleitzahlenstamm der Deutschen Bundesbank. Er kann ebenfalls importiert und laufend über die Internetseite der Deutschen Bundesbank aktualisiert werden.

Der nächste Bereich sind die Anwendungsübergreifenden Grundlagen.

Hier finden Sie alle die Grundlagen, die für mehrere Module gültig sind. In früheren Versionen gab es in jedem Bereich einen entsprechenden Menüpunkt. So waren die Steuersätze in der Finanzbuchhaltung genauso zu finden, wie in der Auftragsbearbeitung. Das hat immer wieder zu Verwirrungen geführt, wenn es um die Frage ging, wer für die Pflege der Daten zuständig ist. Eine wichtige Einstellung in diesem Bereich für die Auftragsbearbeitung ist die Vorgabe der Nummernkreise für die einzelnen Vorgänge.

In den Nummernkreisen werden die Vorgangsnummern für die Auftragsbearbeitung und das Bestellwesen eingestellt.

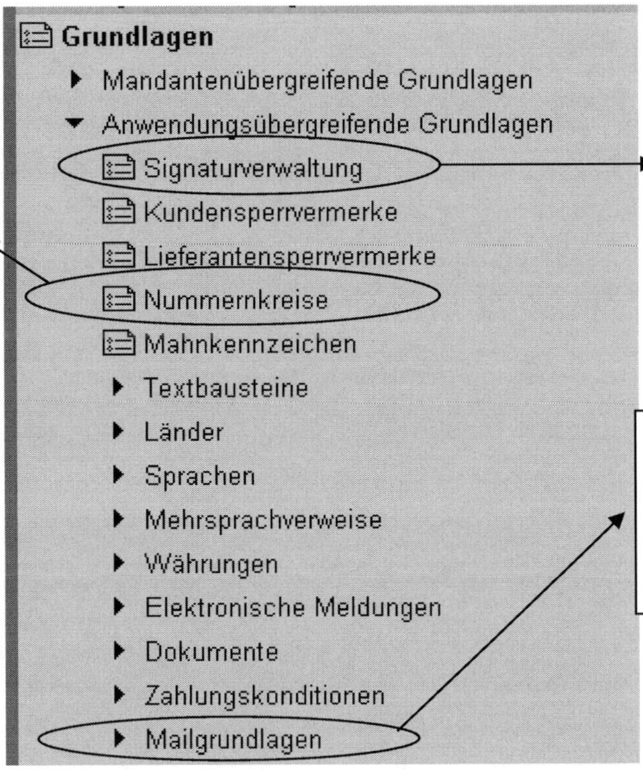

Neu in der Version 2008: die Möglichkeit, verschiedene elektronische Signaturen für den Mailversand aus der Classic Line zu verwalten.

Neu in der Classic Line 2008 sind die Mailgrundlagen. Hier gibt es jetzt die Möglichkeit, Dokumente aus der Classic Line automatisch mit elektronischer Signatur zu verschicken.

ANWENDUNGSÜBERGREIFENDE GRUNDLAGEN. Hier finden Sie alle Grundlagen, die für mehrere Module gültig sind, wie z.B. die Nummernkreise für Auftrag und Bestellwesen.

Fangen wir an mit der Vorgabe für die Nummernkreise:

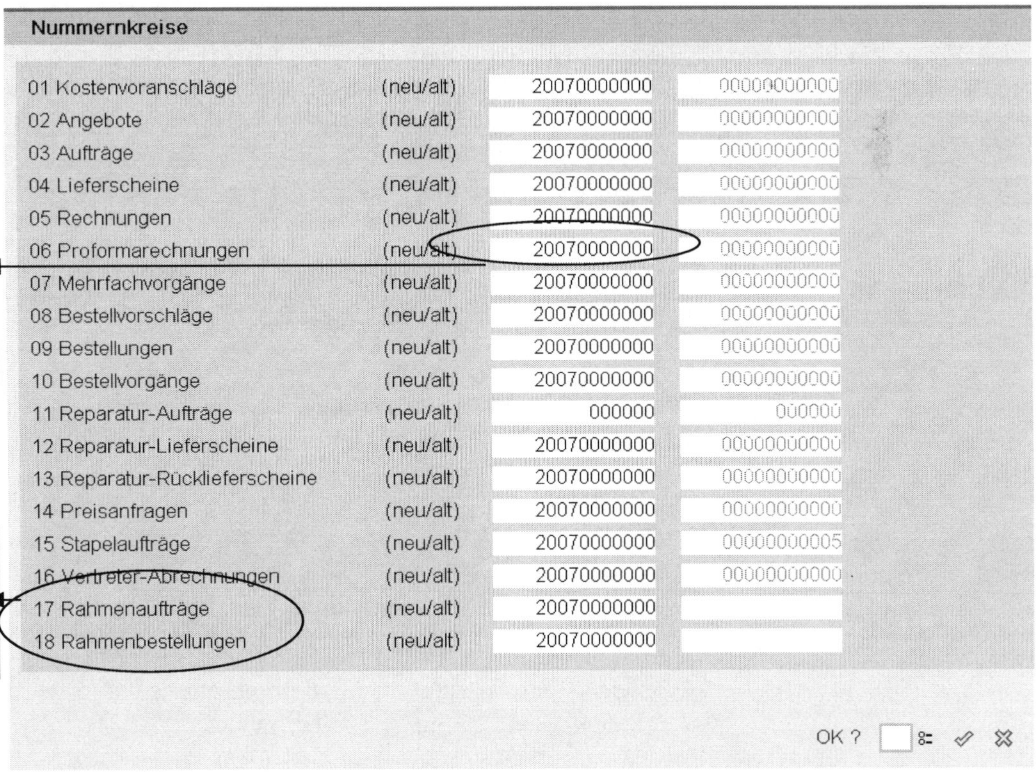

Wir beginnen einfach alle Nummernkreise mit der Jahreszahl des aktuellen Geschäftsjahres, in unserem Beispiel 2007.

Neu hinzugekommen in der Version 2007 sind Rahmenaufträge und Rahmenbestellungen.

NUMMERNKREISE. Bitte beachten Sie bei der Einstellung der Nummernkreise, dass ein Zurücksetzen der Nummern für Rechnungen laut Abgabenordnung (AO) nicht mehr zulässig ist.

Bestätigen Sie mit ja, um Ihre Änderungen zu übernehmen.

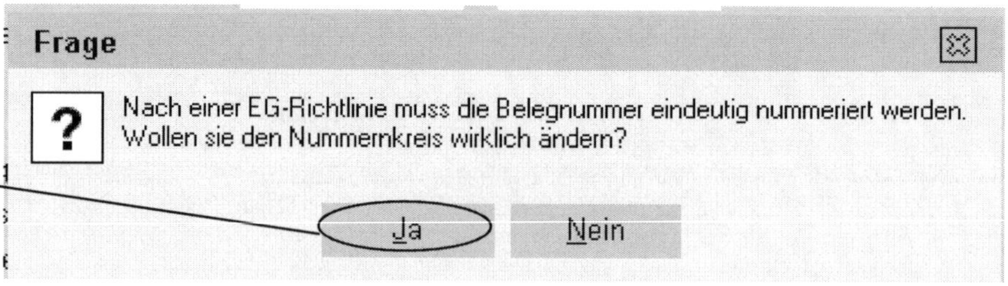

NUMMERNKREISE ÄNDERN. Hier der Hinweis auf die Eindeutigkeit der Belegnummern. Da wir die Einstellung zum ersten Mal vornehmen, die Meldung einfach bestätigen.

Wichtig

Wenn Sie im laufenden Jahr mit der Auftragsbearbeitung in einem neuen System anfangen, sollten Sie die Nummernkreise so einstellen, dass die Nummern der einzelnen Vorgänge fortlaufend fortgeführt werden.

Im letzten Bereich finden Sie die Grundlagen, für die jeweilige Anwendung. Hier werden wir erklären, was es mit den einzelnen Punkten auf sich hat uns dabei aber auf die für den Standardanwender wichtigsten beschränken.

Hier hat sich die Bezeichnung des Menüpunktes in der Version 2007 geändert und es sind weitere Unterpunkte dazugekommen.

Die Versandart bietet Ihnen die Möglichkeit, bis zu 6 verschiedene Versandarten zu definieren, die dann im Auftrag zur Auswahl angeboten werden.

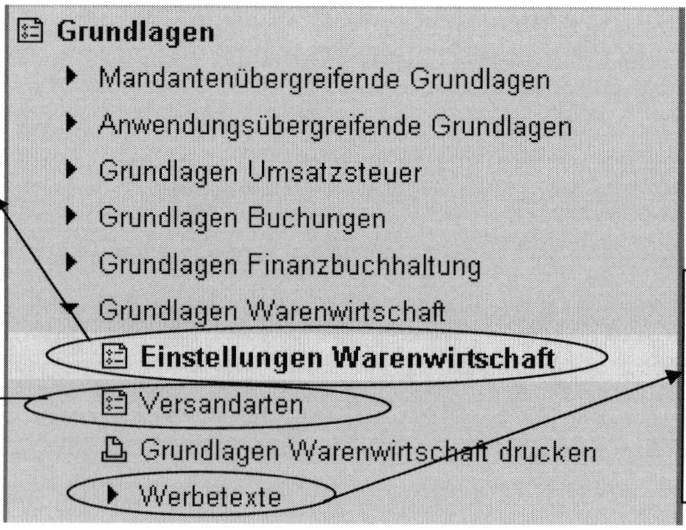

Unter Werbetexte haben Sie die Möglichkeit, 2 zweizeilige Werbetexte zu erfassen, die dann automatisch auf allen Dokumenten mit angedruckt werden.

EINSTELLUNGEN WARENWIRTSCHAFT. Hier sind seit der Version 2007 die Grundlagen für die Auftragsbearbeitung und das Bestellwesen zusammengefasst.

In den Einstellungen der Warenwirtschaft finden Sie alle nützlichen Details, die man für die Auftragsbearbeitung einstellen kann. Neben Standardeinstellungen zur Auftragsbearbeitung werden hier auch die Grundlagen für einige Zusatzpakete, wie die neue Chargenverwaltung oder die erweiterte Vertreterabrechnung erfasst. Uns interessieren in erster Linie die Grundlagen Warenwirtschaft.

Die Grundlagen der Warenwirtschaft sind sehr individuell einstellbar und einige der Einstellungen beziehen sich auch auf Zusatzpakete. Hilfreich ist es, sich erst einmal mit dem Programm vertraut zu machen und sich dann noch einmal durch die Grundlagen der Warenwirtschaft zu arbeiten, um unter Umständen noch die ein oder andere Veränderung vorzunehmen.

Hier legen Sie fest, ob auch ohne oder mit negativem Lagerbestand der Druck eines Lieferscheins möglich ist, oder nicht. Das funktioniert allerdings nicht mit Artikeln, die mit Chargen- oder Seriennummer angelegt sind.

Die Nummer der Archivdatei gibt an, wie das Archiv heißt, in das die Vorgänge ausgelagert werden. Sie sollte jedes Jahr aktualisiert werden.

Neu in der Version 2008 sind die letzten 2 Punkte: Sage Business Intelligence und Neuanlage Aufträge / Bestellungen.

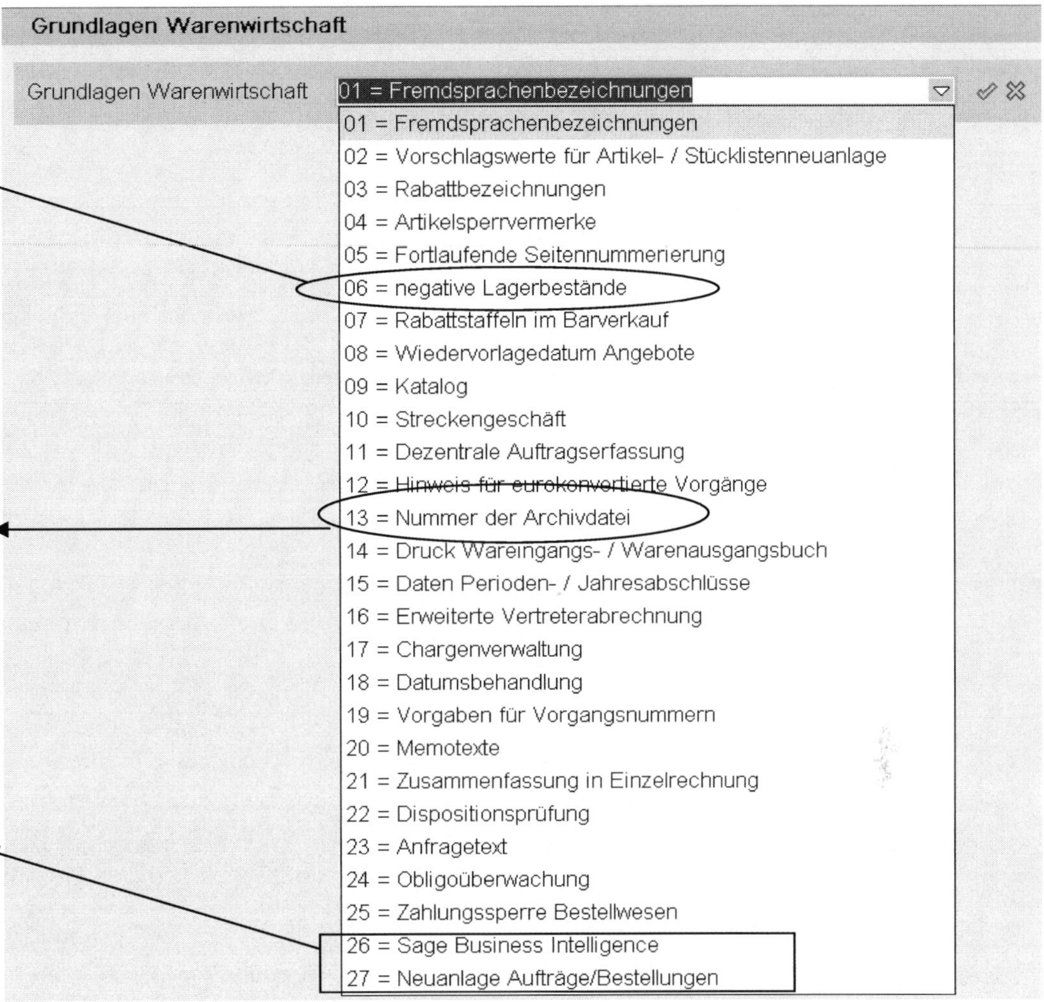

GRUNDLAGEN AUFTRAGSBEARBEITUNG / BESTELLWESEN. Hier sind seit der Version 3.4 die Grundlagen für die Auftragsbearbeitung und das Bestellwesen zusammengefasst..

01 Fremdsprachenbezeichnungen: Hier haben Sie die Möglichkeit, z.B. für Ihre Artikelbezeichnung oder Ihre Werbetexte auch fremdsprachige Texte zu hinterlegen. Die Auswahl erfolgt im Programm dann über die im Kundenstamm oder Lieferantenstamm hinterlegte Sprache.

04 Artikelsperrvermerke: Hier können Sie die Bezeichnungen für die einzelnen Artikelsperrvermerke anlegen. Ein Sperrvermerk kann im Artikelstamm zugeordnet werden und wird immer automatisch angezeigt, sobald Sie den entsprechenden Artikel in der Vorgangserfassung aufrufen.

06 negative Lagerbestände: Hier legen Sie fest, ob es Möglich ist, einen Artikel zu liefern, noch bevor der Wareneingang gebucht wurde. Das ist z.B. hilfreich, wenn Sie Warenlieferungen sofort bei Ankunft aufteilen und gleich weiterschicken. Die Arbeit mit negativen Lagerbeständen ist allerdings nicht möglich bei Artikeln mit Chargen- oder Seriennummern. Hier ist die Lieferung gesperrt, wenn der Artikel nicht auf dem Lager verfügbar ist.

08 Wiedervorlagedatum Angebot: Hier können Sie eintragen, nach wie vielen Tagen ein Angebot in die Wiedervorlageliste aufgenommen werden soll. Eine sinnvolle Funktion, um zu gewährleisten, dass die Angebote auch regelmäßig nachgearbeitet werden.

13 Nummer der Archivdatei: Hier legen Sie die Nummer der Archivdatei fest, in die erledigte Aufträge ausgelagert werden. Dieser Eintrag sollte jährlich aktualisiert werden, z.B. mit der Jahreszahl. Eine Änderung sollte in Abhängigkeit der Einträge im Mandantenstamm erfolgen. Wenn Sie hier z.B. eingestellt haben, auslagern nach 180 Tagen, dann sollten Sie das Archiv immer zum 01.07. ändern, damit dann auch im Archiv 2006 alle Vorgänge aus 2006 zu finden sind.

18 Datumsbehandlung: Hier legen Sie fest, ob das Lieferdatum der einzelnen Positionen bei der weiteren Verarbeitung automatisch mit dem Belegdatum aktualisiert oder aus dem vorherigen Beleg übernommen werden soll.

19 Vorgaben für Vorgangsnummern: Hier können Sie einstellen, dass ein Teil der Vorgangsnummer bei der Eingabe automatisch ergänzt wird. Auf diese Weise können Sie bereits erfasste Aufträge und Vorgänge wesentlich schneller wieder aufrufen, da Sie nur die letzten Stellen der Vorgangsnummer eingeben müssen.

20 Memotexte: Seit der Version 3.4 sind die Memotexte im **RTF** (**R**ich **T**ext **F**ormat) gespeichert. Unter Memotexte stellen Sie ein, ob Sie diese Funktion nutzen wollen oder nicht. Diese Einstellung ist vor allem wichtig, wenn Sie Daten aus einer älteren Version übernommen haben und Ihre Formulare noch nicht aktualisiert wurden.

23 – 25: Diese drei Punkte sind in der Version 2007 neu hinzugekommen. Die Obligoverwaltung beinhaltet eine strengere Kreditlimitüberwachung, eine in der heutigen Zeit leider immer wichtiger werdende Funktion. Und die beiden anderen Punkte betreffen das Bestellwesen und werden dort erläutert.

☞ **Neu**

26: Unter Business Intelligence können Sie für das neue Zusatzpaket von Sage einstellen, welche Jahre ausgewertet werden sollen und in welchen Archiven diese Daten zu finden sind.

27: Unter Neuanlage Aufträge/Bestellungen legen Sie fest, ob die Neuanlage eines Vorganges nur noch mit F10 möglich ist, oder auch durch direkte Eingabe einer Auftragsnummern.

Wenn Sie sich irgendwo unschlüssig sind, wählen Sie **F1** für die Hilfe oder lesen Sie im Handbuch nach. Nach der vollständigen Erfassung der Grundlagen sollten Sie unter **Grundlagen → Grundlagen Warenwirtschaft → Grundlagen Warenwirtschaft drucken**, ein Protokoll mit den erfassten Werten drucken und archivieren, damit spätere Änderungen nachvollziehbar sind.

Der Kundenstamm

Wenn Sie bereits bestehende Kundennummern haben, können Sie diese natürlich übernehmen, wenn Sie noch keine Nummern vergeben haben, sollten Sie sich, soweit möglich, an der DATEV orientieren und mit der Kundennummer 10000 anfangen und automatisch weiterzählen.[13]

Unter **Auftragsbearbeitung → Stammdaten → Kunden → Kundenstamm** können Sie Ihren ersten Kunden erfassen.

Im Kundenstamm legen Sie neue Kunden an und ändern bestehende.

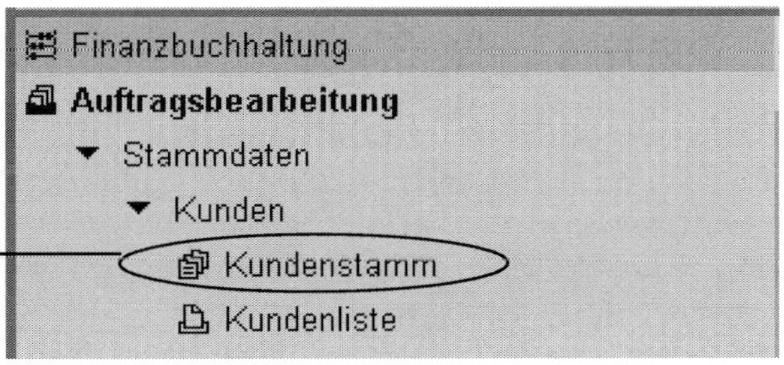

AUFRUF KUNDENSTAMM. Hier rufen Sie den Kundenstamm auf.

Beim ersten Kunden müssen Sie die Kundennummer 10000 manuell eingeben. In der Folge können Sie dann mit **F10** jeweils die nächste freie Nummer auswählen. Beim Öffnen des Kundenstamms werden wichtigste aktive Funktionen am unteren Bildschirmrand angezeigt.

AKTIVE FUNKTIONSTASTEN. Unter der aktiven Maske werden immer die in diesem Kontext aktiven Funktionen eingeblendet.

Die Kundennummer ist ein Schlüsselfeld und kann in der Classic Line nachträglich nicht mehr geändert werden; d.h. Sie sollten vor dem Beginn der Erfassung klären, nach welchem System die Nummern vergeben werden. Außerdem gilt es zu beachten, dass eine einmal vergebene Kundennummer frühestens nach einem Jahr Pause wieder für einen neuen Kunden verwendet werden darf[14]. Auch im Kundenstamm gilt: eine Kundennummer, eine Währung, d.h. wenn Sie Kunden abwechselnd in EUR und USD berechnen, dann müssen Sie 2 Kundennummern vergeben.

Neu im Kundenstamm sind die Karteireiter für den Wechsel auf weitere Seiten.

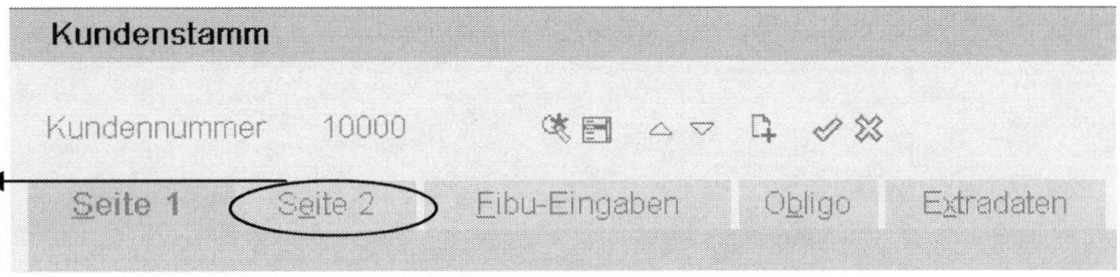

KUNDENSTAMM. Karteireiter für die wichtigsten Folgeseiten..

Wie schon im Mandantenstamm gesehen, gibt es auch im Kundenstamm sogenannte Karteireiter, mit denen ein Wechsel auf die wichtigsten Folgeseiten im Kun-

km[13] Die DATEV verwendet für Kunden den Nummernkreis von 10000 – 69999 und für Lieferanten von 70000 – 99999. Wenn Sie sich an diesen Nummernkreisen orientieren, erleichtern Sie Ihrem Steuerberater die Arbeit.

[14] In manchen Firmen gibt es die Unsitte, bestehende Kundennummern einfach mit neuen Kunden zu überschreiben. Das ist aus Gründen der Transparenz und Nachvollziehbarkeit weder sinnvoll, noch zulässig. Bitte in so einem Fall die alte Kundennummer auf inaktiv setzen und eine neue Nummer vergeben.

denstamm möglich ist. Alternativ zur Maus können Sie auch über die Eingabe des unterstrichenen Buchstabens in der OK-Abfrage die Seiten zu wechseln. Der Buchstabe **B** für **Blättern** ist **nicht mehr** aktiv.

Wichtig

Bei der Eingabe der Adresse gibt es zwei Punkte, die Ihre besondere Aufmerksamkeit erfordern: die Kurzbezeichnung und die Faxnummer. Die Kurzbezeichnung wird vom System automatisch gebildet aus dem **zweiten Wort im Feld Name 1** und dem **Ort**. Das ist eine Vorbelegung, die nicht immer zu sinnvollen Ergebnissen führt. Da die Kurzbezeichnung überall im Programm als Suchfunktion genutzt wird, sollten Sie dieses Feld besonders sorgfältig pflegen.

Die Faxnummer wird automatisch mit der Telefonnummer vorbelegt; hier ist in der Regel ebenfalls eine Korrektur erforderlich.

Im **Feld 14**, **Status,** haben Sie die Möglichkeit, Kunden, die nicht mehr benötigt werden, auf inaktiv zu setzen; diese werden dann in den Suchfunktionen nach Kundennummer oder Matchcode nicht mehr angezeigt. Den Briefcode benötigen Sie, wenn Sie Ihre Daten auch für Serienbriefe verwenden möchten. Hier wird die Anrede verschlüsselt. Dieses Feld können wir erst ganz zum Schluss pflegen, nachdem wir im System einen Ansprechpartner angelegt haben.

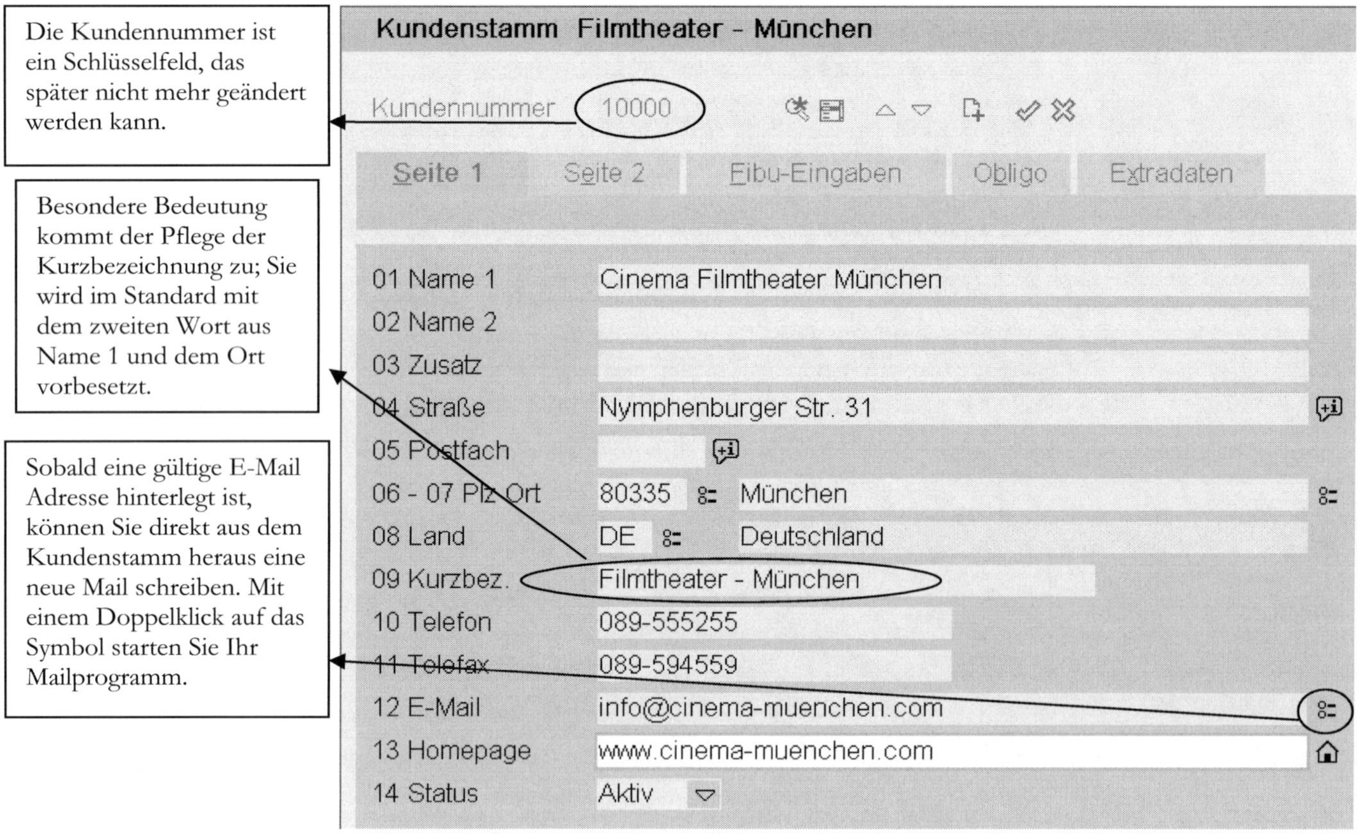

KUNDENSTAMM ADRESSBEREICH. Beim ersten Kunden müssen Sie die Nummer manuell eingeben. Anschließend beginnt die Erfassung mit der vollständigen Adresse.

Die **Kundengruppe** ist ein Feld, das in allen Auswertungen und Listen als Selektionskriterium angeboten wird. Hier können Sie, ein 4-stelliges Kennzeichen erfassen, mit dem Sie später eine Auswahl treffen möchten. Wir werden in unserem Beispiel ein **K** für **K**unde erfassen. Bei Bestätigung erscheint eine Abfrage, ob Sie dieses

Kennzeichen neu anlegen wollen. Beantworten Sie die Frage mit ja, um in die Erfassungsmaske der Kundengruppe zu verzweigen.

Wählen Sie ja, um eine neue Kundengruppe anzulegen.

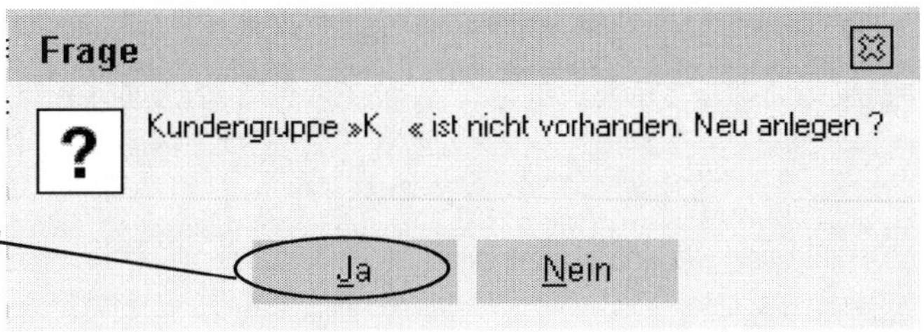

KUNDENGRUPPE. Wählen Sie ja, um eine neue Kundengruppe anzulegen.

Geben Sie jetzt die vollständige Bezeichnung für Ihre neue Kundengruppe ein.

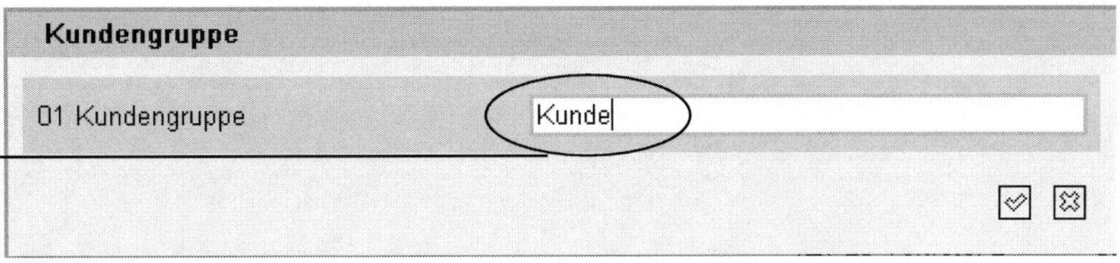

KUNDENGRUPPE. Sie können direkt aus dem Kundenstamm heraus neue Kundengruppen anlegen. Wenn Sie die gewünschten Gruppen bereits angelegt haben, können Sie mit **F2** auswählen.

Die neue Kundengruppe wird automatisch im Kundengruppenstamm gespeichert. Sie könnten dieses Feld auch erst einmal frei lassen und später nachpflegen.

Die Kundengruppe ermöglicht bei Auswertungen eine Selektion von Daten mit einem bestimmten Kennzeichen, wie z.B. die Trennung zwischen Kunden und Interessenten.

Ordnen Sie hier die Preisliste von 1-9 zu und wählen Sie aus, ob es sich um einen Nettopreis zuzüglich MwSt. handelt oder einen Bruttopreis inkl. MwSt.

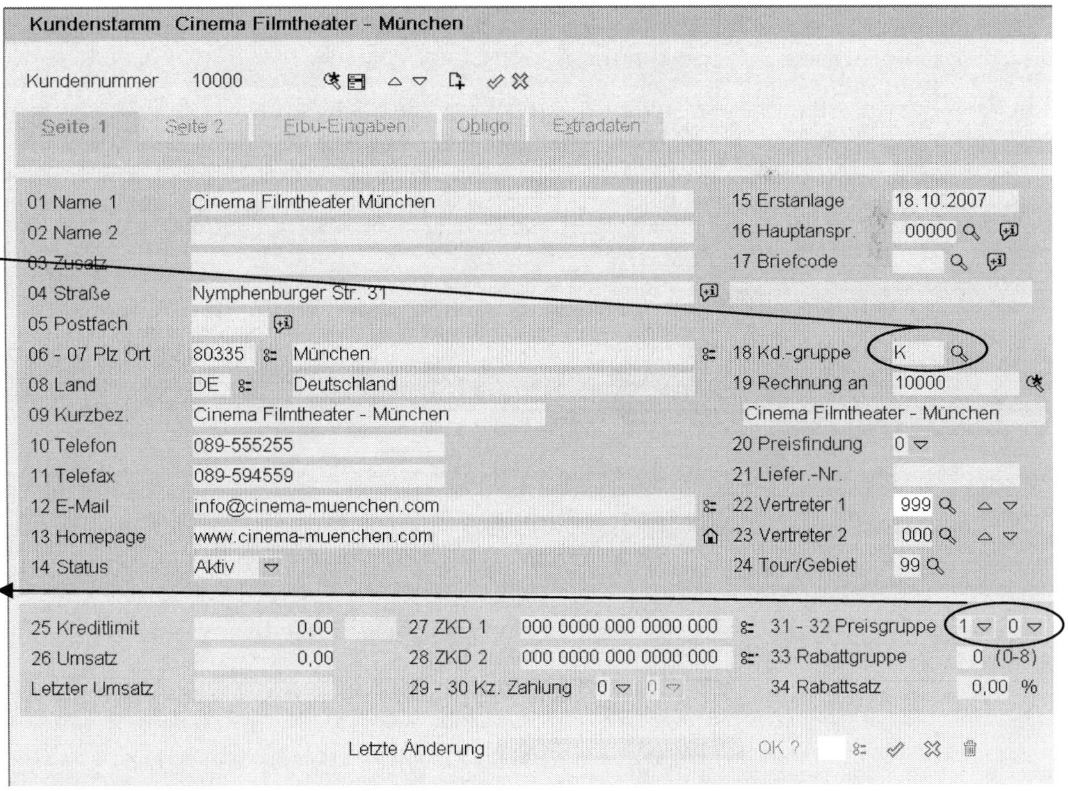

KUNDENSTAMM SEITE 1. Hier die komplette **Seite 1** im Kundenstamm während der Eingabe. Im Feld Kundengruppe geben Sie bitte ein **K** für **K**unde ein.

Die Felder 19-21 können Sie einfach bestätigen[15]. In den Feldern 22 und 24, Vertreter und Tour kommt beim Bestätigen ebenfalls eine Abfrage:

Wählen Sie ja, um einen neuen Vertreter anzulegen. Sonst kommt diese Frage bei jedem Kunden wieder.

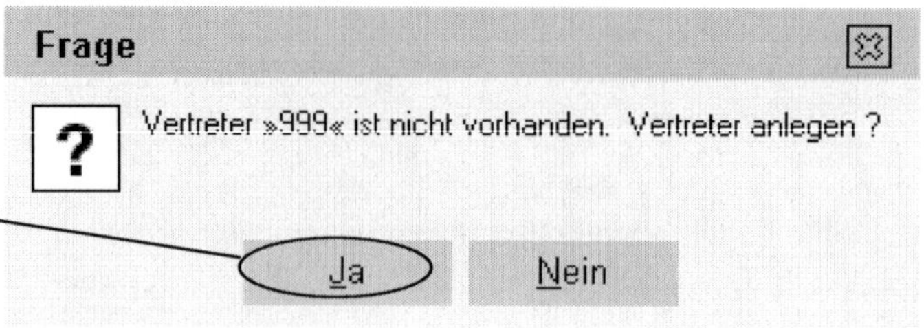

VERTRETER. Beim ersten Kunden sollten Sie den Vertreter 999 gleich anlegen.

Damit diese Frage nicht jedes Mal kommt, legen Sie am Besten gleich bei der Anlage Ihres ersten Kunden gleich einen Vertreter und eine Tour an.

Dem Vertreter 999 ordnen wir die Zentrale zu. Nachdem dieser Vertreter generell als Vorschlag vorbelegt wird, sollte Sie diese Nummer nicht für einen Verkäufer zu verwenden, der Provision bekommt. Nachdem Sie alle übrigen Felder bestätigt haben, können Sie in der OK-Abfrage ein **J** eingeben und die Daten Speichern. Mit **ESC** kommen Sie zurück in den Kundenstamm.

Da wir den Vertreter 999 nicht für eine Provisionsabrechnung nutzen, reicht es, hier den Namen einzutragen und alle anderen Felder einfach zu bestätigen und den Datensatz zu speichern.

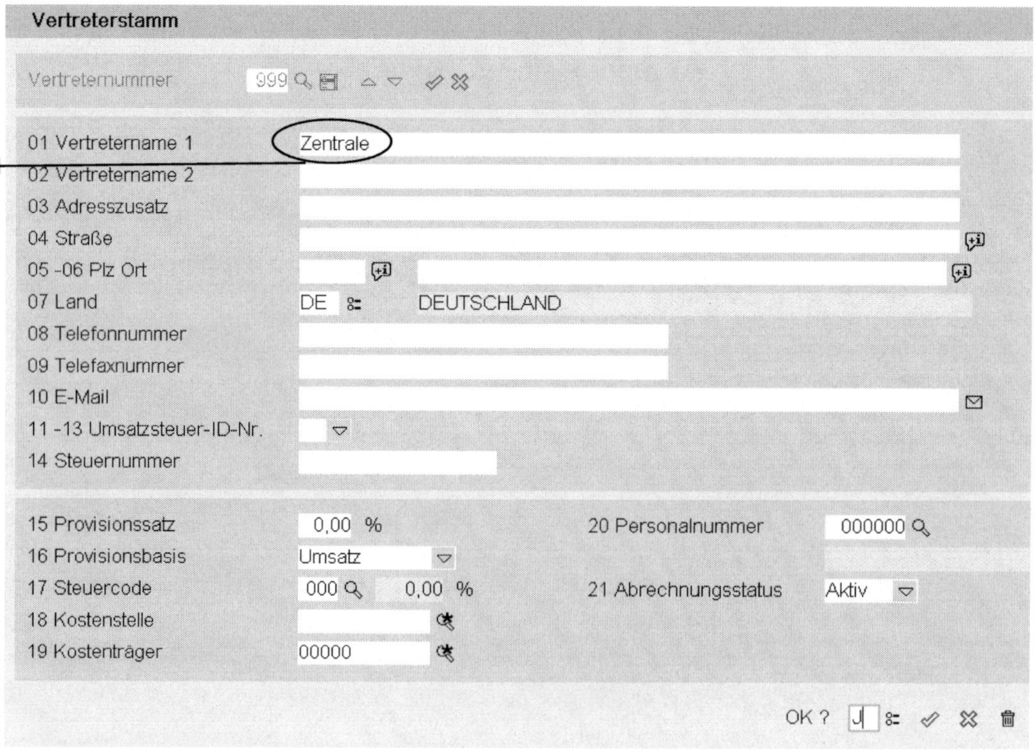

VERTRETER 999. Der Vertreter 999 wird generell als Vorschlagswert verwendet.

Bei der Tour geben Sie für die 99 ebenfalls die Zentrale an. Hier können Sie später ein eigenes System für Ihre Tourenplanung erstellen. Auf diese Weise können Sie

---

[15] Die Erfassung eines abweichenden Rechnungsempfängers benötigen Sie z.B., wenn Sie einen Kunden mit unterschiedlichen Filialen haben, aber die Rechnungen zentral reguliert werden. Ein gutes Beispiel hierfür sind Handelsketten, wie Aldi, OBI und andere, die in verschiedene Filialen Ware geliefert bekommen, aber die Abrechnung erfolgt in der Regel über den Zentraleinkauf.

z.B. die Lieferungen mit eigenen Fahrzeugen gleich nach Touren zusammenstellen. Sinnvoll ist diese Einteilung auch für Ihre Außendienstmitarbeiter, die sich an Hand der Tour Ihre Besuchstermine zusammenstellen können.

Tragen Sie hier den neuen Namen der Tour ein.

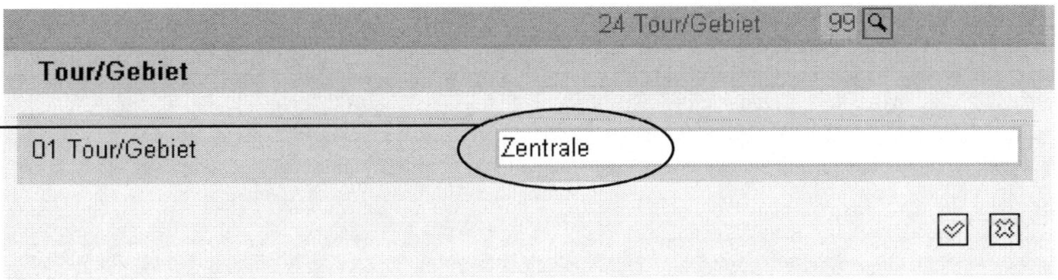

TOUR / GEBIET. Die 99 wird generell als Vorschlagswert verwendet.

Im **Feld 25** können Sie für jeden Kunden ein **Kreditlimit** hinterlegen, das bei der Erfassung neuer Aufträge automatisch geprüft wird. Das ist vor allem wichtig, wenn Sie mit einer Kreditversicherung zusammenarbeiten. Die Felder Umsatz und Datum letzter Umsatz werden vom System automatisch gepflegt. Die Zahlungskonditionen sind auch für die Buchhaltung wichtig. Sie geben an, wann eine Rechnung zur Zahlung fällig wird und ob sich der Kunde bei der Zahlung seiner Rechnung Skonto[16] abziehen darf. Hierbei handelt es sich um einen Vorschlagswert, der von Rechnung zu Rechnung verändert werden kann.

Neu

Die Zahlungskonditionen wurden in der Classic Line 2007 komplett überarbeitet: neben der bisher bekannten Möglichkeit der manuellen Eingabe ist es jetzt auch möglich, mit Formeln zur Berechnung der Zahlungsziele zu arbeiten. Wir werden diese Variante am Ende dieses Schulungshanbuches unter Tipps und Tricks ausführlich erklären. An dieser Stelle lenkt es nur vom roten Faden ab[17].

Wählen Sie F9, um die Zahlungskonditionen manuell zu erfassen.

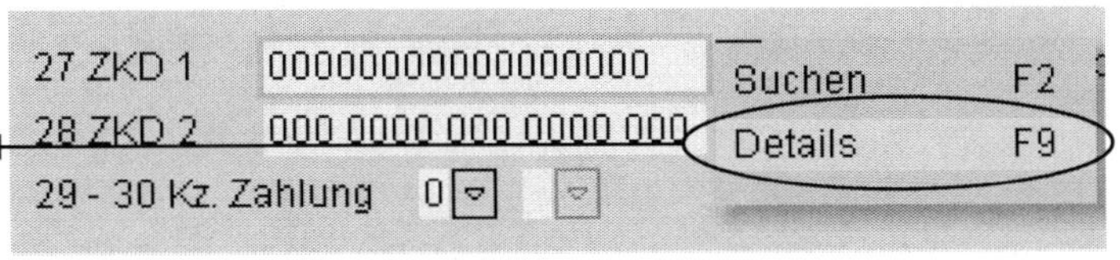

AUFRUF ZAHLUNGSKONDITIONEN Mit **F9** gelangen Sie in die manuelle Eingabe. Mit **F2** können Sie nur zuvor angelegte Zahlungskonditionen auswählen. Mehr zu diesem Thema unter Tipps und Tricks.

Die bisher genutzte Funktion **F2** zum Öffnenen der Erfassungsmaske funktioniert nicht mehr, da **F2** generell mit der Funktion **Auswahl** belegt ist. Eine Auswahl steht aber erst zur Verfügung, wenn sie vorher Zahlungskondition angelegt haben.

---

[16] Skonto ist ein Preisnachlass für pünktliche Zahlung innerhalb einer vorgegebenen Frist. D.h. Skonti dürfen in der Finanzbuchhaltung erst zum Zeitpunkt der Zahlung gebucht werden. Seit 01.01.2004 müssen vereinbarte Skonti auf der Rechnung ausgewiesen werden.

[17] Mit Hilfe von Formeln ist es jetzt in der Classic Line möglich, auch komplexere Zahlungskonditionen, wie fällig zum 15. des Folgemonats oder ähnliche Konstellationen abzubilden. Diese Art der Konditionen wird vor allem in größeren Firmen und bei Factoring (Verkauf von Forderungen an eine Inkassofirma) eingesetzt, wenn immer nur an bestimmten Tagen Zahlungsläufe gemacht werden.

Hier sehen Sie, dass Sie in der manuellen Direkteingabe sind.

Der Wert: Tage ohne Skonto muss immer größer sein, als die Tage mit Skonto. Bei 30 Tage netto wird also nur im letzten Feld der Wert 30 eingetragen.

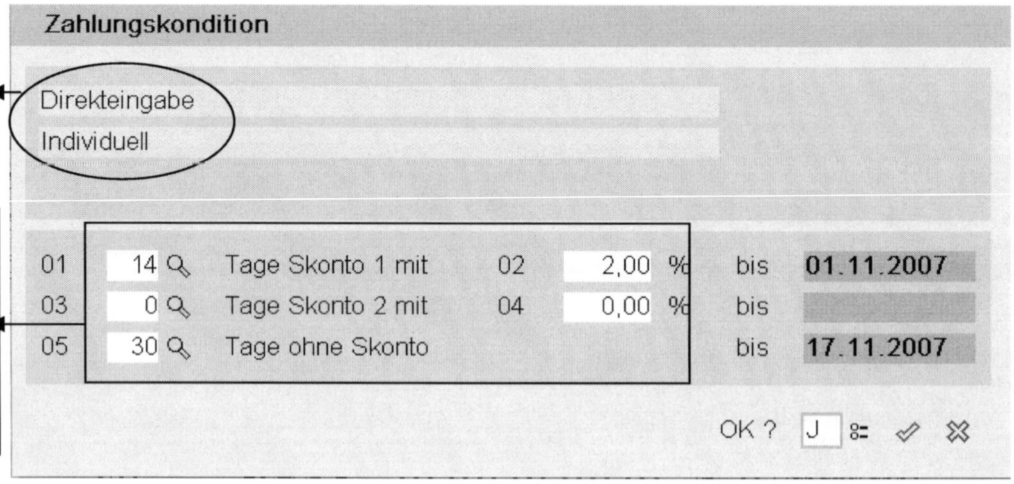

ZAHLUNGSKONDITIONEN Es ist möglich, zwei Skontofristen mit unterschiedlichen Prozentsätzen einzugeben.

Die Skontierung ist so aufgebaut, dass die Eingabe im Feld 5, Tage ohne Skonto, immer größer sein muss, als die Zahl der Tage mit Skonto. Wenn die Rechnung sofort fällig sein soll, einfach nichts eingeben und das Feld Zahlungskonditionen nur bestätigen. Die Zahlungskonditionen 2 bieten für die Faktura die Möglichkeit, für einzelne Artikel unterschiedliche Zahlungskonditionen zuzuordnen, so dass beispielsweise auf Handelsware 2% Skonto gewährt werden, bei Dienstleistungen aber nicht.

In den **Feldern 29** und **30** legen Sie die Zahlungsweise für diesen Kunden fest. In unserem Beispiel wählen wir die **0** für Selbstzahler. Alternativ könnten Sie auch die 3, Bankeinzug variabel, wählen und dann die Auswahl Selbstzahler vorbelegen. Diese Variante bietet die Möglichkeit, in der Auftragserfassung fallweise auszuwählen, ob eine Rechnung abgebucht werden soll, oder nicht.

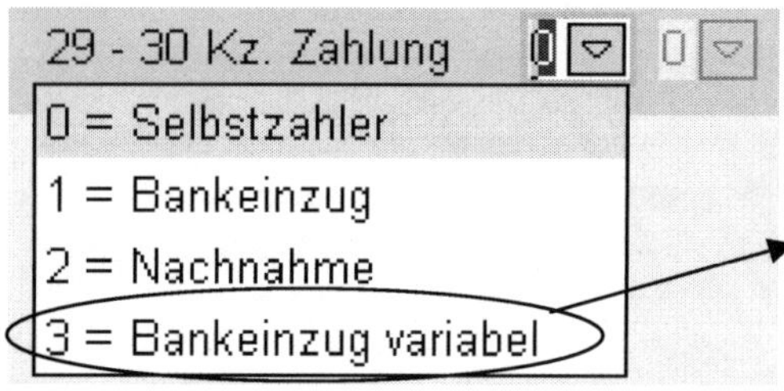

Wählen Sie Bankeinzug variabel, wenn Sie erst im Auftrag festlegen möchten, ob für eine Rechnung Bankeinzug gilt oder nicht.

KENNZEICHEN ZAHLUNG. Wählen Sie hier die vereinbarte Zahlungsweise aus. Bei der Auswahl Nachnahme oder Bankeinzug wird dann auf der Rechnung automatisch ein entsprechender Hinweistext gedruckt.

Im **Feld 31** wird eine Preisgruppe von 1-9 zugeordnet; das Gegenstück zur Preispflege finden wir im Artikelstamm. In Verbindung mit der Preisgruppe haben Sie auch die Möglichkeit, festzulegen, ob dieser Preis beim Kunden als Bruttopreis inkl. MwSt. oder als Nettopreis zuzüglich MwSt. ausgewiesen werden soll.

Die Sprache dient der Formularsteuerung; Sie können für jede Sprache einen eigenen Formularsatz hinterlegen.

Jedem Kunden kann nur eine Währung zugeordnet werden, d.h. wenn Sie für diesen Kunden eine zweite Währung brauchen, müssen Sie eine weitere Kundennummer vergeben.

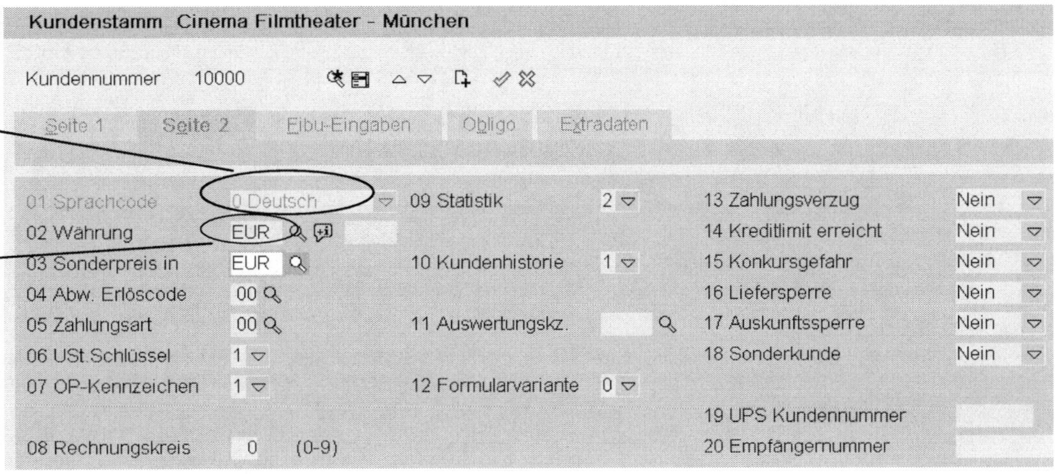

KUNDENSTAMM SEITE 2. Hier werden neben Sprache, Währung und Steuerschlüssel auch Statistikkennzeichen und Sperrvermerke gepflegt.

Auf dieser Seite können Sie in unserem Beispiel alle Felder einfach bestätigen. Wir wollen trotzdem zu einigen besonders wichtigen Feldern Erläuterungen geben:

- **01 Sprachcode**: Über den Sprachcode wird die Formularbibliothek für Angebote, Rechnungen, etc. angesteuert. Sie haben in der Classic Line bis zu 9 Sprachen zur Auswahl. Im Artikelstamm können Sie ebenfalls fremdsprachige Bezeichnungen anlegen. So ist es möglich, z.B. einem Kunden eine deutsche Rechnung zu schreiben, einem anderen Kunden eine englische.[18]

- **02 Währung**: In der Classic Line kann pro Kunde nur eine Währung verwaltet werden (Ausnahme: die frühere EU-Währung). Wenn Sie also einen Kunden abwechselnd in EUR oder USD fakturieren möchten, müssen Sie für diesen Kunden eine 2. Kundennummer vergeben. Sobald der erste Vorgang für den Kunden erfasst wurde, kann die Währung nicht mehr geändert werden.

- **06 Umsatzsteuerschlüssel**: Die Wahl des Steuerschlüssels hängt vom Kunden ab. Der gewählte Steuersatz beim Kunden entscheidet bei der Faktura darüber, ob mit oder ohne Mehrwertsteuer fakturiert wird und auf welches Erlöskonto in der Finanzbuchhaltung die Umsätze gebucht werden.[19]

---

[18] Die Sprachen 1 und 2 bitte nicht verwenden; diese Sprachen sind reserviert für Schweiz und Österreich; d.h. es geht mit der ersten Fremdsprache bei Sprache 3 los.

[19] Wichtig ist bei der Arbeit mit Kunden im EU-Ausland, dass hier die Steuerschlüssel 2 und 3 verwendet werden, steuerpflichtig EU mit oder ohne Ust.-Id. Wird jetzt beim Kunden keine gültige Umsatzsteuer Identnummer hinterlegt, rechnet das System automatisch mit 19% Steuer. Das ist korrekt so, denn wenn Ihnen die Steuernummer des Kunden nicht bekannt ist und Sie fakturieren ohne Steuer, dann haftet Ihr Betrieb im Falle einer Steuerprüfung für die nicht abgeführte USt..

STEUERSCHLÜSSEL. Beachten Sie bitte, dass es für EU-Kunden eigene Steuerschlüssel gibt.

- **07 OP-Kennzeichen**: Hier wird festgelegt, ob für diesen Kunden eine OP-Verwaltung geführt werden soll oder nicht. Ich empfehle Ihnen hier generell eine **1** für **OP-Verwaltung und Mahnwesen** einzugeben.

Wenn Sie auf dieser Seite alle Felder bestätigt haben, kommt als nächstes eine Maske mit Feldern für die Finanzbuchhaltung. Hier können Sie ein Forderungssammelkonto zuordnen und für Kunden aus der EU alle erforderlichen Eingaben machen.

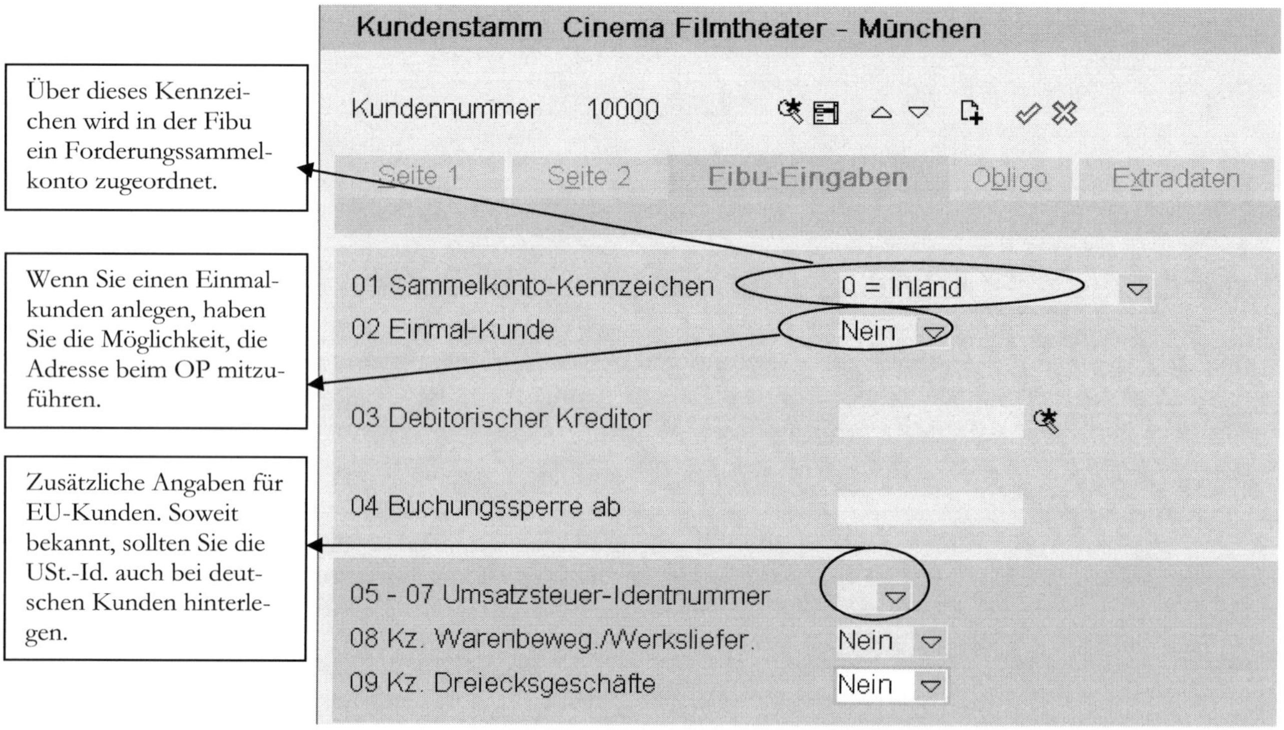

FIBU-EINGABEN. Hier machen Sie zusätzliche Angaben für die Finanzbuchhaltung.

Mit Bestätigung dieser Maske ist der Kundenstamm komplett und der Datensatz gespeichert. Um weitere Eingaben zu machen, müssen Sie den Kunden erneut aufrufen. Da wir unsere Daten gerne auch für den Schriftverkehr verwenden, ergänzen wir noch einen Ansprechpartner mit Anrede und allen wichtigen Infos. Hierfür geben Sie im Kundenstamm in der OK-Abfrage ein **P** für **Ansprechpartner** ein oder wählen Sie mit **F2.**[20]

[20] Alternativ können Sie auch, statt den Datensatz zu speichern und die Eingabe zu beenden, gleich in der OK-Abfrage **F2** drücken und den Ansprechpartner erfassen.

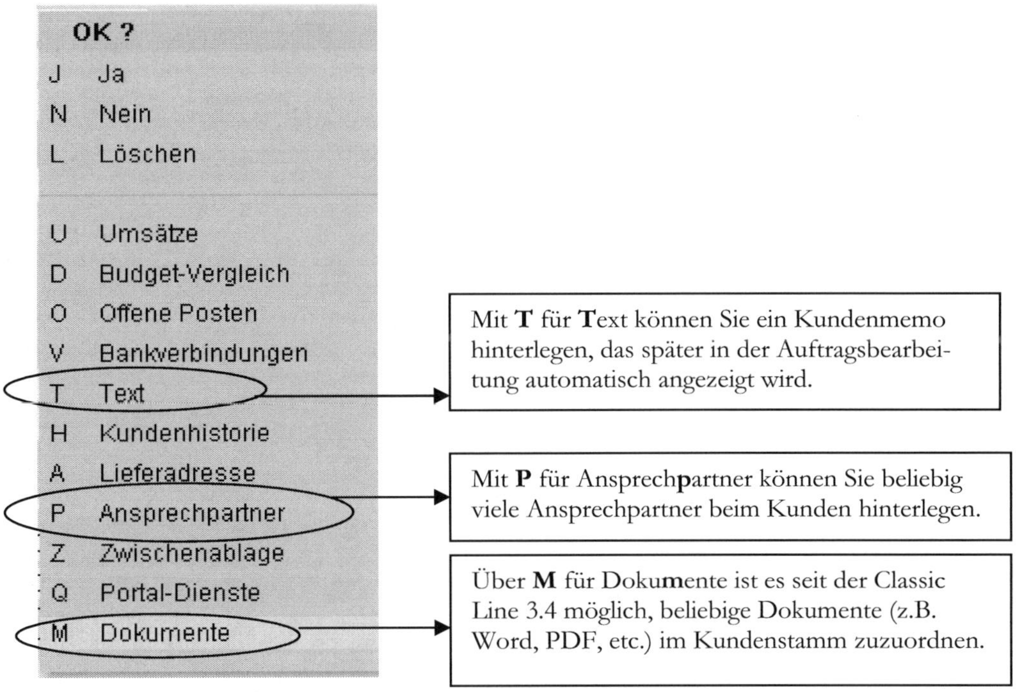

F2 AUSWAHL. Hier. stehen Ihnen weitere Optionen zur Verfügung. Die Programmaufrufe, die jetzt mit eigenen Reitern belegt sind, tauchen hier nicht mehr auf (**B** für **B**lättern und **F** für **F**ibu-Eingaben).

Seit der Classic Line 2007 hat sich die Auswahl der Optionen um 2 Positionen verkürzt: Das **B** für **B**lättern zum Wechsel zwischen Seite 1 und Seite 2 gibt es nicht mehr (ist jetzt **E** für S**e**ite 2) und das **F** für **F**ibu-Eingaben wird an dieser Stelle nicht mehr angezeigt (die Funktion ist aber noch vorhanden).

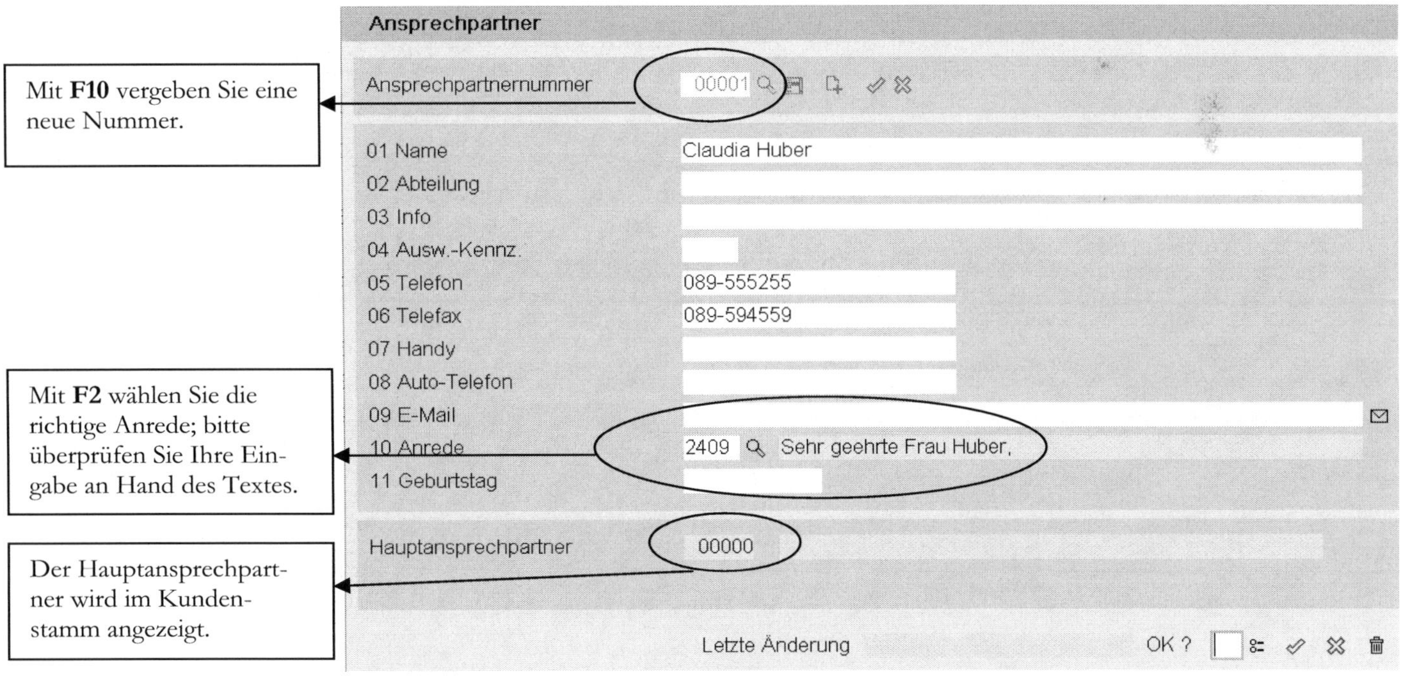

ANSPRECHPARTNER[21]**.** Geben Sie hier alle Infos zum Ansprechpartner ein.

[21] Sie können pro Kunde bis zu 99999 Ansprechpartner erfassen. Im Kundenstamm wird dabei immer der Ansprechpartner angezeigt, der auf der **Seite 1** im Kundenstamm im **Feld 16** als Hauptansprechpartner zugeordnet wurde.

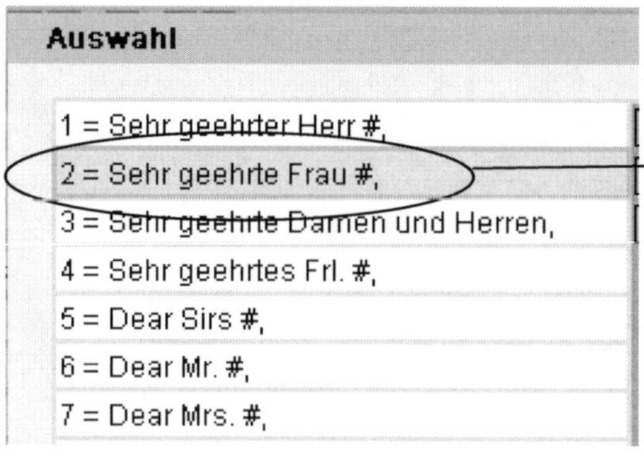

Beim ersten Mal geben Sie im Feld Ansprechpartner F2 für die Auswahl ein. Wenn Sie die gewünschte Auswahl bestätigt haben, kommen Sie automatisch in die nächste Maske.
Wenn Sie die Anrede vollständig erfasst haben, sehen Sie rechts neben dem Anredeschlüssel die Anrede im Klartext und haben somit eine Kontrollmöglichkeit.

ANREDE. Wählen Sie die gewünschte Anrede aus.

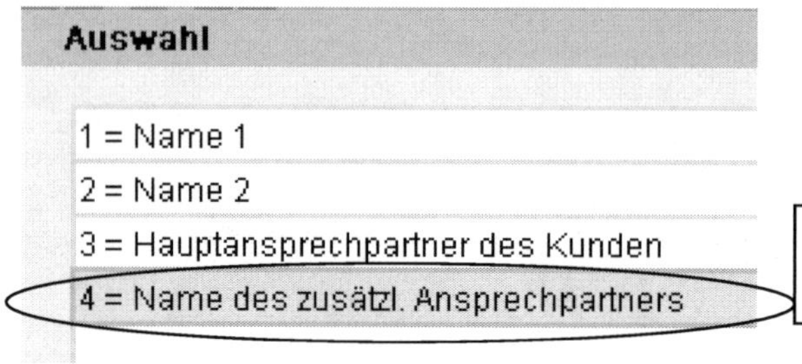

Wählen Sie als nächstes den Namen des zusätzlichen Ansprechpartners.

ANREDE. Legen Sie fest, aus welchem Feld der Name ausgewählt werden soll.

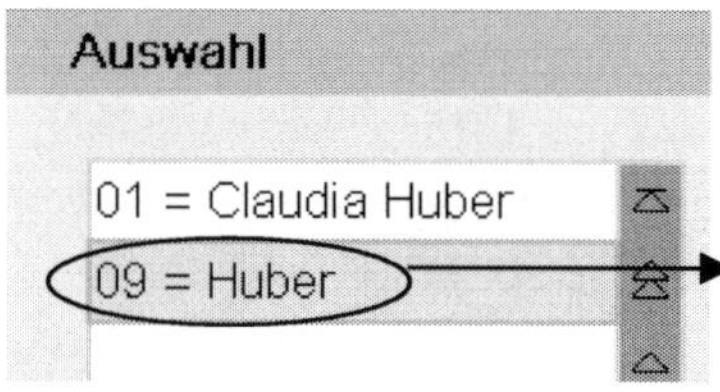

Und zum Schluss noch den Familiennamen für die korrekte Briefanrede.

ANREDE. Legen Sie fest, welchen Teil aus dem gewählten Feld Sie für die Anrede übernehmen wollen.

Bei Bedarf haben Sie die Möglichkeit, unter **Dienstprogramme → Textverarbeitung → Stammdaten → Anredeformeln** weitere Anreden zu hinterlegen, die Sie dann in gewohnter Weise ansteuern können. Die Anreden sind für Kunden und Lieferanten gleichermaßen verfügbar, d.h. es gibt nur einen Stammdatensatz für jede Anredeformel. Wenn Sie den Ansprechpartner gespeichert haben, können Sie jetzt auf der Seite 1 im Kundenstamm im Feld 16 und 17 die Daten ergänzen. Bitte prüfen Sie auch hier an Hand des angezeigten Briefcodes, ob Ihre Angaben korrekt sind.

Prüfen Sie auch hier wieder die Anrede.

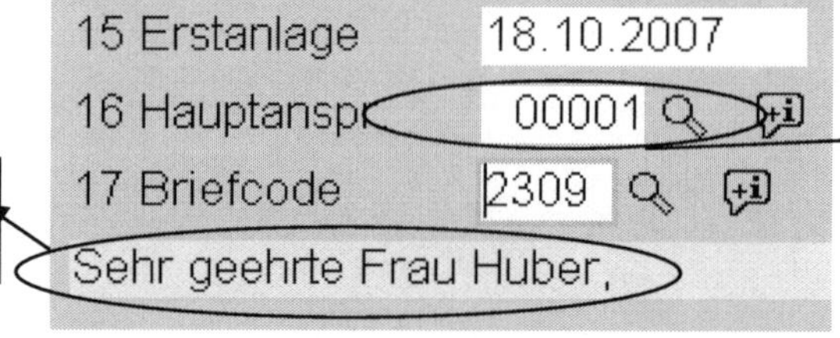

Tragen Sie hier die Nummer des Hauptansprechpartners ein oder wählen Sie aus mit **F2**.

HAUPTANSPRECHPARRTNER. Abschließend tragen Sie auf der Seite 1 im Kundenstamm den Hauptansprechpartner ein und den dazu passenden Briefcode.

Hier wird generell der Ansprechpartner angezeigt, der auf Seite 1 als Hauptansprechpartner zugeordnet ist.

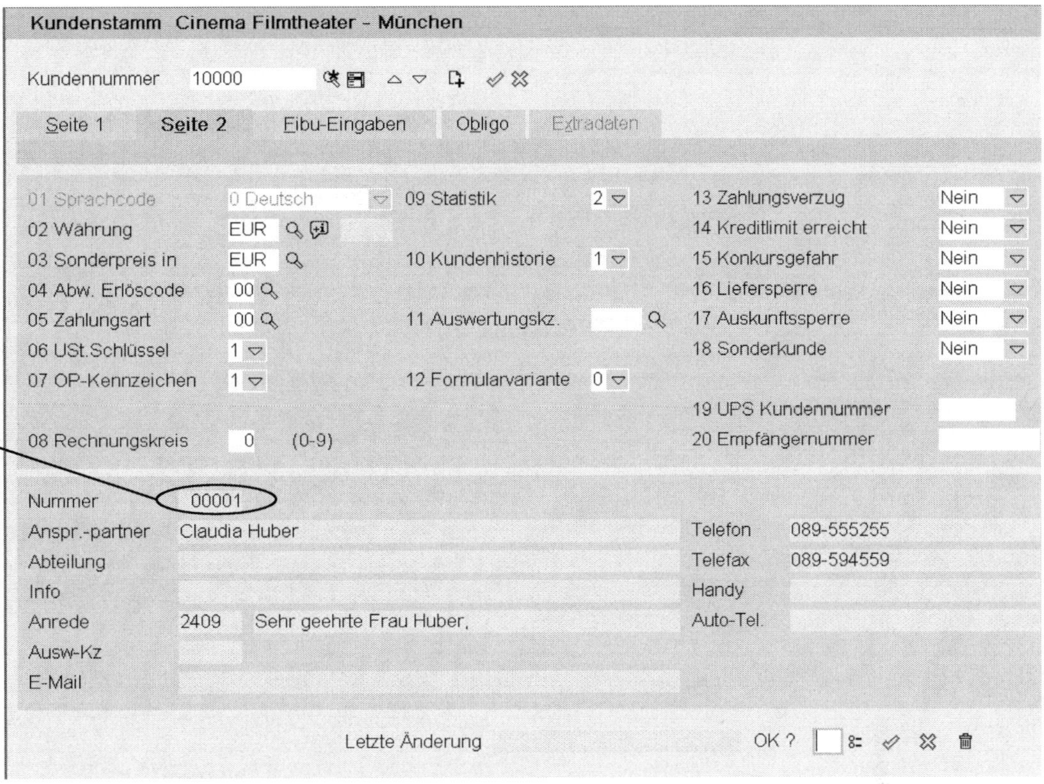

KUNDENSTAMM SEITE 2 MIT ANSPRECHPARTNER. Hier wird jetzt der Hauptansprechpartner angezeigt.

Der Ansprechpartner kann sowohl in der Classic Line in Formularen zugeordnet, als auch im Word für die Textverarbeitung verwendet werden. Besonders für die Arbeit mit Serienbriefen ist es wichtig, die Anrede gewissenhaft zu pflegen. Jetzt noch den Kunden mit **J** oder **+** speichern. Anschließend können Sie mit **F2** und **ENTER** prüfen, ob Sie den Matchcode richtig angelegt haben.

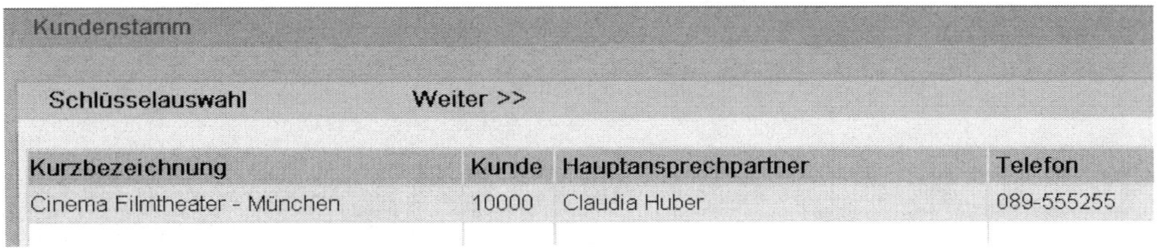

KUNDENSUCHE MIT F2. Prüfen Sie hier Ihre Eingaben.

Memos und Sperrvermerke

Zusätzlich haben Sie im Kundenstamm die Möglichkeit, mit Memos und Sperrvermerken zu arbeiten. Diese Informationen werden grundsätzlich angezeigt, wenn der Kunde in der Angebotserfassung oder in der Auftragsbearbeitung angesprochen wird. Die Sperrvermerke werden auf der Seite 2 im Kundenstamm in den **Feldern 13 – 18** eingetragen. Die Liefersperre hat zusätzlich zur Information noch die Funktion, den Kunden für die automatische Lieferung[22] zu sperren.

[22] Die automatische Lieferung ist eine spezielle Funktion im Programm, die eingesetzt wird, wenn Sie Ware grundsätzlich erst bestellen, wenn eine bestimmte Anzahl von Kundenaufträgen vorliegt. In einem solchen Fall können Sie Ihren Wareneingang erfassen und anschließend automatisch alle Lieferscheine drucken, die jetzt ausgeliefert werden können.

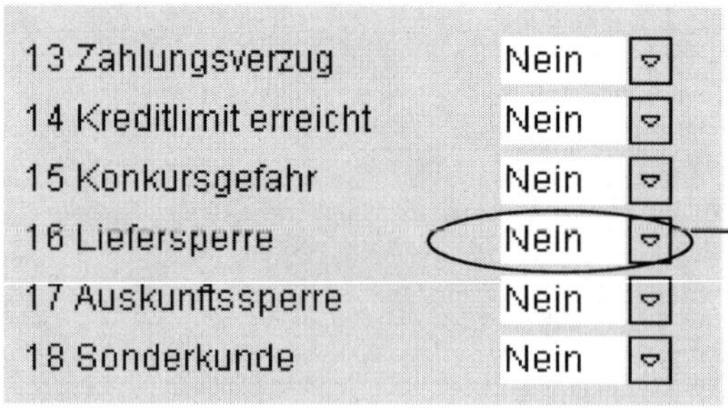

Sie aktivieren einen Sperrvermerk indem Sie hier ja eingeben. Mit Ausnahme der Liefersperre dienen die Sperrvermerke nur zur Information.

SPERRVERMERKE. Aktive Sperrvermerke werden automatisch angezeigt, sobald der Kunde aufgerufen wird.

Zur Erfassung eines Memos geben Sie in der OK-Abfrage ein **T** für **Text** ein. Neu dabei seit der Version 3.4 ist die Erfassung der Memos als **RTF** (**R**ich **T**ext **F**ormat). Diese Format gibt Ihnen die Möglichkeit, die Texte zu gestalten. Sie können z.B. die Schriftart und –größe wählen, fett, kursiv oder unterstreichen wählen und links-, rechtsbündig oder zentriert wählen. Der Memotext wird in der Vorgangserfassung automatisch angezeigt, sobald Sie den Kunden aufrufen.

Neben der Auswahl der Schrift und –größe, können Sie auch mit Fett, kursiv oder unterstreichen arbeiten.

MEMO. Tragen Sie hier für die Auftragsbearbeitung wichtige zusätzliche Informationen ein.

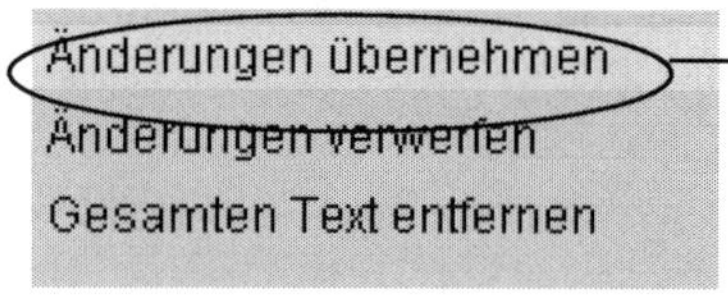

Wählen Sie Änderungen übernehmen, um Ihren Text zu speichern.

SPEICHERN. Speichern Sie das Memo mit **ESC** und Änderungen speichern.

Hier wird ein vorhandenes Memo angezeigt.

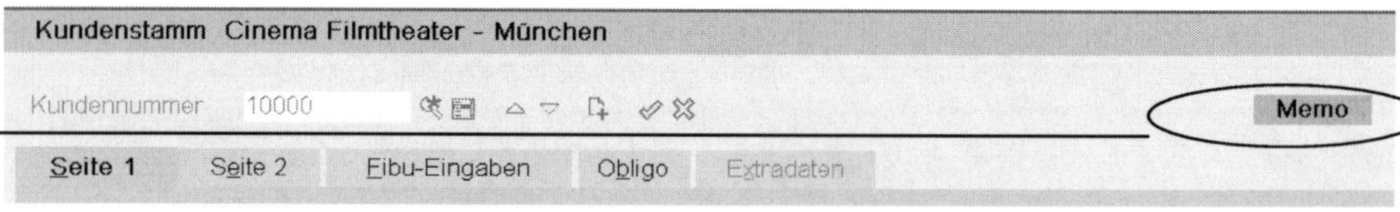

MEMO IM KUNDENSTAMM. Mit dem Wort Memo in der rechten oberen Ecke wird angezeigt, dass es für diesen Kunden eine zusätzliche Information gibt.

Lernzielkontrolle

☺ **Testen Sie Ihr Wissen**

1) Welche Systematik verwendet die DATEV bei der Vergabe von Kundennummern?

2) Wie baut das System die Kurzbezeichnung im Kundenstamm auf?

3) Warum ist es so wichtig, die Kurzbezeichnung möglichst exakt und eindeutig zu vergeben?

4) Wie viele Währungen kann man im Kundenstamm einem Kunden zuordnen?

5) Was bedeutet "abweichender Rechnungsempfänger"?

6) Warum ist es sinnvoll, generell bei allen Kunden OP-Verwaltung und Mahnwesen zu führen?

7) Können Sie, nachdem Sie für einen Kunden eine Rechnung geschrieben haben, die Kundennummer oder die Währung ändern?

8) Welche Funktion hat das Memo im Kundenstamm?

Praktische Übungen

Tastaturübungen

1) Legen Sie mit der Kundennummer **10000** folgenden Kunden an:

Cinema Filmtheater München
Nymphenburger Straße 31
80335 München
Tel.: 089-555255
Fax: 089-594559
Mail: info@cinema-muenchen.com
Internet: www.cinema-muenchen.com
Zahlungskonditionen: 14 Tage 2%, 30 Tage netto
Ansprechpartner: Claudia Huber

2) Legen Sie mit der Kundennummer **10001** folgenden Kunden an:

Deutsches Theater
Schwanthaler Str. 13
80336 München
Tel.: 089 -55234-0
Fax: 089 -55234-234
Mail: kasse@deutsches-theater.de
Internet: www.deutsches-theater.de
Zahlungskonditionen: 30 Tage netto
Ansprechpartner: Helga Ott.

Der Lieferantenstamm

Für den Lieferantenstamm gelten ähnliche Vorgaben, wie für den Kundenstamm. Wenn Sie bereits Kontonummern vergeben haben, macht es durchaus Sinn, die bestehenden Nummern zu übernehmen. In unserem Fall orientieren wir uns an der DATEV und erfassen mit der Nummer 70000 unseren ersten Lieferanten. Auch hier gilt: die Lieferantennummer ist nachträglich nicht mehr änderbar. Wenn Sie die Systematik der Nummernkreise ändern und neue Nummern vergeben wollen, dann bitte immer nur zum Jahreswechsel. Unter **Auftragsbearbeitung → Stammdaten → Lieferanten → Lieferantenstamm** können Sie Ihre erste Lieferantennummer eintragen und den Datensatz anlegen.

Hier legen Sie neue Lieferanten an und ändern bestehende.

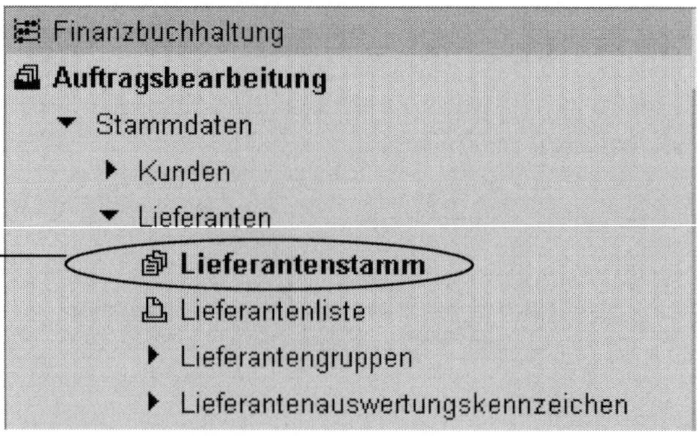

LIEFERANTENSTAMM. Hier legen Sie neue Lieferanten an und ändern bestehende.

Wir beginnen mit der Nummer 70000 und zählen dann mit **F10** chronologisch weiter. Auch hier kommt als erster wichtiger Punkt die Kurzbezeichnung:

Achten Sie auf die Kurzbezeichnung; das 2. Wort aus Name 1 ist Deutschland. Bitte ändern Sie die Kurzbezeichnung auf Conrad Electronic - Hirschau.

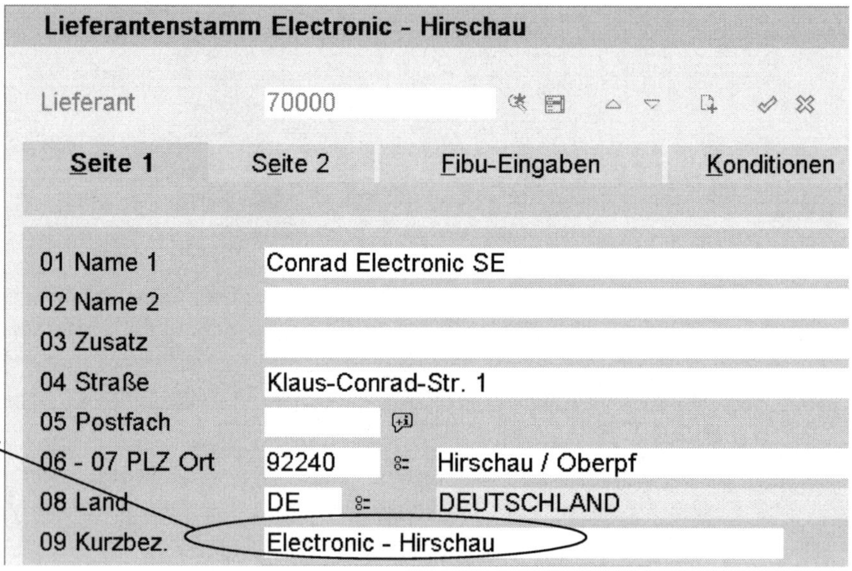

KURZBEZEICHNUNG IM LIEFERANTENSTAMM. Die automatische Vorbelegung der Kurzbezeichnung führt nicht immer zu sinnvollen Ergebnissen.

In unserem Fall ist es erforderlich, die Kurzbezeichnung zu ändern auf Conrad Electronic - Hirschau, weil wir sonst bei der Suche nach Kurzbezeichnung keine optimalen Ergebnisse erzielen. Weiter geht's mit Telefon und Fax und auch hier ist eine Korrektur erforderlich, denn die Faxnummer wird vom System automatisch mit der Telefonnummer vorbelegt.

Mit einem Mausklick auf das Symbol können Sie direkt aus dem Lieferantenstamm die Internetseite Ihres Lieferanten aufrufen.

Geben Sie hier Ihre Kundennummer beim Lieferanten ein. Diese Nummer wird beim Zahlungsverkehr mit angegeben, um dem Lieferanten die Zuordnung der Zahlung zu erleichtern.

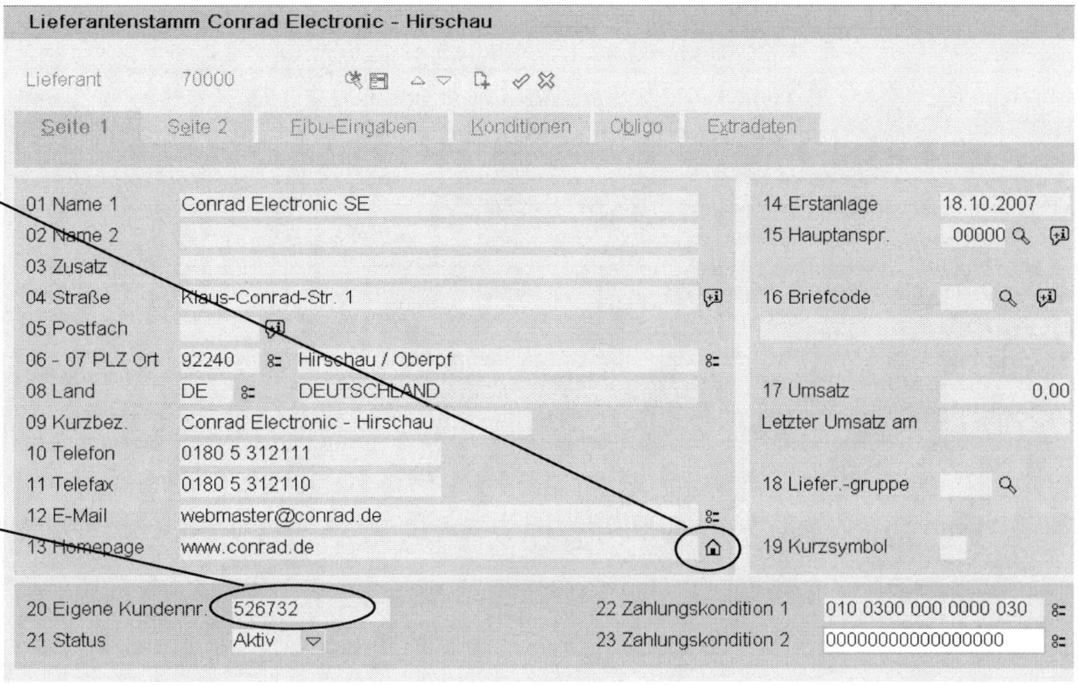

LIEFERANTENSTAMM SEITE 1. Neben den Adressdaten sind vor allem die Eigene Kundennummer (**Feld 20**) und die Zahlungskonditionen wichtig.

Die Felder **15** und **16** können Sie, wie auch im Kundenstamm, erst am Schluss pflegen, wenn Sie einen Ansprechpartner für diesen Lieferanten erfasst haben.

Im Feld **18** und **19** können Sie eigene Kürzel anzulegen, die Ihnen eine zusätzliche Selektionsmöglichkeit für diesen Lieferanten bieten. Wichtig ist die Eingabe Ihrer Kundennummer beim Lieferanten (sofern bekannt), denn diese Nummer wird bei Zahlungen automatisch im Verwendungszweck mit angegeben und erleichtert dem Zahlungsempfänger die Zuordnung.

An dieser Stelle sei noch einmal auf das Handbuch (ist auf der Classic Line CD abgelegt) und auf die Funktionen **F1 = Hilfe** und **F2 = Auswahl** hingewiesen. So können Sie jederzeit die kompletten Möglichkeiten aller Felder zu nutzen und die genaue Funktion nachzulesen.

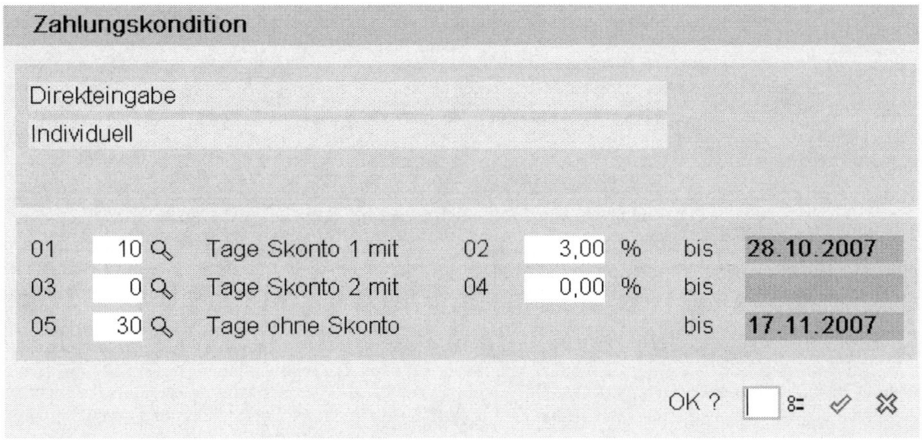

LIEFERANTENSTAMM ZAHLUNGSKONDITIONEN. Die Zahlungskonditionen sind analog dem Kundenstamm; 2-fache Skontierung kann erfasst werden.

Einfach die gewünschten Zahlungskonditionen eingeben und bestätigen. Nun noch die Zahlungskondition 2 bestätigen (ist nur für das Bestellwesen von Bedeutung) und schon sind wir auf der Seite 2 gelandet. Hier sind für uns vor allem die **Felder 2 – 6** wichtig und deshalb werden wir Sie ausführlich behandeln:

Das Auswertungskennzeichen ist ein 4-stelliges alphanumerisches Feld für eigene Selektionen, z.B. nach Branche oder Produkt oder auch zur ABC-Analyse.

Neu ist die Möglichkeit, auch Lieferanten am Mahnwesen teilnehmen zu lassen. Das kann z.B. bei größeren Gutschriften der Fall sein.

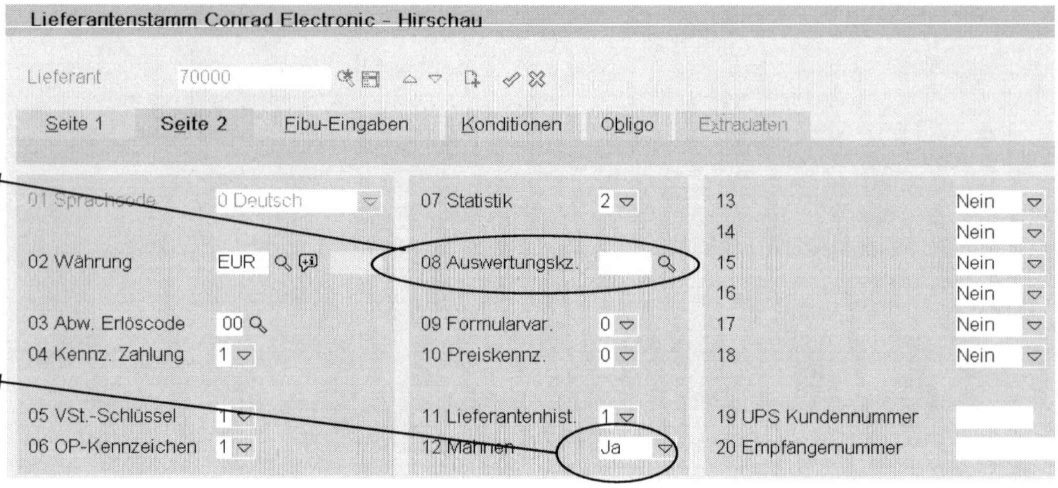

LIEFERANTENSTAMM SEITE 2. Die wichtigsten Felder hier sind Währung, Kennzeichen Zahlung, Steuerschlüssel und OP-Kennzeichen. Alle anderen Felder können Sie einfach bestätigen.

- **02 Währung**: In der Regel EUR, bei abweichenden Währungen bitte im Vorfeld klären, in welchen Intervallen die Kurse gepflegt werden sollen (monatlich oder 1x im Jahr). Die Eingabe einer Alternativ-Währung ist nur möglich, wenn es sich bei beiden Währungen um EU-Währungen handelt.

- **04 Kennzeichen Zahlung**: Hier sind die häufigsten Varianten Bankeinzug und Zahlungsverkehr. Bankeinzug bedeutet, unser Lieferant bucht die fälligen Rechnungen von unserem Konto ab, wir müssen also aktiv keine Zahlungen leisten. Zahlungsverkehr heißt: wir leisten die Zahlung per Scheck oder Überweisung; der Lieferant wird bei der Erstellung von Zahlungsvorschlägen automatisch berücksichtigt.

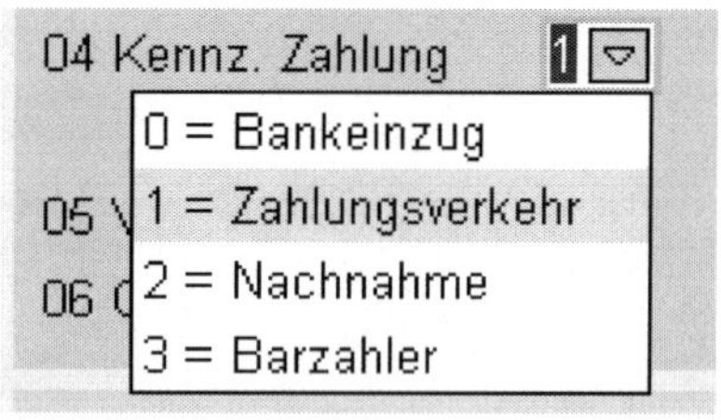

KENNZEICHEN ZAHLUNG. Dieses Kennzeichen steuert die Teilnahme am Zahlungsverkehr, d.h. mit Kennzeichen 1 wird der Lieferant bei der Erstellung von Zahlungsvorschlägen automatisch mit berücksichtigt.

- **05 Vorsteuer Schlüssel**: Hier legen Sie fest, ob der Lieferant in seinen Rechnungen MwSt. ausweist oder nicht. Bitte denken Sie daran, dass es auch im Inland viele Lieferanten gibt, die keine MwSt. ausweisen, also hier als steuerfrei zu markieren sind (z.B. Versicherungen, Gemeinden,....).

- **06 OP-Kennzeichen**: Sie sollten grundsätzlich eine OP-Verwaltung mitführen; zum einen ist es hilfreich für die Planung der eigenen Liquidität, zum anderen hat man beim Buchen eine bessere Kontrolle, wenn OPs mitgeführt werden. In der Historie der OPs kann man später genau nachvollziehen, wann einzelne Rechnungen mit welcher Zahlung ausgeglichen worden sind.

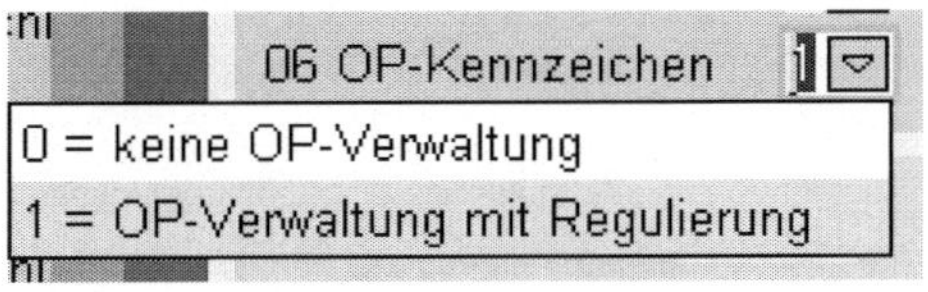

LIEFERANTENSTAMM OP-KENNZEICHEN. Selbst wenn mit dem Lieferanten Bankeinzug vereinbart ist, ist es sinnvoll, eine OP-Verwaltung mitzuführen. Häufig wird die Rechnung nicht sofort abgebucht, sondern es sind Zahlungsziele vereinbart; ohne OP-Verwaltung wird es dann schwierig, eine Liquiditätsplanung zu machen.

Alle weiteren Felder können Sie einfach bestätigen, bis Sie am Ende in das Fenster zur Erfassung der Bankverbindung kommen. Wählen Sie Inlandsbankverbindung.

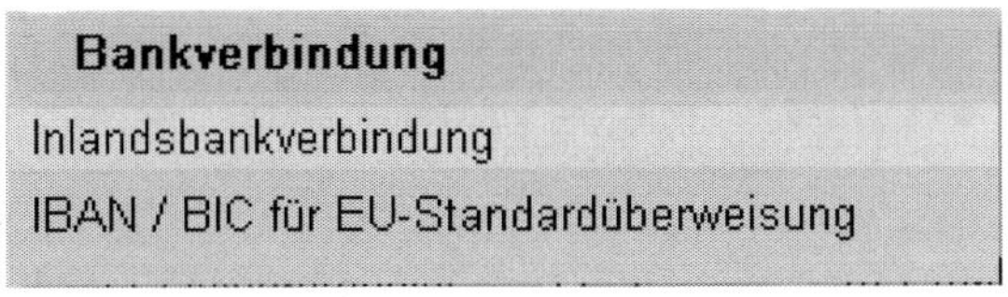

BANKVERBINDUNG. Wählen Sie, ob Sie eine Inlandsbankverbindung anlegen wollen, oder eine ausländische für eine EU-Standardüberweisung[23].

Jedes mal, wenn Sie hier eine neue Bankleitzahl eingeben, erscheint die Frage: Bank anlegen? Hier sollten Sie immer ja sagen und die Bank mit Namen und Ort eintragen, um Fehler im Zahlungsverkehr zu vermeiden.[24]

Immer, wenn Sie eine neue Bankleitzahl eingeben, werden Sie gefragt, ob Sie die neue Bank anlegen wollen.

Sie sollten die Frage mit ja beantworten und die erforderlichen Daten erfassen.

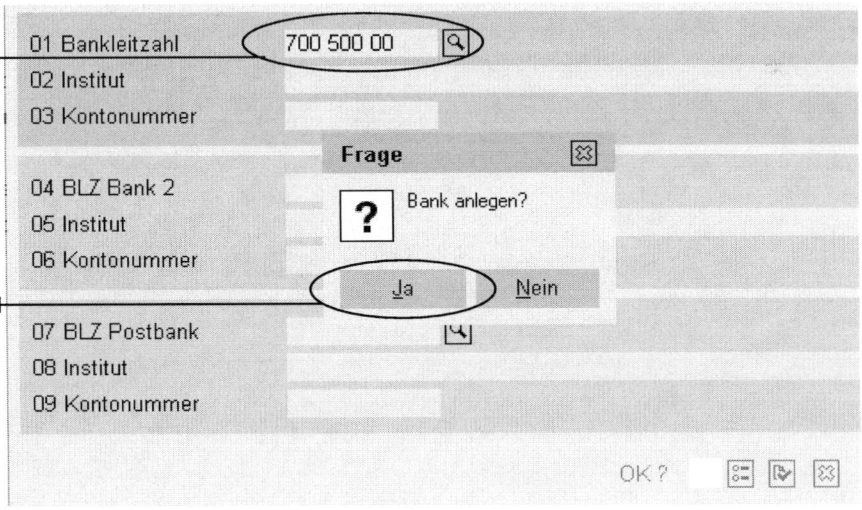

LIEFERANTENSTAMM BANKVERBINDUNG. Bitte neue Banken grundsätzlich mit Name und Ort anlegen, damit später die Teilnahme am automatischen Zahlungsverkehr möglich ist.

[23] **IBAN I**nternational **B**ank **A**ccount **N**umber; weitere Infos dazu unter www.iban.de.
BIC Bank **I**dentifier **C**ode, siehe auch www.zahlungsverkehrsfragen.de/swift.html.

[24] Wenn Sie den Bankleitzahlenstamm importiert haben, wird der Name der Bank automatisch vorgeschlagen, ansonsten ist eine manuelle Eingabe erforderlich. Sie haben später im Programm die Möglichkeit, eine Datei für den elektronischen Zahlungsverkehr zu erzeugen; hier werden Bankleitzahl und Name der Empfängerbank geprüft. Fehlt beim Lieferanten die Bankverbindung oder ist Sie fehlerhaft, so bleibt für die Zahlung nur noch die Alternative Scheck oder Barzahlung.

Nach Bestätigung der Abfrage können Sie Name und Ort der Bank eintragen; die Bank wird dabei automatisch mit diesen Angaben im Bankenstamm gespeichert.

Wenn Sie den Bankleitzahlenstamm importiert haben, wird der Name der Bank nach Eingabe der Bankleitzahl automatisch vorgeschlagen.

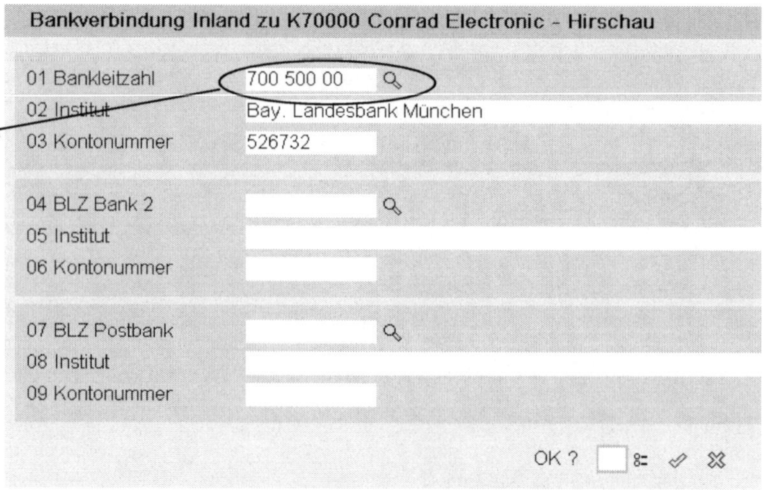

LIEFERANTENSTAMM BANKVERBINDUNG. Bitte geben Sie hier die vollständige Bankverbindung ein.

Jetzt bleiben noch die **Fibu-Eingaben**:

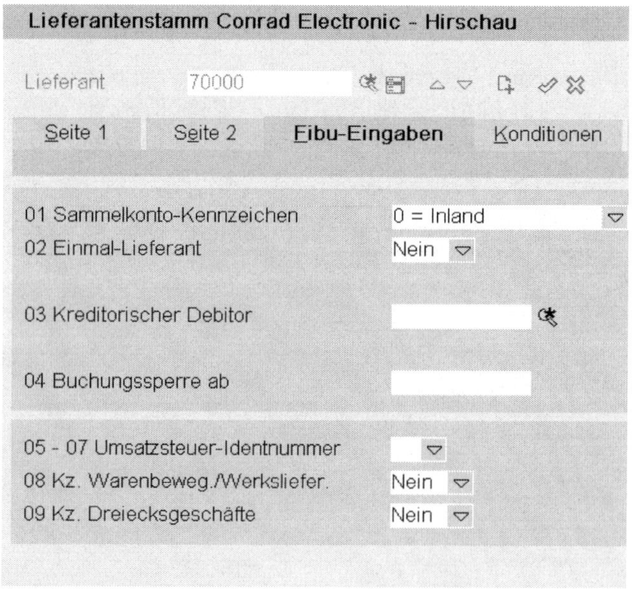

LIEFERANTENSTAMM FIBU-EINGABEN. Ergänzen Sie hier die für die Finanzbuchhaltung erforderlichen Daten.

- **01 Sammelkonto**: Jeder Lieferant wird für die Bilanz einem Sammelkonto Verbindlichkeiten a. LL. zugeordnet. Dieses Sammelkonto wird im Hintergrund bei jeder Buchung auf dem Kreditor automatisch mitgebucht.
- **02 Einmallieferant**: Hier haben Sie die Möglichkeit, einen Kreditor "Diverse" anzulegen, auf dem verschiedene Einmallieferanten zusammengefasst werden[25]. Durch das Kennzeichen ja wird erreicht, dass in der Bu-

[25] Viele kennen diese Einmallieferanten von der DATEV, wo es auch immer schon A-Diverse, B-Diverse,... gibt, um den Lieferantenstamm nicht unnötig aufzublähen. Hier werden Lieferanten mit dem gleichen Anfangsbuchstaben zusammengefasst.

chungserfassung bei der Erfassung des Offenen Posten ein Fenster geöffnet wird, in dem Sie jetzt die Adressdaten und die Bankverbindung des Lieferanten erfassen können. Diese Informationen können auch in der OP-Liste mit angedruckt werden.

- **03 Debitorscher Kreditor**: Ist der Lieferant gleichzeitig auch Kunde bei uns, kann hier durch Eingabe seiner Kundennummer eine Verknüpfung der beiden Datensätze erfolgen. (z.Z. nur informativ; eine automatische Verrechnung ist derzeit noch nicht möglich).

- **04 Buchungssperre**: Im Feld Buchungssperre können Sie ein Datum eintragen, ab dem dieses Konto in der Buchhaltung nicht mehr angesprochen werden soll. Auf diese Weise wird verhindert, dass abgeschlossene Konten versehentlich wieder bebucht werden.

- **05 – 07 Ust.-Id.**: Hier ist die Umsatzsteuer Identnummer von Lieferanten aus der EU einzutragen. Diese Eingabe ist für die Zusammenfassende Meldung erforderlich, bei der die Umsätze mit Kunden und Lieferanten innerhalb der EU, nach Umsatzsteuer Identnummern getrennt, gemeldet werden.

Abschließend noch beide Seiten des Lieferantenstamms nach der Eingabe aller Daten, damit Sie noch einmal kontrollieren können, welche Eingaben wir in unserem Datenbestand vorgenommen haben.

Tragen Sie hier den Hauptansprechpartner ein. Sie können dabei aus allen unter **P** für Ansprech**p**artner angelegten Personen auswählen. Und dann im Feld 16 noch den passenden Briefcode eingeben.

Zahlungskonditionen im Klartext: 10 Tage 3%, 30 Tage netto.

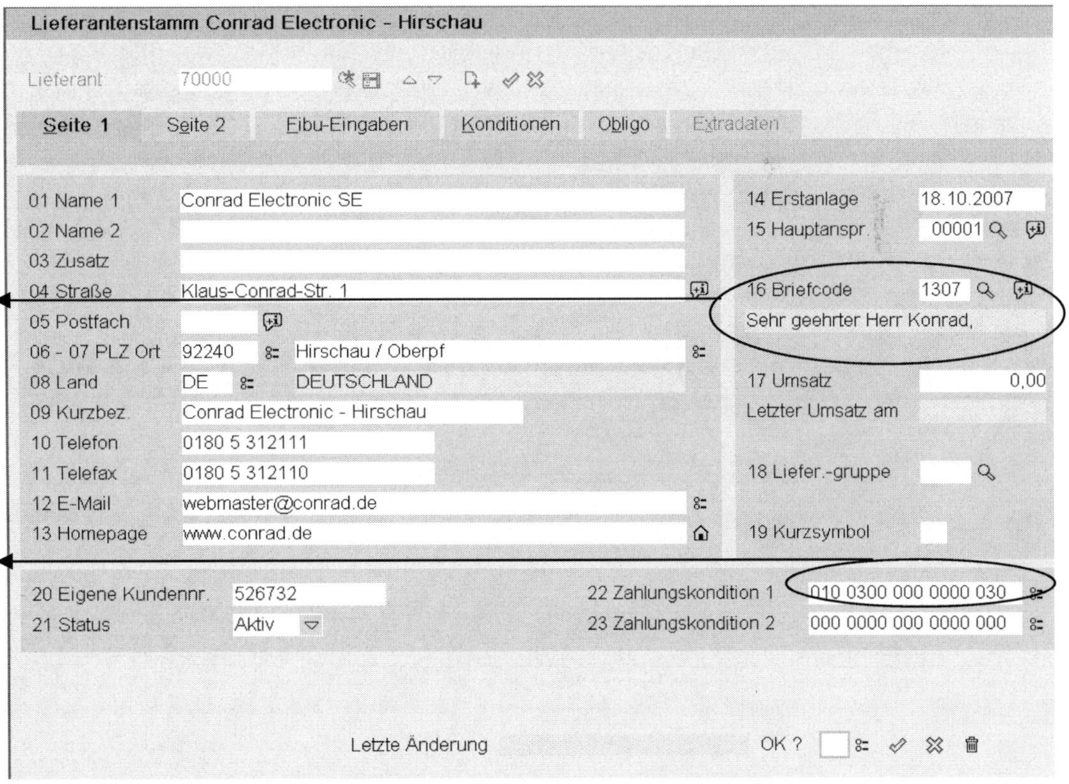

LIEFERANTENSTAMM SEITE 1. Hier die Seite 1 vom Lieferantenstamm mit allen Eingaben, inkl. Hauptansprechpartner und Anrede.

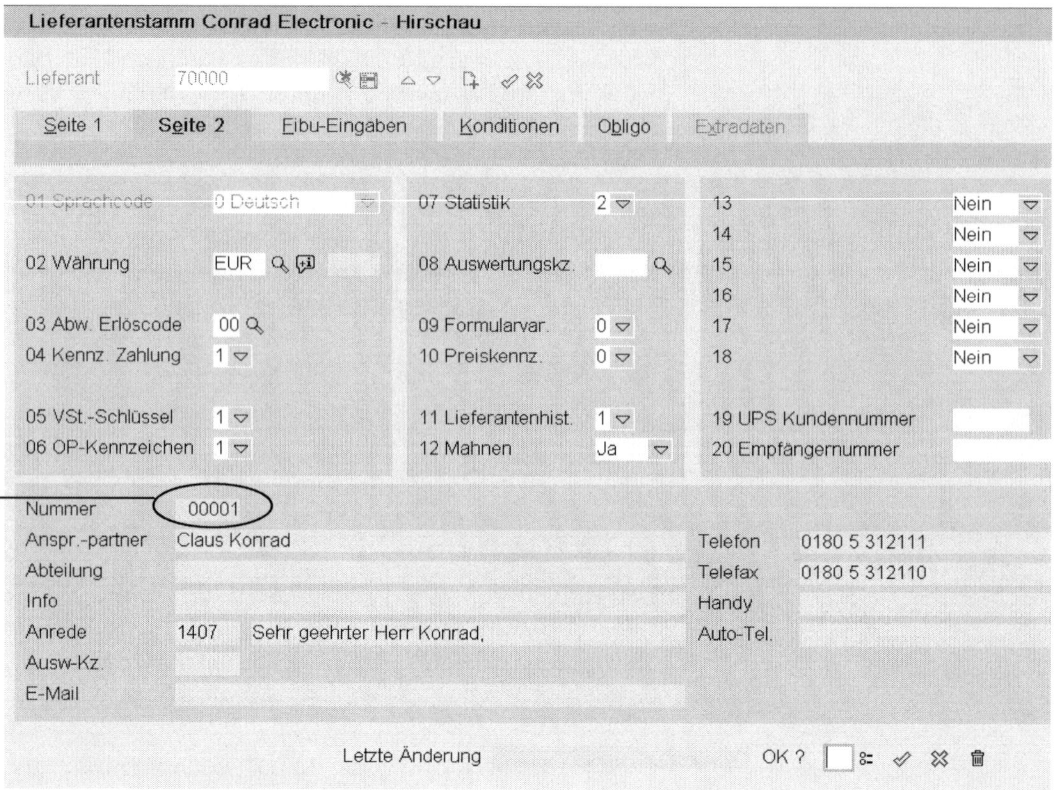

Jetzt werden hier die Daten des Hauptansprechpartners angezeigt.

LIEFERANTENSTAMM 2/2. Erst mit Eintragung als Hauptansprechpartner auf der Seite 1 werden die Daten des Ansprechpartners jetzt auch im Lieferantenstamm direkt angezeigt.

Wenn Sie nachträglich noch Änderungen vornehmen möchten, können Sie mit **B** für **Blättern** zwischen den beiden Seiten wechseln, mit Eingabe der Feldnummer in ein bestimmtes Feld springen oder mit **F2** in der **OK-Abfrage** eine andere Option auswählen.

Lernzielkontrolle

☺ **Testen Sie Ihr Wissen**

1) Welcher Nummernkreis ist bei der DATEV für die Kreditoren reserviert?
2) Warum sollten Sie auch Lieferanten mit Bankeinzug in die OP-Verwaltung mit aufzunehmen?
3) Was verbirgt sich in der Classic Line hinter dem Begriff Einmallieferant?
4) Welche Lieferanten werden ohne Steuer angelegt?
5) Was versteht man unter dem Begriff "Debitorischer Kreditor"?
6) Welcher Ansprechpartner wird auf der Seite 2 im Lieferantenstamm angezeigt?
7) Was ist ein Sammelkonto? Nennen Sie Beispiele.
8) Wofür sollten Sie im Lieferantenstamm Ihre eigene Kundennummer beim Lieferanten eintragen?

Praktische Übungen

Tastaturübungen

1) Legen Sie folgenden Lieferanten mit der Nummer **70000** an:

   Conrad Electronic SE
   Klaus-Conrad-Str. 1
   92240 Hirschau
   Tel.: 0180 5 312111
   Fax: 0180 5 312110
   eMail: webmaster@conrad.de
   Internet: www.conrad.de
   Unsere Kundennummer beim Lieferanten: 526732
   Zahlungskonditionen: 10 Tage 3%, 30 Tage netto
   Bankverbindung: Bay. Landesbank München,
   BLZ 700 500 00, Kto. 48706
   Ansprechpartner: Klaus Conrad

2) Legen Sie folgenden Lieferanten mit der Nummer **70001** an:

   Jörg Merk
   EDV- und Unternehmensberatung
   Brawaweg 5
   85465 Langenpreising
   Tel.: 08762-7265890
   Fax: 08762-7265891
   Mail: jm@edvberatung-jm.de
   Internet: www.edvberatung-jm.de
   Kundennummer beim Lieferanten: 10622
   Zahlungskonditionen: sofort fällig
   Bankverbindung: Sparkasse Dachau
   BLZ 700 515 40, Kto. 989855
   Ansprechpartner: Jörg Merk

3) Ergänzen Sie bei Ihrem Kunden Deutsches Theater als zweiten Ansprechpartner: Frau Birgit Mohr.

4) Drucken Sie eine Lieferantenliste mit Ansprechpartner.

5) Drucken Sie eine Kundenliste mit Adresse, sortiert nach Kundennummer und kontrollieren Sie Ihr Eingaben.

6) Drucken Sie für Ihre Lieferanten eine Adressliste.

Der Artikelstamm

Für die Anlage des Artikelstamms ist es hilfreich, bereits im Vorfeld einige Punkte zu klären, insbesondere:

- Wie viele Stellen soll die Artikelnummer maximal haben?
- Welche Artikelgruppen gibt es?
- Welche Konten in der Finanzbuchhaltung sollen angesprochen werden?

Gerade für die Artikelnummer gibt es in den einzelnen Firmen die unterschiedlichsten Vorgaben, welche Informationen bereits in der Nummer verschlüsselt werden. So beginnt die Artikelnummer häufig mit den Ziffern der Artikelgruppe, dann folgt die Artikeluntergruppe und anschließend eine fortlaufende Nummer[26]. Aber hier gibt es keine allgemein gültigen Regeln, hier kann jeder sein eigenes Konzept entwickeln. Wichtig ist im Zweifel nur, die Struktur so aufzubauen, dass das System auch alle erforderlichen Artikel aufnehmen kann und nicht bereits im 1. Jahr schon wieder geändert werden muss.

Natürlich kann man diese Punkte auch später noch verändern; dann müssen jedoch alle bis zu diesem Zeitpunkt bereits erfassten Artikel geändert werden und wir haben einen Bruch bei unseren Auswertungen. Jedes Mal, wenn Sie z.B. die Artikelgruppen neu definieren, können Sie die Änderung nicht mehr in historische Daten übernehmen, d.h. alle zu diesem Zeitpunkt bereits berechneten Artikel bleiben für Auswertungen in der alten Artikelgruppe.

Um uns die Arbeit zu erleichtern, werden wir unsere Artikelgruppen und Erlöscodes jeweils bei der Erfassung unserer Artikel mit anlegen.

Unter **Auftragsbearbeitung → Stammdaten → Artikelstamm** können wir unseren ersten Artikel anlegen. Die Artikelnummer kann dabei völlig frei vergeben werden.

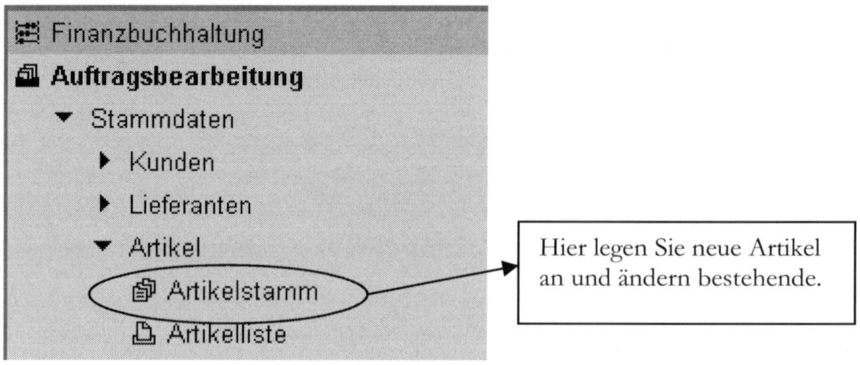

AUFRUF ARTIKELSTAMM.

Wir wollen in unserem Beispiel die Artikelgruppe mit 3 Stellen voranstellen und anschließend mit einem 5-stelligen Zähler arbeiten, d.h. die Artikelnummer ist insgesamt 8-stellig. So können wir im System bis zu 999 Artikelgruppen und pro Arti-

[26] Denken Sie bei solchen Systemen daran: je enger das Korsett, das Sie hier vorgeben, desto höher die Wahrscheinlichkeit, dass es irgendwann zu eng wird.

kelgruppe bis zu 99999 Artikel verwalten. Um das Ganze noch übersichtlicher zu gestalten, werden wir nach den ersten 3 Stellen einen Trennstrich (-) einfügen.

Praxistipp

Wählen Sie diese Bereiche ruhig sehr großzügig, denn Sie sollten eine einmal vergebene Artikelnummer später nicht mehr für einen anderen Artikel neu vergeben. Das würde Unstimmigkeiten für Ihre Auswertungen, wie z.B. den Vorjahresvergleich mit sich bringen.

Unsere erste Artikelnummer lautet: 100-00001. Damit legen wir unseren 1. Artikel für unsere Artikelgruppe 100 (HiFi Geräte) an. Als nächstes Feld nach Eingabe der Artikelnummer wird der Hersteller abgefragt.

Wichtig

Artikelnummer und Hersteller

In der Classic Line bildet die Artikelnummer in Verbindung mit dem Hersteller einen eindeutigen Suchbegriff. Sobald Sie dem Artikel einen neuen Hersteller zuordnen, haben Sie automatisch einen zweiten Artikel im System.

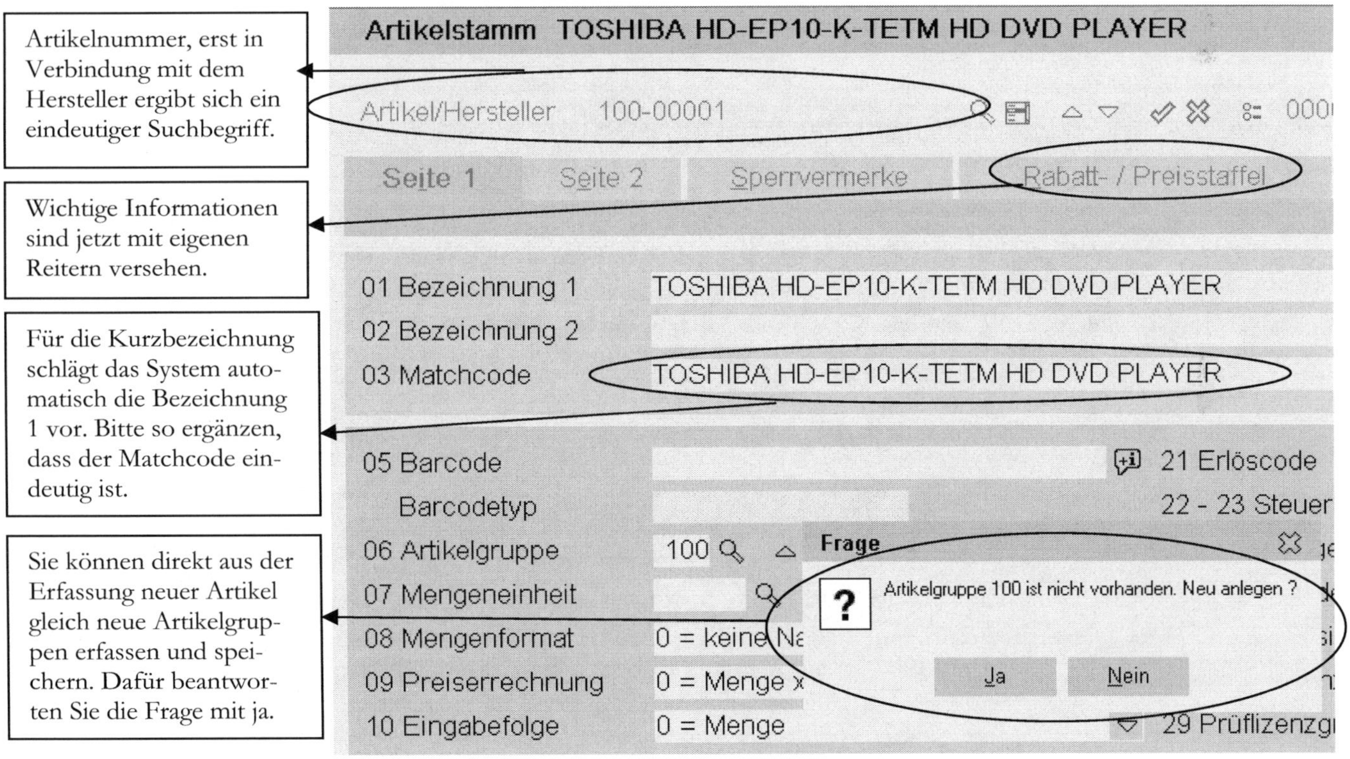

ARTIKELSTAMM SEITE 1. Die Nummernvergabe im Artikelstamm erfolgt generell manuell.

Eine automatische Nummernvergabe, wie im Kunden- oder Lieferantenstamm ist hier nicht möglich[27].

[27] Diese Aussage bezieht sich auf den Programmstandard, wie er zur Zeit vom Hersteller Sage ausgeliefert wird. Es gibt von einigen Programmierpartnern (z.B. der System AG) Anpassungen, die eine automatische Nummernvergabe innerhalb bestimmter Nummernkreise auch für den Artikelstamm ermöglichen. Eine solche Lösung bietet sich an, wenn Sie generell eigene Artikelnummern verwenden. Viele übernehmen die Artikelnummern des Herstellers. Dann erübrigt sich eine solche Überlegung.

In der Praxis werden oft Hersteller und Lieferant verwechselt: der Hersteller ist derjenige, der den Artikel produziert; er ist einmalig. Lieferant dagegen ist Derjenige, der diesen Artikel verkauft. Hier gibt es eine 1 zu n Zuordnung, d.h. ich kann einen Artikel bei beliebig vielen Lieferanten kaufen, es ist immer der gleiche Artikel (und der gleiche Hersteller). Ich kann natürlich auch direkt beim Hersteller einkaufen. In diesem Fall sind Hersteller und Lieferant identisch.

In unserem Beispiel lassen wir den Hersteller leer, 00000, da wir sonst mit Anlage eines jeden Herstellers unseren Lieferantenstamm unnötig aufblähen würden. Anschließend erfassen wir Bezeichnung 1 und 2. Die Kurzbezeichnung wird automatisch mit Bezeichnung 1 vorbelegt und kann individuell geändert / ergänzt werden.

Im Feld Artikelgruppe geben wir 100 ein und beantworten die Abfrage mit ja; dann verzweigt das Programm automatisch in den Artikelgruppenstamm und wir können unsere neue Artikelgruppe sofort anlegen. Dabei ist es jederzeit möglich, die Bezeichnung der Artikelgruppe nachträglich noch zu ändern.

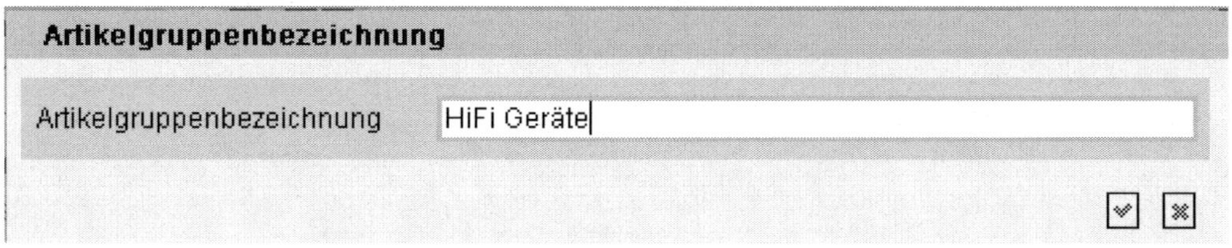

ARTIKELGRUPPENBEZEICHNUNG. Geben Sie hier den Namen für die neue Artikelgruppe ein.

Tragen Sie als Namen **"HiFi Geräte"** ein und speichern Sie Ihre Eingabe. Als nächstes geben Sie im Feld Mengeneinheit Stck für Stück und ergänzen hier ebenfalls den vollen Text für die Mengeneinheit.

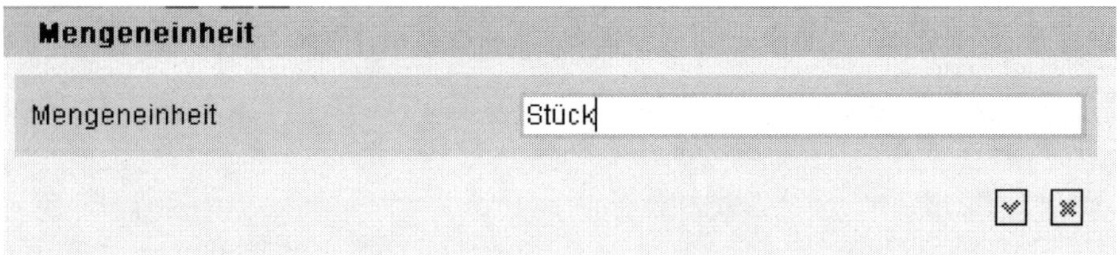

MENGENEINHEIT. Geben Sie hier den Namen für die neue Mengeneinheit ein.

Im **Feld 08**, Mengenformat, definieren Sie die Anzahl der Nachkommastellen. Bitte beachten Sie, dass eine nachträgliche Veränderung der Nachkommastellen zu Fehlern in den Auswertungen und Statistiken führt[28].

Die **Felder 09-20** können Sie bestätigen. Im **Feld 21** (Erlöscode) wird festgelegt, auf welches Konto in der Finanzbuchhaltung die Erlöse von diesem Artikel übergeben werden. In der Regel wird man hier eine ähnliche Gruppierung vornehmen, wie bei den Artikelgruppen. Bitte stimmen Sie sich hier mit Ihrer Buchhaltung ab.

[28] Nachkommastellen sind z.B. erforderlich, wenn Sie Dienstleistung in Stunden abrechnen und auch halbe Stunden abrechnen wollen, oder wenn Sie offene Ware verkaufen, die erst beim Verkauf gewogen wird, wie z.B. Lebensmittel oder Chemikalien. Dann gilt der Preis je Kilo und Sie können in der Rechnung die genaue Menge oder das exakte Gewicht im Feld Menge eingeben. Das System ermittelt dann den Preis und rundet beim Preis auf 2 Nachkommastellen.

Nachdem es sich beim Erlöscode um ein 2-stelliges Feld handelt, wählen wir für unsere Artikelgruppe 100 den Erlöscode 10 und legen ihn entesprechend mit der Bezeichnung "**HiFi Geräte**" an.

Legen Sie den Erlöscode 10 für HiFi Geräte an.

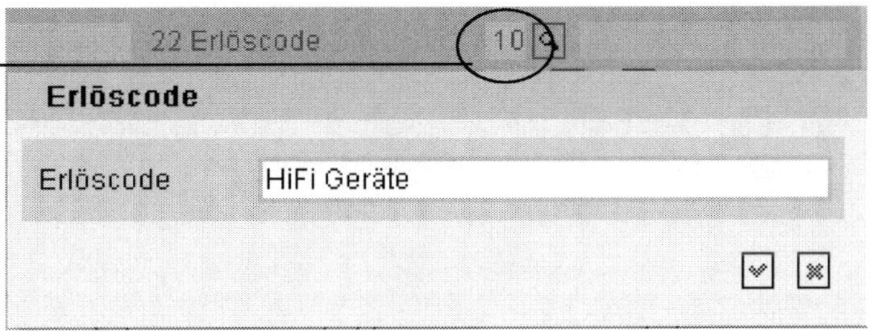

ERLÖSCODE. Geben Sie den Erlöscode am besten synchron zu Ihren Artikelhauptgruppen ein..

Im Feld Steuerklasse steht normalerweise immer die 001 für steuerpflichtig Normalsatz (derzeit 19%), es sei denn, Sie verkaufen Artikel mit anderen Steuersätzen (z.B. Bücher mit 7%). Ob in der Rechnung an den Kunden dann Steuer berechnet wird, hängt vom Steuerschlüssel ab, der im Kundenstamm hinterlegt ist.

Mit Ausnahme vom **Feld 30, Historieneintrag** (bitte **7 = jede Historie**), können Sie alle weiteren Felder auf dieser Seite einfach bestätigen. Wir werden zu einem späteren Zeitpunkt noch auf einige wichtige Einstellungen im Artikelstamm eingehen, wenn wir uns mit den Themen Lagerbuchhaltung, Rechnungsausgangsbuch und den Auswertungen beschäftigen.

Der Erlöscode bestimmt, auf welches Konto in der Buchhaltung die Umsätze dieses Artikels gebucht werden. Sinnvoll ist es, Artikelgruppe und Erlöscode parallel aufzubauen.

Eine nachträgliche Änderung der Nachkommastellen führt zu Fehlern in den Auswertungen.

Wählen Sie immer die 7, jede Historie, damit für alle Bereiche Karteikarten geführt werden.

Im Feld Lagerführung kön-nen Sie auch festlegen, ob ein Artikel mit Seriennummer geführt werden soll.

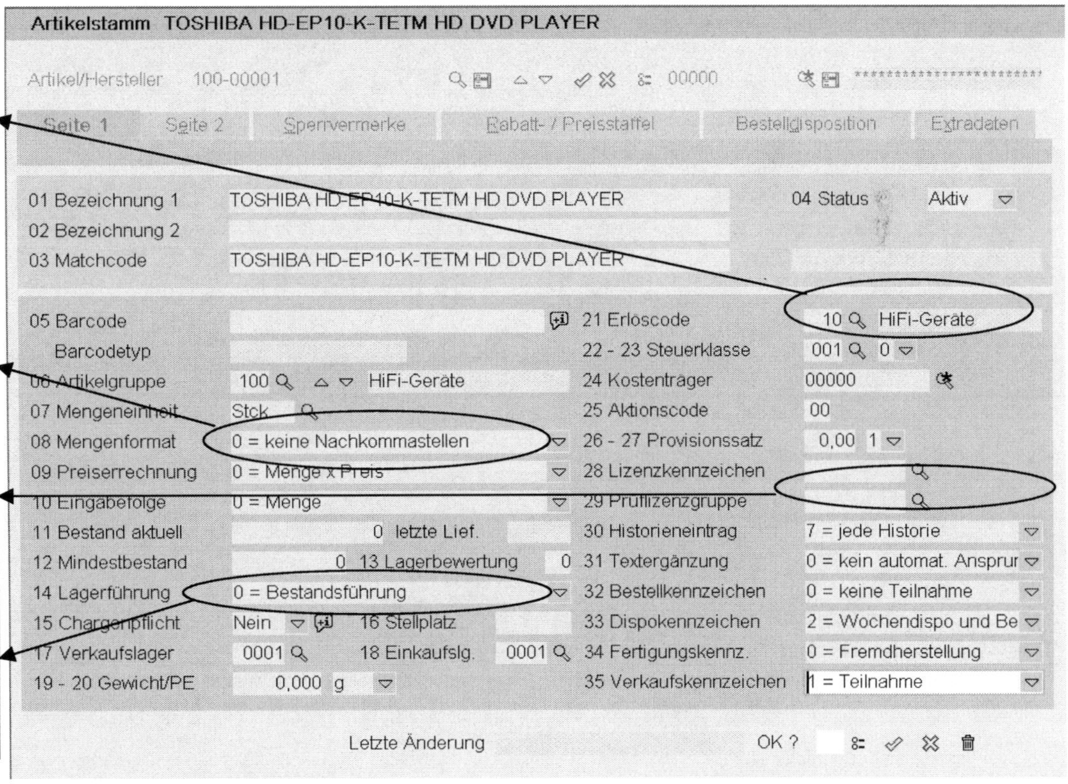

ARTIKELSTAMM SEITE 1. Die Seite 1 mit allen Eingaben im Überblick.

Sobald Sie das **Feld 35** bestätigen, kommen Sie automatisch auf die Seite 2 des Artikelstamms (das gilt nur für die Neuanlage, wenn Sie einen bestehenden Artikel ändern, müssen Sie jede Seite im Artikelstamm, auf der Sie Änderungen vornehmen wollen, einzeln aufrufen). Hier sind insbesondere die Eingaben für die Preise von Bedeutung, andere Felder werden sich bei der Anlage weiterer Artikel im Laufe der Zeit erschließen.

Auf der **Seite 2** im Artikelstamm haben Sie die Möglichkeit, Umrechnungsfaktoren für die Lagerbuchhaltung zu pflegen (z.B. wenn Sie einen bestimmten Artikel in einer anderen Verpackungseinheit einkaufen, als verkaufen) und Faktoren für die Kalkulation zu erfassen, wenn es sich um einen Artikel handelt, der selbst gefertigt wird.

Als nächstes können Sie dem Artikel eine mengenabhängige Rabattstaffel zuordnen, die für alle Kunden gültig ist, und die Rabatt- und Zahlungskonditionen eintragen. Im letzten Schritt werden jetzt noch die Einkaufspreise und die Verkaufspreise gepflegt. Die Einkaufspreise dienen der Kalkulation des Rohertrages und zur Bewertung der Inventur.

Bei den Verkaufspreisen können Sie 9 verschiedene Preislisten pflegen und im Kundenstamm hinterlegen, welche Preisliste für den Kunden gültig ist. Mit weiteren Möglichkeiten der Preisgestaltung werden wir uns später noch beim Thema Preise und Rabatte beschäftigen.

Das Thema Bestellwesen ist so umfangreich, dass wir dafür ein eigenes Schulungshandbuch geschrieben haben.

EK und MEK dienen der Kalkulation und Bewertung der Inventur. Auch wenn der **MEK** später automatisch gepflegt wird, sollten Sie ihn bei der Neuanlage eines Artikels manuell eingeben.

VK 1-9; hier können Sie für jeden Artikel 9 Verkaufspreise pflegen. Im Kundenstamm wird festgelegt, welche Preisliste für den Kunden gültig ist.

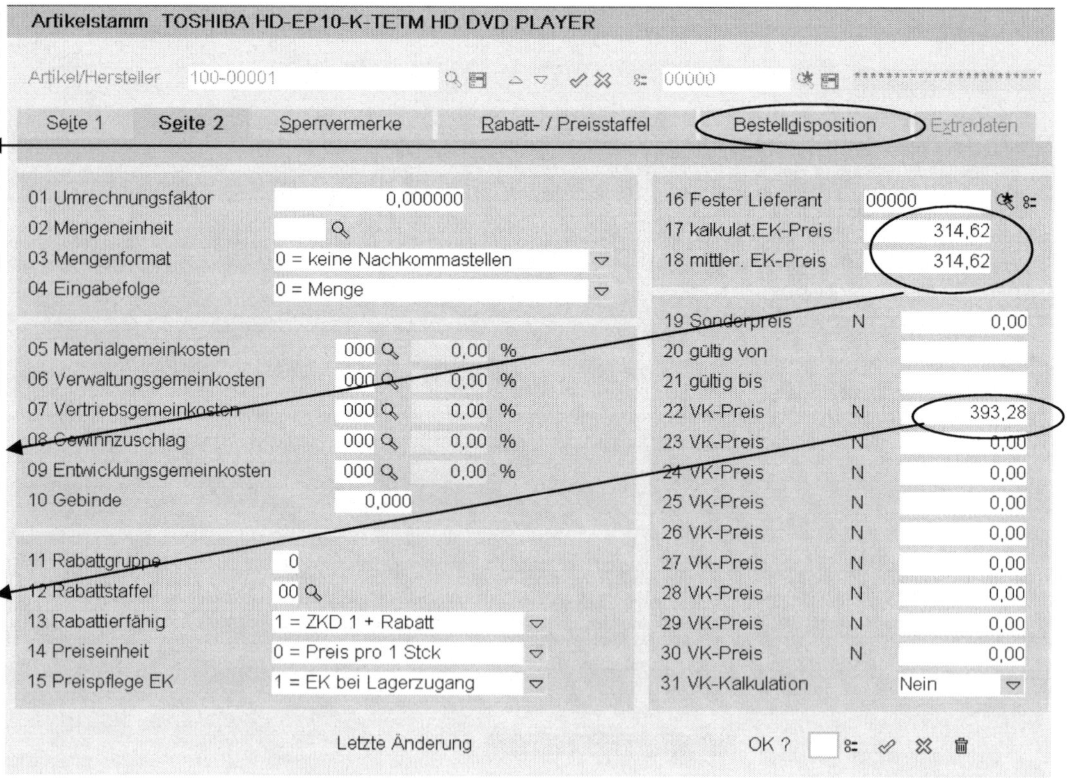

ARTIKELSTAMM SEITE 2. Übersicht mit allen Eingaben.

In der OK-Abfrage können Sie mit **F2** eine Reihe von weiteren Optionen auswählen, wie z.B. zusätzliche Texte. Wir werden im Laufe unserer weiteren Arbeit noch einige Optionen genauer erläutern. Jetzt erfassen wir noch einen Zusatztext, bevor wir den Artikel mit **J** für ja speichern.

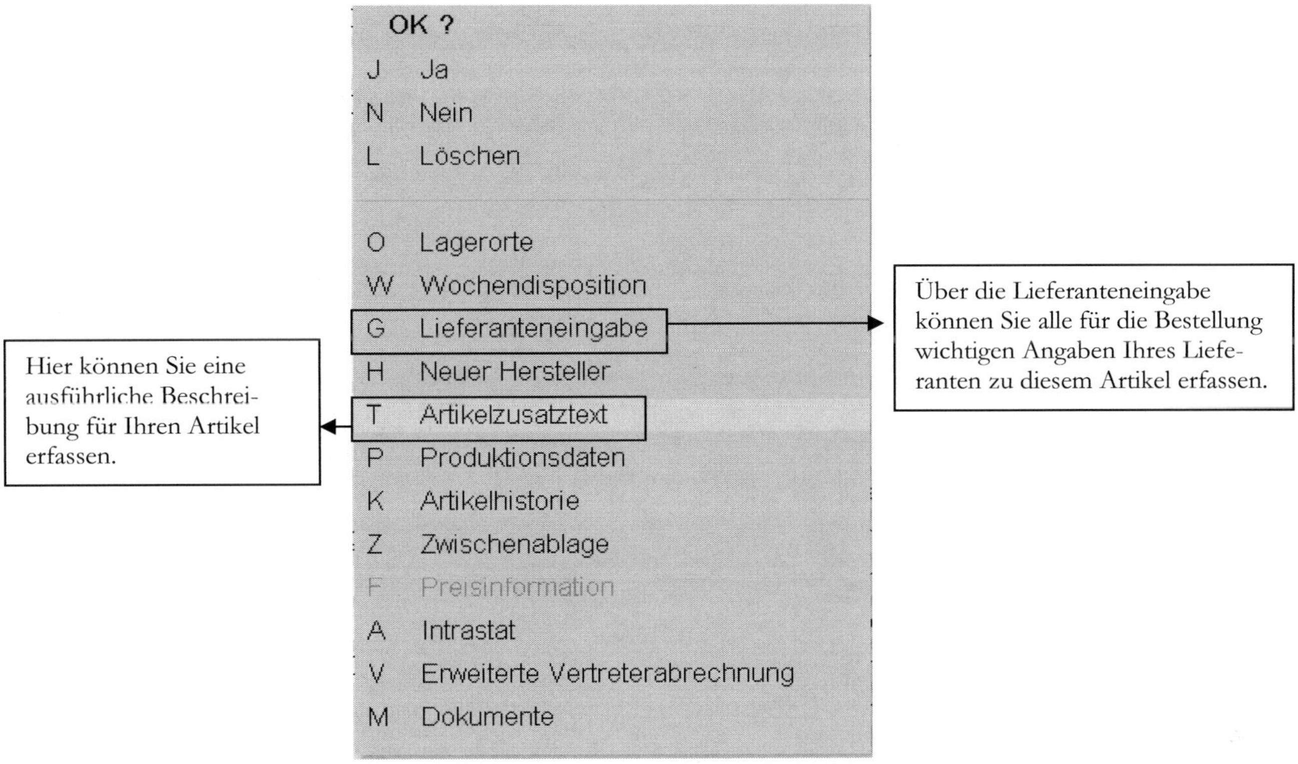

OK-ABFRAGE . Drücken Sie **F2**, um alle verfügbaren Optionen anzuzeigen.

Gerade bei technischen Geräten ist es wichtig, einen Zusatztext mit den Details zu erfassen. Dafür wählen Sie den Artikelzusatztext aus oder geben einfach in der OK-Abfrage ein **T** für Text ein.

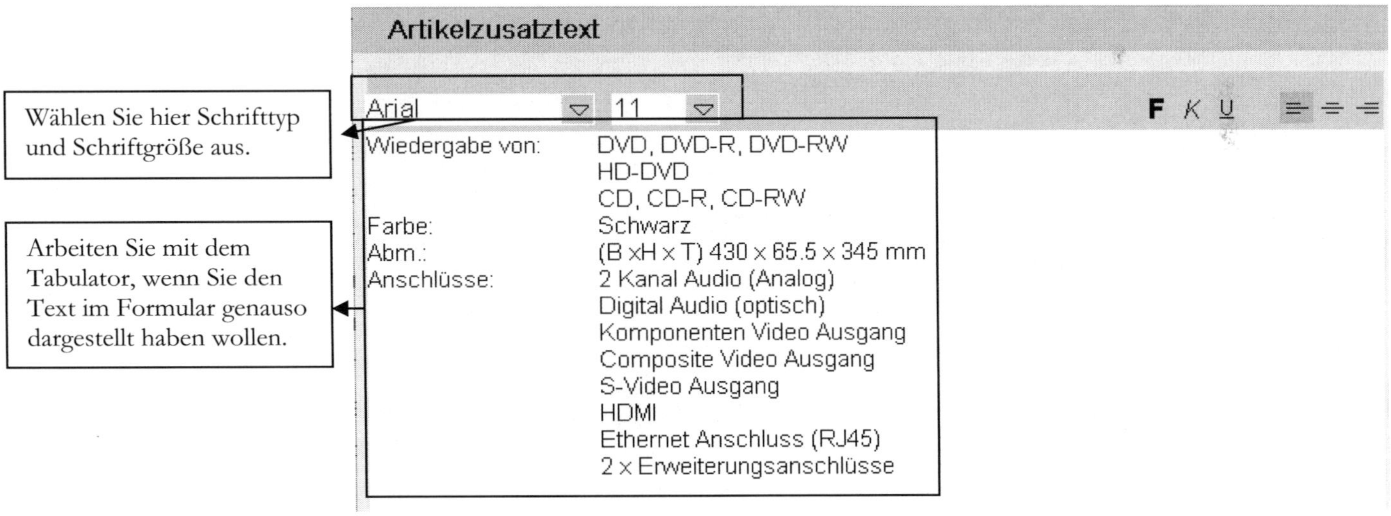

ARTIKELZUSATZTEXT. Erfassen Sie hier zusätzliche Informationen zum Artikel, die auch in allen Vorgängen gedruckt werden.

Wenn Sie den Text genauso strukturiert dargestellt haben wollen, wie in unserem Beispiel, dann müssen Sie mit Tabulatoren arbeiten. Je nach Bedarf können Sie an dieser Stelle auch längere Texte eingeben.

Lernzielkontrolle

☺ Testen Sie Ihr Wissen

1) Was dient in der Classic Line als Schlüssel zur eindeutigen Identifizierung eines Artikels?
2) Welche Funktion hat der Erlöscode?
3) Wie viele Preislisten können Sie im Artikelstamm pflegen?
4) Wann ist es sinnvoll einen Artikel im Feld Mengenformat mit Nachkommastellen anzulegen?
5) Wie viele Stellen kann die Artikelnummer maximal haben?
6) Wie viele Stellen hat die Artikelgruppe?
7) Wie viele Preislisten können Sie in der Classic Line pflegen?
8) Wie erfolgt die Zuordnung Kunde / Verkaufspreis?
9) Was ist der Unterschied zwischen Hersteller und Lieferant?

Praktische Übungen

Legen Sie die folgenden Artikel an:

Tastaturübungen

1) Artikelnummer: **100-00001**, Hersteller: 00000,
Bezeichnung 1: TOSHIBA HD-EP10-K-TETM HD DVD PLAYER,
Mengeneinheit: Stck (Stück), AGR 100 (HiFi Geräte), Erlöscode 10 (HiFi Geräte); EK und MEK: 314,62; VK 1 393,28
Zusatztext:

Wiedergabe von:	DVD, DVD-R, DVD-RW HD-DVD CD, CD-R, CD-RW
Farbe:	Schwarz
Abm.:	(B xH x T) 430 x 65.5 x 345 mm
Anschlüsse:	2 Kanal Audio (Analog) Digital Audio (optisch) Komponenten Video Ausgang Composite Video Ausgang S-Video Ausgang HDMI Ethernet Anschluss (RJ45) 2 x Erweiterungsanschlüsse

2) Artikelnummer: **A1**, Hersteller: 00000
Bezeichnung 1: Anfahrtspauschale Stadtgebiet;
Mengeneinheit: Psch (Pauschale); Artikelgruppe 900 (Anfahrt)
Lagerführung (Feld 15): Keine
Erlöscode 90 (Anfahrt); EK 20,-- ; MEK 20,--, VK1 EUR 50,-

3) Artikelnummer **V1**, Hersteller: 00000
Bezeichnung 1: Fracht und Verpackung, Mengeneinheit: Psch,
Artikelgruppe 990 (Fracht und Verpackung)
Lagerführung (Feld 14): Keine
Erlöscode: 99 (Fracht und Verpackung)
Setzen Sie im Feld 31 das Kennzeichen auf 3 = Einheitspreis[29]

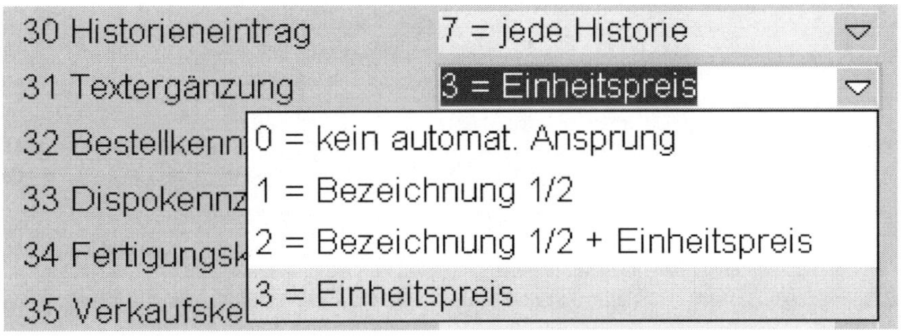

EK 0,00, MEK 0,00, VK1 0,00
d.h. der Preis wird individuell pro Lieferung eingegeben

4) Artikelnummer **200-00001**; Hersteller 00000
Bezeichnung 1: Die Simpsons – Der Film – 2007, DVD
Artikelgruppe 200 (Filme), Mengeneinheit: Stck
Erlöscode: 20 (Filme)
EK und MEK: 10,50; VK1 15,00

5) Hinterlegen Sie für die Artikelgruppe 999 im Artikelgruppenstamm die Bezeichnung: **Sonstige**.

[29] Mit dem Kennzeichen Textergänzung können Sie steuern, dass bestimmte Felder bei der Vorgangserfassung automatisch angesprungen werden. Auf diese Weise wird man unmittelbar darauf hingewiesen, in diesem Feld eine Eingabe zu machen.

Stammdatenlisten

Um die erfassten Daten zu kontrollieren, ist es hilfreich, sich eine Liste mit den eingegebenen Datensätzen zu drucken. Der Aufbau dieser Auswertungen ist in allen Bereichen vergleichbar. Wir zeigen die Funktionalität am Beispiel der Kundenliste. Unter **Auftragsbearbeitung → Stammdaten → Kunden → Kundenliste** finden Sie die Möglichkeit, Kundenlisten in den verschiedenen Variationen zu drucken.

Bei der Selektion haben Sie immer, wie hier bei der Kundennummer, eine untere und eine obere Grenze.

Von PLZ bis PLZ haben Sie die Möglichkeit, die Kunden eines bestimmten Gebietes zu selektieren. Bitte bedenken Sie bei der Auswahl Ihrer Filter, dass die Filter sich addieren, d.h. Sie haben nur noch die Datensätze in Ihrer Liste, die **alle** gewählten Kriterien erfüllen.

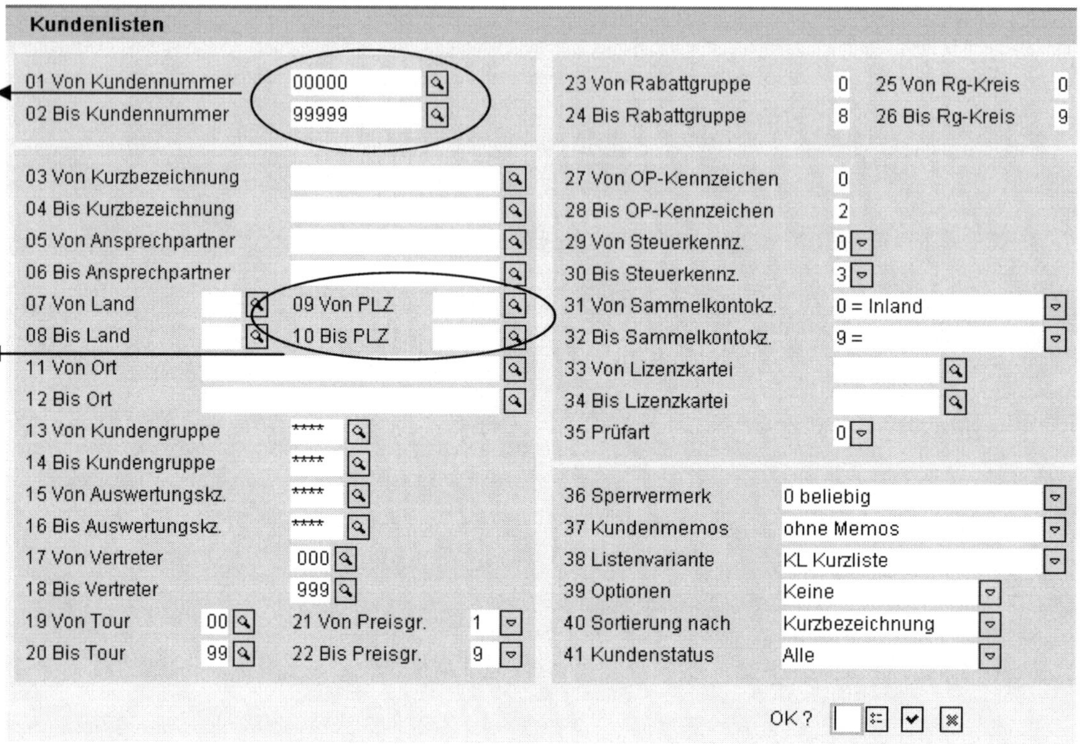

KUNDENLISTE. Die Möglichkeiten der Auswahl beim Druck einer Kundenliste sind vielfältig.[30]

Beim Druck von Listen unterscheiden wir in der Auswahl nach 3 wichtigen Kriterien:

- **Die Selektion:** Hier wird festgelegt, welche Datensätze in die Liste aufgenommen werden sollen. In den **Feldern 1 – 35** können Sie Bereiche definieren, um die Auswahl der Kunden in der Liste einzuschränken. Dabei werden die einzelnen Grenzen, die Sie eingeben, mit "und" verknüpft, d.h. es werden nur noch Datensätze gedruckt, die alle eingegebenen Kriterien erfüllen. Wenn Sie beispielsweise nur bei der Postleitzahl von 8 bis 8 eingeben, und alle andern Felder so lassen, wie Sie automatisch vorbelegt werden, dann erhalten Sie eine Liste mit allen Kunden aus dem gewählten Gebiet. Schränken Sie jetzt zusätzlich die Kundennummer ein, so erhalten Sie eine Liste von Kunden aus dem Gebiet 80000 – 89999, die innerhalb der vorgegebenen Kundennummern liegt. Mit jedem weiteren Kriterium verringert sich also in der Regel Ihre Auswahl, weil immer nur die Datensätze erscheinen, die alle Kriterien erfüllen. Ebenfalls zu den Selektionsfeldern gehören die Felder 36, 39 und 41.

[30] Im Standard sind die Bereichsgrenzen immer so vorbelegt, dass Sie eine vollständige Liste mit allen Datensätzen erhalten. Wenn Ihre Liste unvollständig ist, prüfen Sie bitte immer zuerst, welche Einschränkungen Sie in Ihrer Auswahl vorgenommen haben.

- **Felder in der Liste:** Hierzu gehören die Felder 37 und 38. Bei der Auswahl der Listenvariante geben Sie vor, welche Felder Sie in Ihrer Liste haben möchten; dafür sind im Standard einige Listen vorgegeben, die bestimmte Felder enthalten. Zusätzlich haben Sie die Möglichkeit, die im Kundenstamm erfassten Memos und Sperrvermerke mit anzudrucken.[31]

- **Sortierung:** Die Auswahl der Sortierung gibt an, in welcher Reihenfolge die ausgewählten Datensätze gedruckt werden (z.B. nach Kundennummer, oder nach Bezeichnung, ...).

Die Listen können auf jedem beliebigen Drucker ausgedruckt werden. In der Anfangsphase empfiehlt es sich, die Druckvorschau einzustellen und erst einmal am Bildschirm zu prüfen, ob die gewählte Liste den eigenen Vorstellungen entspricht (zu finden unter **Datei → Druckeinstellungen**).

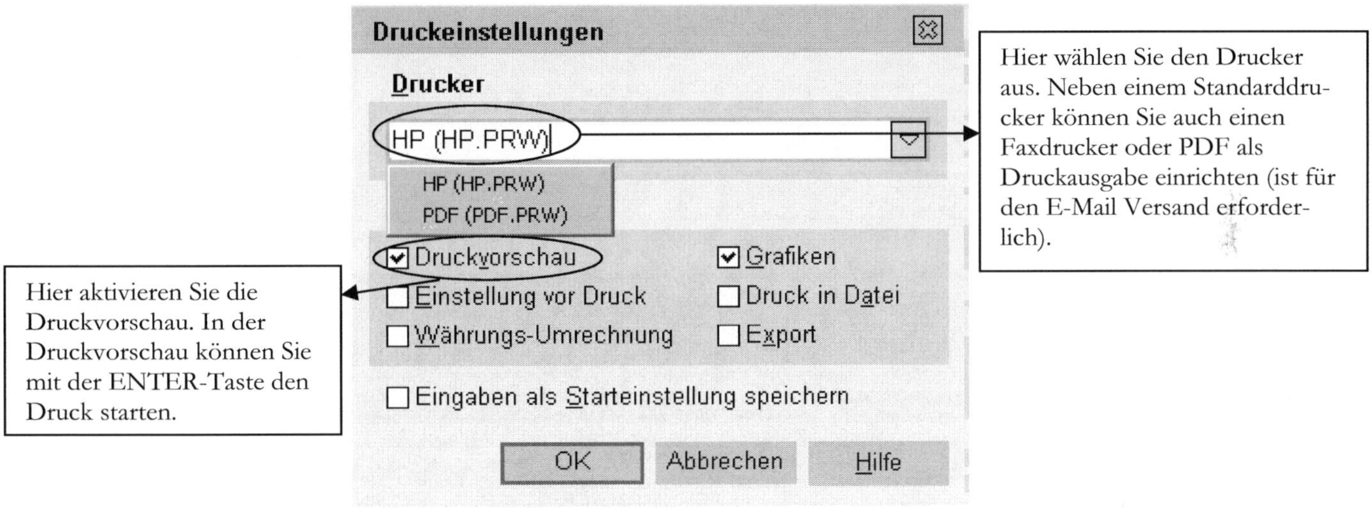

DRUCKEINSTELLUNGEN. Hier können Sie festlegen, welche Optionen Sie beim Druck nutzen möchten. Diese Einstellungen können jederzeit vor dem Druck geändert werden. Die Änderungen bleiben gespeichert, bis Sie hier wieder etwas Anderes eingeben.

Der Aufbau der Listen ist für alle Bereiche sehr ähnlich. Allerdings gibt es zum Teil sehr unterschiedliche Optionen, wenn es um die Auswahl der Datensätze geht. Hier kann man zu Beginn einfach einmal verschiedene Möglichkeiten ausprobieren. Allerdings empfiehlt sich vor allem bei größeren Datenbeständen die Druckvorschau, denn bei den einzelnen Listen kommen im Zweifel sehr schnell einige hundert Seiten zusammen. Da ist es hilfreich, vorher am Bildschirm zu prüfen, ob wirklich alle gewünschten Informationen in der Liste enthalten sind.

[31] Wenn Sie weitere Felder in der Liste haben möchten, oder das Layout der Liste ändern wollen, haben Sie die Möglichkeit, mit Hilfe des Formulargestalters die entsprechende Liste nach Ihren Vorstellungen anzupassen. Wenn Sie unterschiedliche Listen anpassen möchten, hat es sich als zweckmäßig erwiesen, nach jeder angepassten Liste die geänderte Formulardatei zu sichern.

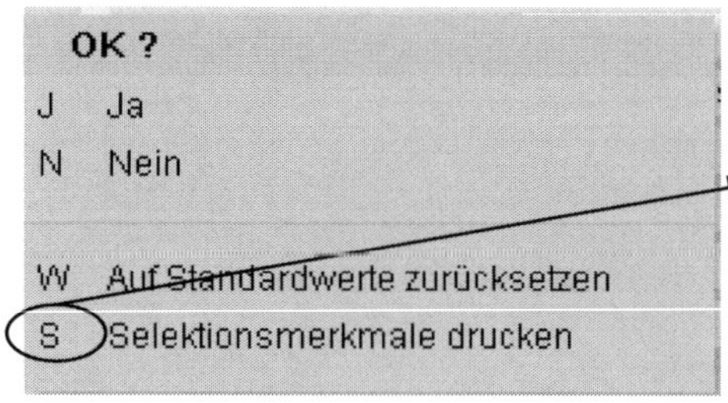

In der OK-Abfrage haben Sie die Möglichkeit, mit S für Selektionsmerkmale eine Liste Ihrer eingestellten Werte zu drucken und der Auswertung beizufügen. So können Sie jederzeit nachvollziehen, welche Datensätze in der Liste enthalten sind.

SELEKTIONSMERKMALE DRUCKEN. Über die OK-Abfrage können Sie auswählen, die Selektionsmerkmale zu drucken.

Mandant **200** Musikladen GmbH - Auftrag — Druck 20.10.2007 / 08:58 / @CL

Kundenliste nach **Kurzbezeichnung** — Datum 20.10.2007 Seite 1

Nummer	Kurzbezeichnung Ansprechpartner	Telefon	Telefax Abw. Rechnungsempf.	KGR Anlage	AWKZ	P G	R G	Rbt.%	S S	O P	VNR	Tour
10000	Cinema Filmtheater - Münche Claudia Huber	089-555255	089-594559 10000	K 18.10.07		1	0		1	1	999	99
10001	Deutsches Theater - München Helga Ott	089 -55234-0	089 -55234-234 10001	K 18.10.07		1	0		1	1	999	99

KUNDENLISTE NACH KURZBEEZEICHNUNG. So sieht die Liste aus, wenn Sie alle Vorschlagswerte übernehmen.

Lernzielkontrolle

☺ **Testen Sie Ihr Wissen**

1) Was ist der Unterschied zwischen Selektion und Sortierung?
2) Wie stellen Sie die Druckvorschau ein?

Praktische Übungen

Tastaturübungen

1) Drucken Sie eine Artikelliste sortiert nach Artikelnummer.
2) Prüfen Sie an Hand der Liste, ob Sie alle Artikel korrekt erfasst haben.
3) Legen Sie folgenden Lieferanten mit der Nummer **70002** an:

Liebl – Holzhandlung Sägewerk
Robert Liebl
Zur Kehrmühle 3
85435 Erding
Tel.: 08122-14197
Mail: info@holz-liebl.de
Internet: www.holz-liebl.de
Zahlungskonditionen: 14 Tage netto
Bankverbindung: Dresdner Bank AG,
BLZ 700 800 00, Kto. 85964258
Ansprechpartner: Robert Liebl

4) Legen Sie folgenden Kunden mit der Nummer **10002** an:

   Deutsche Angesellten Akademie GmbH
   Dießemer Str. 170
   47799 Krefeld
   Tel.: 02151-6075-206
   Fax: 02151-6075-111
   Mail: gerhard.claassen@daa-bw.de
   Internet: www.daa-bw.de
   Zahlungskonditionen: 14 Tage 2%, 30 Tage netto
   Ansprechpartner: Gerhard Claassen.

5) Erfassen Sie folgenden Artikel neu:

   Artikelnummer: **300-00001** Hersteller: 00000
   Bezeichnung: Stereolautsprecher, 1 Paar, 280 Watt, schwarz,
   Mengeneinheit: Paar Artikelgruppe **300**, Lautsprecher
   Erlöscode: **30**, Lautsprecher
   EK und MEK: € 655,-- VK1: € 925,--

Kapitel

4

Das Angebot

Lernen Sie im Folgenden, wie Sie Angebote erstellen, kopieren und auf Wiedervorlage legen.

Das Angebot ist die erste Stufe der Belegerfassung. Hier werden dem Kunden Waren und Dienstleistungen angeboten, ohne dass bereits eine Reservierung der Ware erfolgen würde. Anschließend können Sie das Angebot bei Auftragserteilung durch den Kunden direkt weiterverarbeiten. Bis es zum Auftrag kommt, können Sie regelmäßig mit Hilfe der Angebotswiedervorlage nachhaken.

Die Angebotserfassung

Unter **Auftragsbearbeitung → Auftragsbearbeitung → Angebote → Angebotserfassung** können wir jetzt unser erstes Angebot erfassen.

Der Telefonverkauf ist im Grunde eine verkürzte Angebotserfassung, ohne Erfassung von Details, wie Kopftexte oder Lieferweg.

ANGEBOTSERFASSUNG AUFRUFEN.

In der Angebotserfassung können Sie jetzt mit **F10** die nächste Angebotsnummer vergeben. Weitere aktive Funktionen werden unten links in der Fußzeile angezeigt:

Mit **F10** vergeben Sie die nächste Vorgangsnummer.

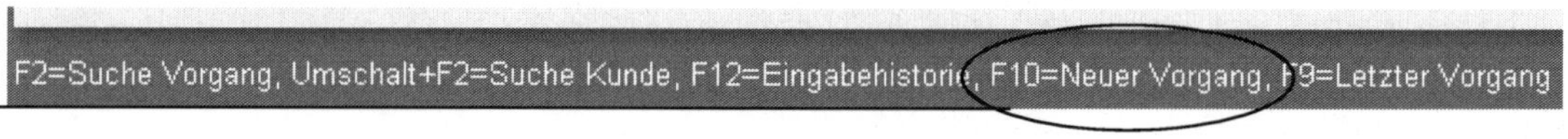

AKTIVE FUNKTIONEN. Hier sehen Sie, welche Funktionen in diesem Kontext unterstützt werden.

🗁 **Wichtig**

Nach der Eingabe von **F10** (oder **ENTER**) erscheint im Feld Nummer das Wort neu. Die Angebotsnummer wird erst beim Druck vergeben. Hintergrund: die Vorgangsnummern in der Angebotserfassung sind immer fortlaufend. Würde das System jetzt bei der Erfassung bereits eine Nummer vergeben, hätten Sie im Mehrplatz keine fortlaufenden Nummern mehr gewährleistet, denn solange Sie die Erfassung nicht abgeschlossen haben, können Sie das Angebot jederzeit verwerfen.

Als nächstes können Sie die Kundennummer eingeben, mit **F2** nach dem gewünschten Kunden suchen oder direkt im Feld Kundennummer die Kurzbezeichnung des Kunden eingeben. Wir erfassen ein Angebot für das Deutsche Theater (D10001). Im **Feld 11** (Datum) geben wir den 03.10.2007 ein (031007) und im Feld Bearbeiter eine 1.

Die Angebotsnummer wird erst beim Druck vergeben.

Der Mitarbeiter 00001 ist nicht vorhanden. Bevor wir unser Angebot weiter erfassen, öffnen wir parallel unseren Mitarbeiterstamm und legen unseren Mitarbeiter an.

Die Zahlungskonditionen werden aus dem Kundenstamm übernommen und können im Vorgang individuell geändert werden.

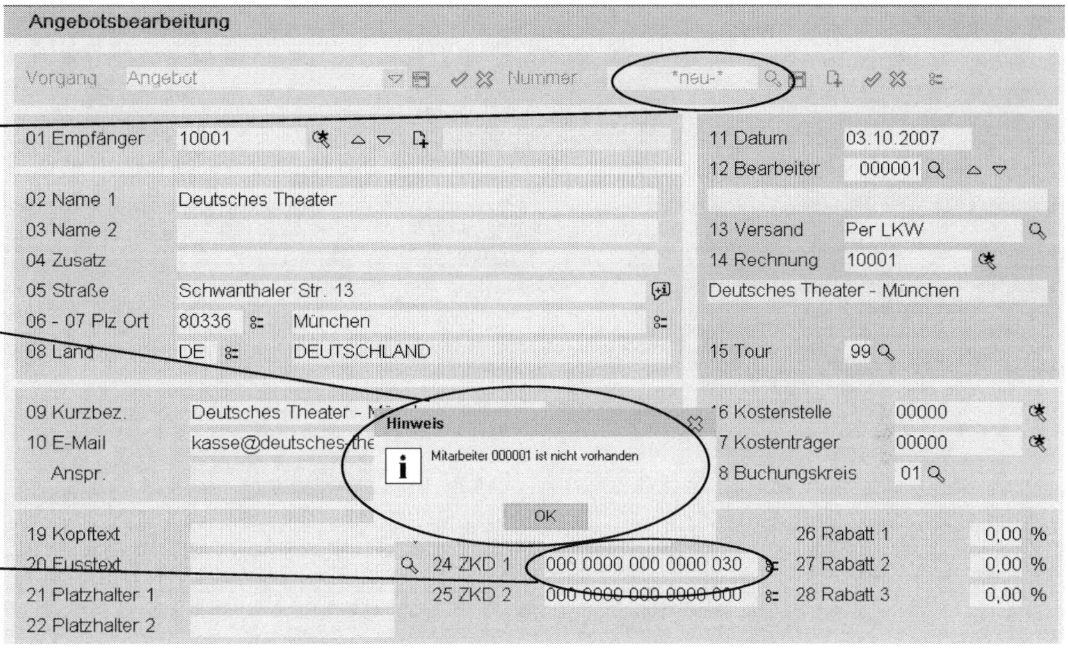

ANGEBOTSERFASSUNG. Hier erfassen Sie die allgemeinen Daten für Ihr Angebot.

Jetzt bekommen wir den Hinweis: Mitarbeiter 00001ist nicht vorhanden. Wir bestätigen die Meldung, öffnen an dieser Stelle manuell den Mitarbeiterstamm und legen einen neuen Mitarbeiter an:

Erfassen Sie hier Ihre Mitarbeiter. Optional können diese dann z.B. im Angebot namentlich mit angedruckt werden.

MITARBEITERSTAMM ÖFFNEN.

Wir erfassen mit der Nummer 1 unsere Mitarbeiterin Sonja Gruber. Weitere Angaben im Mitarbeiterstamm, wie z.B. der kalkulatorische Satz, sind nur bei Einsatz der Produktion oder der Kostenrechnung erforderlich.

Der Name des Mitarbeiters kann später auf Wunsch auch in den Formularen der Auftragsbearbeitung mit angedruckt werden.

Seit der Version 2007 gibt es die beiden E-Mail Felder, die für die Freigabe von gesperrten Belegen in der Obligo Verwaltung genutzt werden.

Wenn ein Mitarbeiter die Firma verlässt, ist es sinnvoller, Ihn auf Inaktiv zu setzen, als gleich zu löschen.

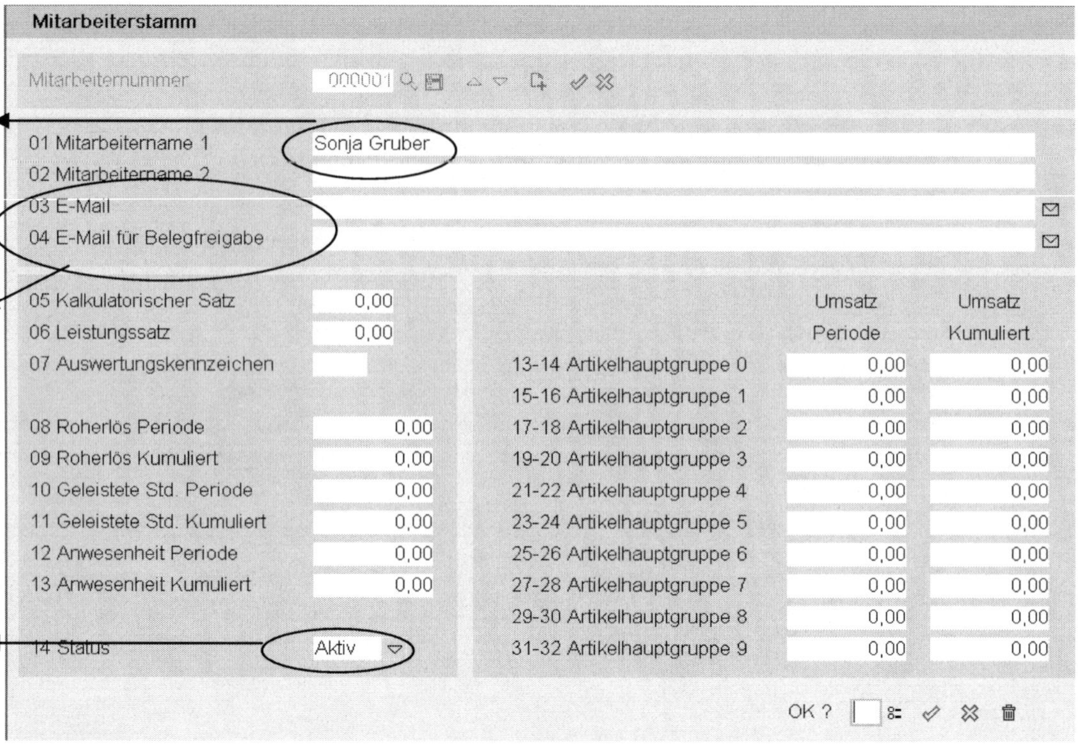

MITARBEITERSTAMM. Hier erfassen Sie alle Daten für Ihren Mitarbeiter.[32]

Wenn Sie den Mitarbeiter mit **J** gespeichert haben, können Sie die Maske mit **ESC** verlassen und Ihr Angebot weiter bearbeiten.

Alle weiteren Felder in der Angebotserfassung einfach bestätigen, bis der Cursor in der OK-Abfrage steht. Hier stehen mit **F2** eine ganze Reihe weiterer Funktionen zur Verfügung:

Sie können Ihrem Angebot einen Ansprechpartner oder ein Dokument zuordnen, eine bestimmte Formularvariante wählen, oder sogar für einen Einmaldebitor die Bankverbindung für den Bankeinzug erfassen. Außerdem können Sie auf Seite 2 blättern, wo Ihnen eine Reihe weiterer Eingabemöglichkeiten zur Verfügung stehen. Um aber an dieser Stelle den roten Faden nicht zu verlieren, werden wir diese zusätzlichen Informationen erst bei der Erfassung eines Auftrages besprechen.

Die grau unterlegten Auswahlmöglichkeiten sind für dieses Angebot nicht aktiv. So können Sie beispielsweise nur einen Fremdwährungskurs eingeben, wenn der ausgewählte Kunde auch eine abweichende Währung hat (z.B. YEN). Andere Funktionen, wie z.B. die Erfassung einer Lieferadresse, stehen erst in einer nachfolgenden Vorgangsart zur Verfügung. Eine abweichende Lieferadresse kann erst im Auftrag erfasst werden.

[32] Ein aufmerksamer Beobachter wird merken, dass in dieser Version (Stand 20.10.2007) die Nummerierung der Felder nicht passt. Durch das Einfügen der beiden neuen E-Mail Felder in der Maske gibt es laut Nummer die Felder 13 und 14 doppelt. Wenn Sie mit dem Ziffernblock arbeiten, müssen Sie bei allen Feldern auf der rechten Seite die Nummer um 2 erhöhen. Die letzten beiden Felder sind dann 33-34 statt 31-32.

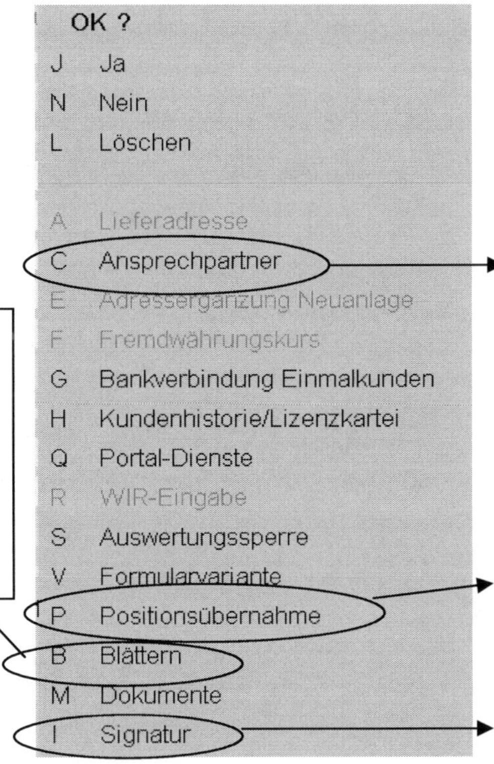

Mit **B** für **B**lättern gelangen Sie auf die Seite 2. Hier haben Sie eine Reihe von weiteren Eingabemöglichkeiten. Diese werden wir später noch am Beispiel von der Auftragserfassung im Detail besprechen.

Optional können Sie im Angebot einen Ansprechpartner zuordnen. Das ist vor allem wichtig, wenn Sie das Angebot per Mail verschicken wollen.

Mit Positionsübernahme haben Sie die Möglichkeit, einen kompletten Vorgang in Ihr Angebot zu übernehmen, z.B. ein Musterangebot oder einen Mehrfachvorgang.

Neu ist die Auswahl **I** = Signatur.

AUSWAHL IN DER OK-ABFRAGE. Hier sehen Sie, welche weiteren Möglichkeiten das Programm noch für Sie bereithält.

Anschließend mit **J** (+) bestätigen, um in die Positionserfassung zu gelangen. Hier müssen Sie zuerst einmal festlegen, welche Art von Daten Sie erfassen wollen. Dazu haben Sie folgende Positionstypen zur Auswahl:

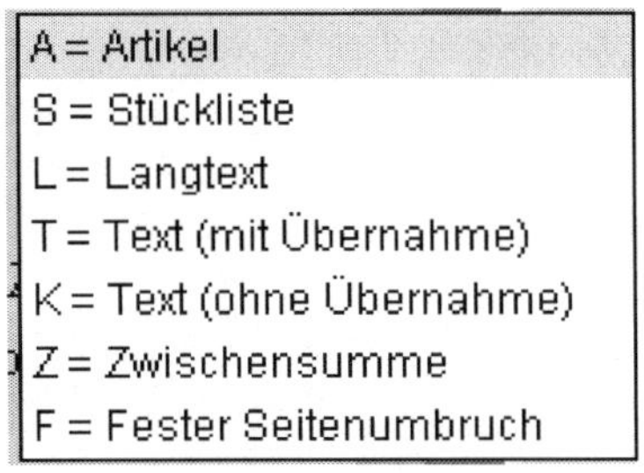

POSITIONSTYPEN. Folgende Positionstypen stehen zur Auswahl.

- **A = Artikel**: Wählen Sie über F2 einen Artikel aus oder geben Sie die Artikelnummer ein.
- **S = Stückliste**: Im Stücklistenstamm können Sie aus mehreren Artikeln eine Stückliste erstellen; Stücklisten werden über einen eigenen Nummernkreis verwaltet.
- **L = Langtext**: Der Langtext kann bereits im Artikelstamm eingegeben werden.
- **T = Text**: Mit T für Text können Sie beliebig Texte erfassen oder mit **F2** vorhandene Textbausteine auswählen. Die erfassten Texte werden auch in Folgevorgänge (Auftrag, Lieferschein,...) mit übernommen.

- **K = Kurztext**: Der Kurztext wird im Unterschied zum Text nicht in die Folgevorgänge übernommen.

- **Z = Zwischensumme**: Mit dieser Funktion können Sie an beliebiger Stelle eine Zwischensumme einzufügen und diese auf Wunsch auch individuell rabattieren.

- **F = Fester Seitenumbruch**: Diese Funktion gibt Ihnen die Möglichkeit, an jeder beliebigen Stelle eine neue Seite anzufangen, um z.B. Ihr Angebot in einzelne Bereiche zu gliedern, die auch optisch von einander abgesetzt sind.

Wir beginnen unser Angebot mit der Position **K** für **K**urztext und schreiben eine Anrede und den Grund für unser Angebot.[33] Wurde ein bestimmter Positionstyp gewählt, wird in der neuen Zeile automatisch derselbe Positionstyp vorgeschlagen. Zum Ändern können Sie mit Pfeil nach oben (↑) wieder in das Feld zurück, um einen neuen Positionstyp auszuwählen.

Wenn Sie am Ende der Zeile angelangt sind, können Sie **F9** drücken, um einen längeren Text zu erfassen. Oder Sie klicken mit der Maus auf die Sprechblase am Ende der Zeile.

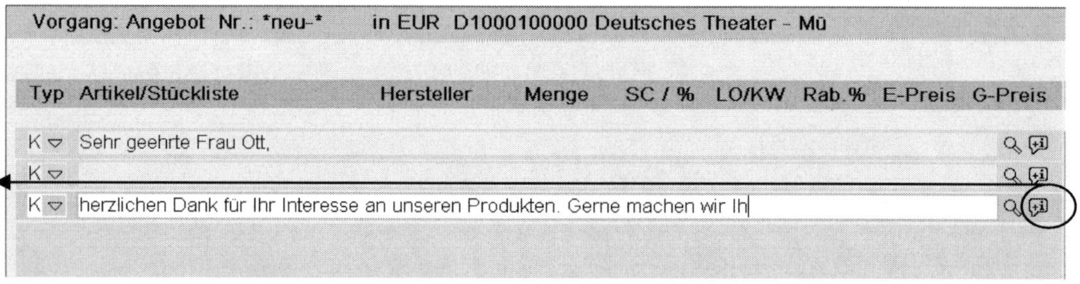

ANGEBOTSERFASSUNG. Mit K für Kurztext erfasste Positionen werden nicht in den Folgevorgang übernommen.

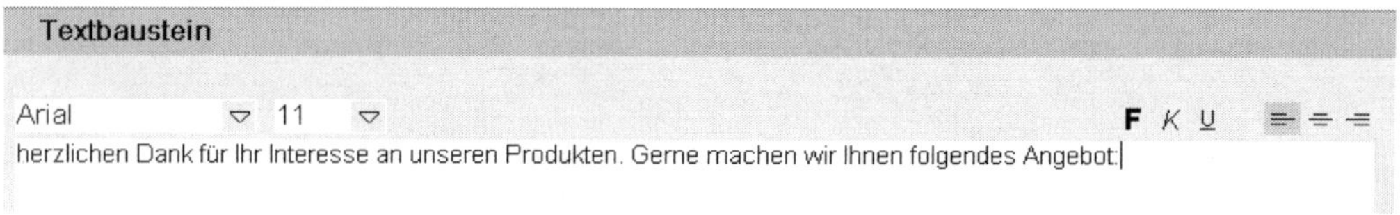

TEXTERFASSUNG. Mit einem Textbaustein können Sie auch längere Texte erfassen..

Neu seit der Version 3.4 ist die Variante, Texte im **RTF** (**R**ich **T**ext **F**ormat) zu erfassen. Dafür können Sie mit **F9** ein Textfenster öffnen, im dem Sie den Text im **RTF** erfassen und nach Ihren wünschen formatieren können Wir werden Ihnen diese Möglichkeit am Ende des Handbuches unter Tipps und Tricks ausführlich erklären. Der Vorteil dieser neuen Technik liegt darin, dass Sie Texte über die gesamte Breite der Seite erfassen und im Zweifel jeden einzelnen Buchstaben einzeln formatieren können. Auf diese Weise haben Sie wesentlich mehr Spielraum bei der Gestaltung Ihres Angebotes.

Wenn Sie Ihren Text vollständig erfasst haben, drücken Sie ESC und speichern Sie Ihre Eingabe.

[33] Achtung: wenn Ihre Daten ursprünglich aus der Classic Line 3.3 oder älter kommen und Sie Ihre Formulare nicht komplett neu gemacht haben, stehen Ihnen diese Felder im Formular noch gar nicht zur Verfügung, d.h. Ihr Ausdruck wäre dann unvollständig.

Anschließend ändern Sie den Positionstyp von K auf **A** für **A**rtikel und erfassen die gewünschten Artikel für unseren Vorgang. In unserem Beispiel interessiert sich unser Kunde für einen **DVD-Player**. Standardmäßig berechnen wir für diese Lieferung eine Pauschale für **Fracht und Verpackung** in Höhe von **EUR 15,--.**

Wählen Sie die entsprechenden Artikel mit **F2** aus oder geben Sie die Artikelnummer ein. Wir brauchen in unserem Beispiel die Artikelnummer **100-00001** und den Artikel Fracht und Verpackung, **V1**.

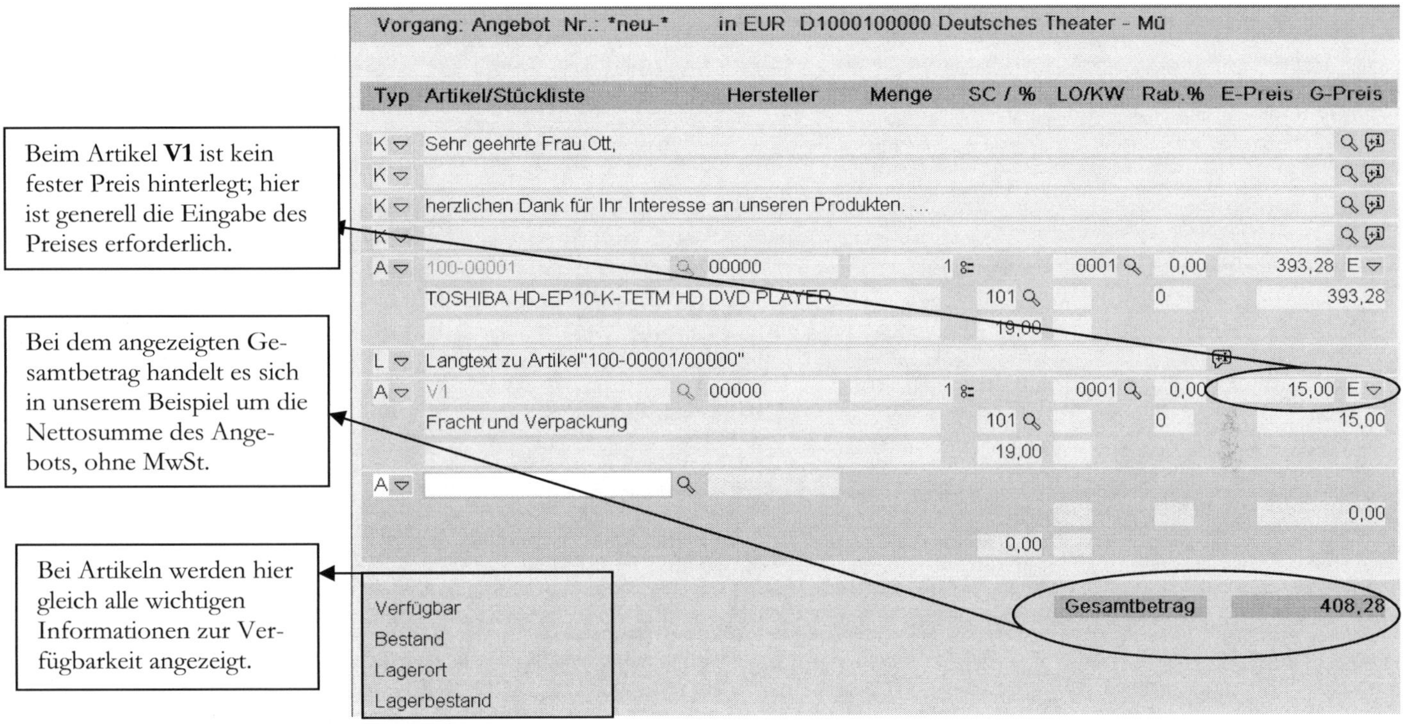

ANGEBOTSERFASSUNG. Erfassen Sie alle gewünschten Positionen.

📖 **Praxistipp**

Wenn Sie eine falsche Position ausgewählt haben, können Sie mit **F4** eine Zeile oder Position **löschen** oder mit **F3** eine Zeile oder Position **einfügen**.

Wenn Sie mit Ihrer Erfassung fertig sind, drücken Sie auf **ESC** und wählen Sie aus: Übernahme und Sofortdruck. Anschließend können Sie den Ausdruck noch am Bildschirm kontrollieren, bevor Sie den Druck starten.

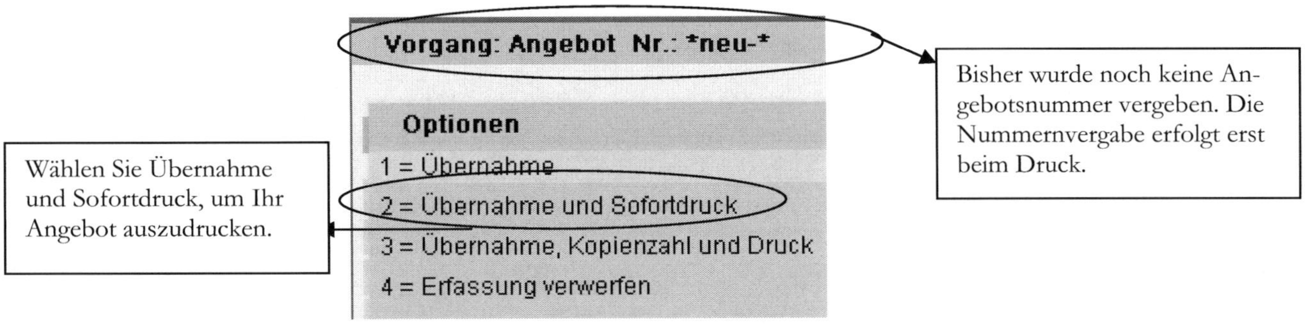

ANGEBOT DRUCKEN. Mit Übernahme und Sofortdruck starten Sie den Druck.

Wir haben den Ausdruck zur besseren Übersicht in 2 Teile zerlegt und leere Zeilen ausgeschnitten.

Briefkopf aus dem Mandantenstamm; die Positionierung kann im Formulargestalter geändert werden.

Musikladen GmbH
Rosenstr. 3
85238 Petershausen

Tel.: 08137-05227
Tel.: 08137-05227

ANGEBOT

Deutsches Theater
Schwanthaler Str. 13
80336 München

Nummer : 2007-0000001
Datum : 03.10.2007
Kunde : 10001
UStIdNr :

Beim Druck wird eine fortlaufende Angebotsnummer vergeben.

Pos.	Artikelnummer	LW	Menge	E-Preis	PE	G-Preis	S

Sehr geehrte Frau Ott,

herzlichen Dank für Ihr Interesse an unseren Produkten. Gerne machen wir Ihnen folgendes Angebot:

Pos.	Artikelnummer	LW	Menge	E-Preis	PE	G-Preis	S
1	100-00001 TOSHIBA HD-EP10-K-TETM HD DVD PLAYER		1 Stck	393,28		393,28	1
2	V1 Fracht und Verpackung		1 Psch	15,00		15,00	1

Wiedergabe von: DVD, DVD-R, DVD-RW
HD-DVD
CD, CD-R, CD-RW
Farbe: Schwarz
Abm.: (B xH x T) 430 x 65.5 x 345 mm
Anschlüsse: 2 Kanal Audio (Analog)
Digital Audio (optisch)
Komponenten Video Ausgang
Composite Video Ausgang
S-Video Ausgang
HDMI
Ethernet Anschluss (RJ45)
2 x Erweiterungsanschlüsse

ANGEBOT TEIL 1. Kopf und Positionen unseres Angebotes. Den Absender kann man aus dem Formular entfernen, wenn auf Briefpapier gedruckt werden soll.

Hier könnte noch ein individueller Werbetext stehen.

Netto USt. 1	USt. 19,00%	Netto USt. 2	USt.	%	Netto USt. 0	Endbetrag
408,28	77,57				Euro	485,85

Zahlungskonditionen laut Angebot.

30 Tage netto

ANGEBOT TEIL 2. Fußzeile mit Werbetext, Endbeträgen und den Zahlungskonditionen.

In der Praxis drucken Sie in der Regel auf Briefpapier und können alle Formulare im Formulargestalter individuell gestalten. Wenn Sie auf weißes Papier drucken möchten, ist es erforderlich, alle steuerlich relevanten Informationen in das Formular einzutragen, insbesondere Dinge, wie:

- Name und vollständige Anschrift Ihrer Firma inkl. Telefon, Fax, Mail
- Name des Geschäftsführers

- Eigene Steuernummer
- Bankverbindung
- Handelsregistereintrag

📖 Praxistipp

Wenn Sie Ihre Formulare anpassen/anpassen lassen, sollten Sie gleich alle gewünschten Formulare auf einmal anzupassen[34]. Dabei stehen Ihnen für jede Sprache bis zu 10 verschiedene Formularvarianten zur Verfügung. So können Sie, wenn Sie mit eigenem Briefpapier arbeiten, für den Versand per Mail oder Fax eine eigene Formularvariante anlegen, in die Sie Ihr Logo einbinden und alle im Briefpapier enthaltenen Informationen im Formular erfassen. Die letzte Alternative ist, das Briefpapier zu scannen und im Druckertreiber zu hinterlegen, sofern diese Funktion unterstützt wird (möglich z.B. bei Tobit Faxware, PDF-Mailer pro. und anderen).

Nach der Angebotserfassung haben Sie die Möglichkeit, unter **Auftragsbearbeitung → Auftragserfassung → Auswertungen** eine Liste der offenen Angebote zu drucken um diese regelmäßig nachzufassen.

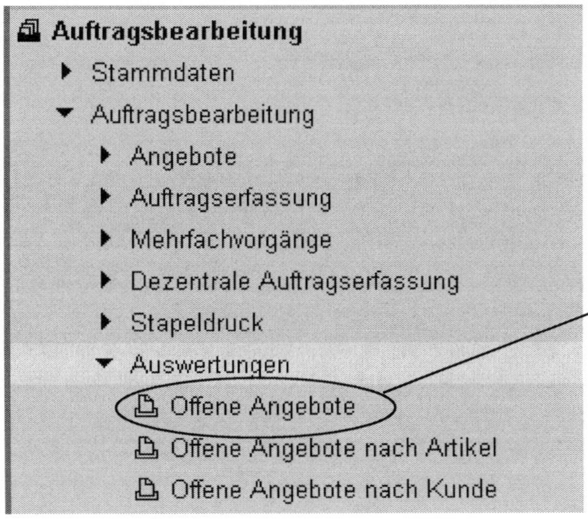

In der Liste offene Angebote sehen Sie nur die Angebotsnummer, den Kunden und die Gesamtsumme.
Alternativ können Sie die Angebote nach Artikel oder nach Kunde auswerten. In diesem Fall werden alle einzelnen Positionen des Angebotes angezeigt.

OFFENE ANGEBOTE. Hier können Sie Ihre offenen Angebote nach unterschiedlichen Kriterien in Listenform drucken..

Wir wählen die Liste Offene Angebote nach Kunde und bestätigen alle Felder einfach durch.

[34] Machen Sie sich eine Liste, welche Formulare Sie benötigen, bevor Sie Anpassungen vornehmen. Nicht jede Firma verwendet alle Formulare. Insbesondere Formulare wie Packliste, Werkstattauftrag oder Proformarechnung sind unter Umständen nicht erforderlich.

Mandant 200 Musikladen GmbH - Auftrag Druck 21.10.2007 / 06:36 / @CL

Liste offene Angebote nach Kundennummer Datum 21.10.2007 Seite 1

Kunde / Angebot	Kurzbezeichnung / Datum	Artikelnummer	Hersteller	Bezeichnung 1	LW / LJ	Menge	Wert
10001	Deutsches Theater - München						
2007-0000001	03.10.07	100-00001	0000000000	TOSHIBA HD-EP10-K-TETM HD DVD PLAYER	/ 00	1	393,28
2007-0000001	03.10.07	V1	0000000000	Fracht und Verpackung	/ 00	1	15,00
**** Gesamtsumme pro Angebot ****							408,28
**** Gesamtsumme pro Kunde ****							408,28
**** Gesamtsumme ****							408,28

Hier haben Sie zuerst den Kunden und dann alle Positionen des Angebotes.

OFFENE ANGEBOTE NACH KUNDE. Hier sehen Sie jedes offene Angebot mit allen Positionen, nach Kunde sortiert mit Summe je Angebot und Summe je Kunde (wichtig, wenn für einen Kunden mehrere Angebote offen sind..

Praxistipp

Im Idealfall sollten Sie sich später angewöhnen, z.B. jeden Freitag die Liste offene Angebote zu drucken und durchzuarbeiten. Falls erforderlich, haben Sie jetzt noch die Möglichkeit, zusätzliche Informationen und Unterlagen zu den angebotenen Produkten zu besorgen. Dann können Sie am Wochenanfang gut vorbereitet nachfassen. Oft haben Sie am Wochenende ganz plötzlich gute Einfälle zu den einzelnen Angeboten, denn wenn Sie ganz entspannt sind und etwas völlig anderes machen, bekommen Sie einen besseren Zugang zur eigenen Kreativität.

Lernzielkontrolle

☺ **Testen Sie Ihr Wissen**

1) Welche Positionstypen stehen Ihnen in der Angebotserfassung zur Verfügung?

2) Was ist der Unterschied zwischen K für Kurztext und T für Text?

3) Wie können Sie im Angebot zusätzliche Positionen einfügen oder bestehende Positionen löschen?

4) Wann wird bei der Angebotserfassung die Angebotsnummer vergeben und warum?

5) Wo können Sie im Angebot den zuständigen Mitarbeiter Ihrer Firma hinterlegen?

6) Können Sie für ein einzelnes Angebot die Zahlungskonditionen ändern? Wie?

7) Wie oft sollten Sie eine Liste mit offenen Angeboten drucken und nachfassen?

Praktische Übungen

Tastaturübungen

1) Erfassen Sie das Angebot aus unserem Beispiel und legen Sie dabei den Mitarbeiter 00001 an (Sonja Gruber).
Angebot vom 03.10.2007
Wählen Sie für die Anrede den Positionstyp K = Kurztext
und folgende Artikel:
1x DVD-Player
1x Fracht und Verpackung EUR 15,--

2) Erfassen Sie ein Angebot für unseren Kunden Cinema Filmtheater mit Datum 07.10.2007 und folgenden Positionen:
250 DVDs Die Simpsons – Der Film -
3 DVD Player
Bilden Sie eine Zwischensumme und geben Sie auf die Zwischensumme 10% Sonderrabatt. Berechnen Sie nach der Zwischensumme noch EUR 25,-- Versandkosten.

3) Drucken Sie eine Liste offene Angebote nach Kunde.

4) Drucken Sie eine Liste offene Angebote und vergleichen Sie die beiden Listen.

Kapitel

5

Die Auftragserfassung

Hier geht's von der Auftragsbestätigung über Lieferung und Rechnung bis hin zum Stornorechnung.

In der Auftragserfassung haben Sie die Möglichkeit, ein Angebot in einen Auftrag zu übernehmen, oder gleich einen neuen Vorgang anzulegen. Zusätzlich können Sie seit der Version 3.4 auch einzelne Positionen aus Angeboten oder anderen Vorgängen übernehmen. Ähnlich, wie beim Angebot, werden auch in der Auftragserfassung alle Vorgänge automatisch fortlaufend nummeriert. Zu Beginn der Arbeit in der Classic Line und bei jedem Jahreswechsel ist es sinnvoll, die Nummernkreise neu einzustellen.

Praxistipp

Bei der Einstellung der Nummernkreise bietet es sich an, mit der Jahreszahl anzufangen. Das hat mehrere Vorteile: Zum Einen ist über die Jahreszahl in der Vorgangsnummer eine sofortige Zuordnung zum Geschäftsjahr möglich, zum Anderen wird auf diese Weise eine Überschneidung der Nummernkreise vermieden, wenn Sie jedes Jahr wieder bei 1 anfangen möchten. Sollten Sie im laufenden Jahr eine Umstellung der Nummernkreise vornehmen, ist es erforderlich, diese Änderung zu dokumentieren.

Die Auftragsbestätigung

Wichtig

Die Auftragsbestätigung ist das Herzstück der Auftragsbearbeitung. Alle weiteren Vorgänge (Lieferschein, Rechnung, Storno,...) werden zu einem Auftrag erfasst, d.h. über die Auftragsnummer sind alle Vorgänge zu einem Auftrag miteinander verknüpft. Selbst wenn Sie gleich mit einem anderen Vorgang beginnen und z.B. sofort einen Lieferschein oder eine Direktrechnung (Lieferschein und Rechnung in einem Vorgang) erfassen, legt das System im Hintergrund automatisch einen Auftrag an.

Die Auftragsbestätigung kann neu erstellt werden oder Sie übernehmen Positionen aus einem Angebot. Mit der Auftragsbestätigung erfolgt im System eine Reservierung der Artikel für die gewünschte Lieferwoche. Wir werden im ersten Schritt unser **Angebot** an das **Deutsche Theater** in einen Auftrag übernehmen. Unter **Auftragsbearbeitung → Auftragsbearbeitung → Auftragserfassung → Einzelaufträge** können Sie für beliebige Lieferwochen Aufträge erfassen. Das Programm schlägt für die Erfassung automatisch die aktuelle Woche vor. Wenn Sie gleich beim Aufruf der Einzelaufträge eine andere Lieferwoche eintragen, wird diese in alle Aufträge übernommen, die Sie erfassen, ohne die Auftragserfassung komplett zu verlassen.

Damit wir nachher alle die gleichen Auswertungen bekommen, erfassen wir unsere Aufträge für die KW (Kalenderwoche) 41/2007.

Hier erfassen Sie Aufträge, Lieferscheine, Rechnungen, Stornos und Gutschriften.

AUFRUF EINZELAUFTRÄGE.

Wir erfassen unsere Aufträge unter dem Punkt Einzelaufträge[35], d.h. wir haben für jeden Auftrag einen eigenen Vorgang und alle Aufträge werden einzeln abgerechnet.

Im Standard wird das Tagesdatum als Lieferdatum vorgeschlagen. Der hier eingegebene Wert wird im Auftrag dann in jede Position übernommen, d.h. wenn Sie für eine bestimmte Kalenderwoche Aufträge erfassen wollen, ist es sinnvoll, hier das geplante Lieferdatum einzugeben.

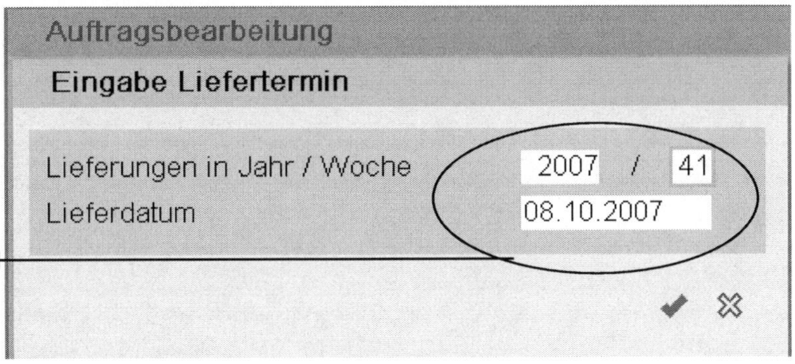

EINGABE LIEFERTERMIN. Der hier erfasste Liefertermin ist ein Vorschlagswert; er kann später im Vorgang geändert werden.

Die Eingabe der gewünschten Lieferwoche ist insbesondere für die Planung der Lagerbestände und für das Bestellwesen sehr wichtig. Nach der Erfassung können Sie später eine Übersicht drucken, in welcher Woche welche Artikel geliefert werden sollen. Mit dieser Liste können Sie dann Ihre Bestände disponieren.

Praxistipp

Sie können wahlweise eine Kalenderwoche eingeben, dann setzt das Programm im Feld Datum automatisch den ersten Tag der gewählten Woche ein, oder Sie geben ein bestimmtes Datum ein, dann ergänzt das Programm die zugehörige Kalenderwoche. Sie können das eingegebene Datum aber im Auftrag selbst auch noch für jede einzelne Position verändern.

[35] Neben Einzelaufträgen gibt es auch die Möglichkeit, Sammelaufträge zu erfassen. Das bietet sich an, wenn Sie für einen Kunden einen Auftrag erfassen wollen, der dann später an verschiedene Empfänger geliefert und berechnet wird, für den aber besondere Konditionen vereinbart sind. Die Vorgehensweise bei der Erfassung entspricht im Wesentlichen der Erfassung eines Einzelauftrages, so dass wir das Thema Sammelaufträge in diesem Schulungshandbuch nicht weiter aufgreifen werden.

Wählen Sie als Erstes die gewünschte Vorgangsart aus.

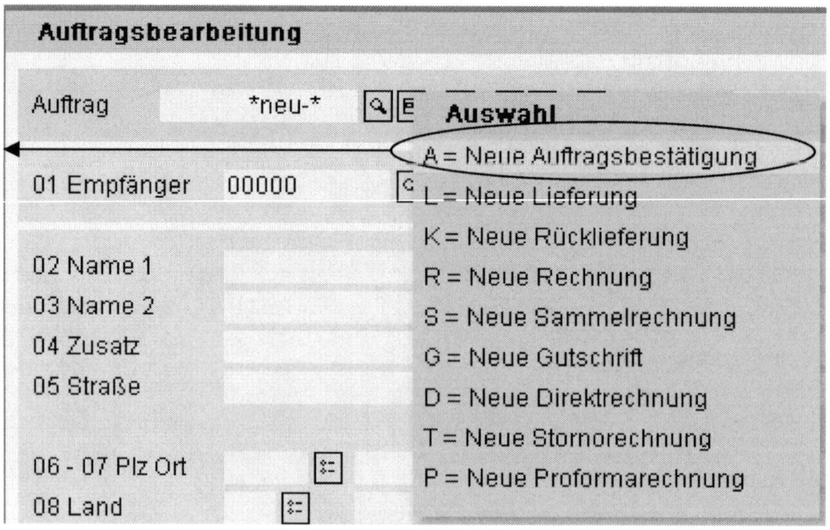

NEUE AUFTRAGSBESTÄTIGUNG. Mit ENTER oder F10 erfassen Sie einen neuen Vorgang.

Im Feld Empfänger können Sie jetzt wahlweise den gewünschten Kunden eingeben oder mit **F3** ein **Angebot übernehmen**. Die in diesem Kontext gerade aktiven Funktionstasten sehen Sie wieder unten links in der Fußzeile.

Mit **F3** können Sie ein Angebot zur Übernahme auswählen.

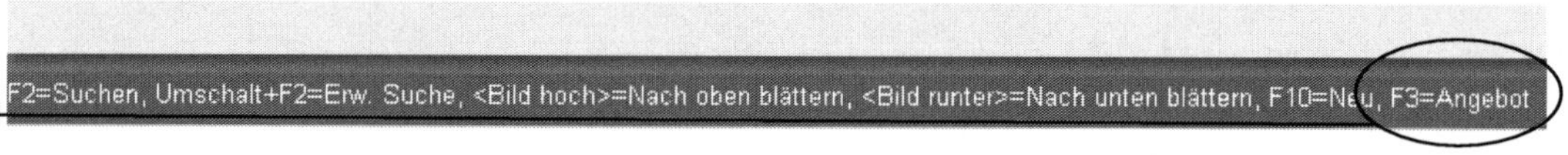

KONTEXT BEZOGENE FUNKTIONEN.

Wählen Sie im Suchfenster **1 = Angebot** und bestätigen Sie; es werden jetzt alle vorhandenen Angebote angezeigt. Bei größeren Datenbeständen ist es an dieser Stelle sinnvoll, entweder die Angebotsnummer einzugeben oder einen Filter zu setzen und nach Angeboten für einen bestimmten Kunden zu suchen.

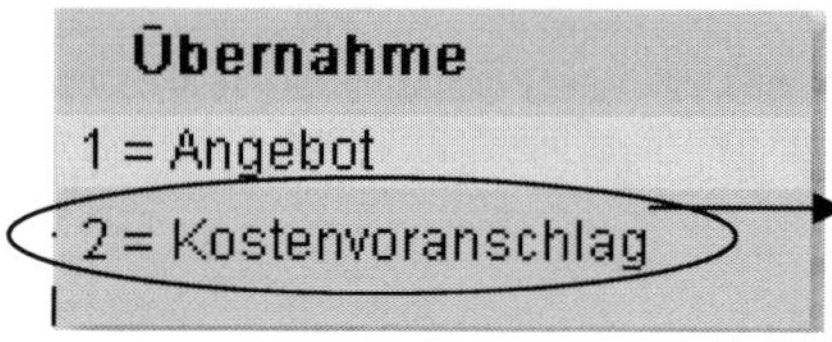

Ein Kostenvoranschlag hat vom Programm her dieselbe Funktionalität, wie ein Angebot.

ÜBERNAHME. Sie können auf diesem Weg Positionen aus einem Angebot oder einem Kostenvoranschlag übernehmen.

Der Kostenvoranschlag ist im Grunde identisch mit einem Angebot. Es gibt lediglich ein eigenes Formular für den Kostenvoranschlag, das auch wieder völlig individuell gestaltet werden kann. Die Erfassung erfolgt in der Angebotserfassung. In der Regel wird ein Kostenvoranschlag gemacht, wenn es sich um eine Reparatur handelt (z.B. ein von Ihnen geliefertes Gerät). Auch der Kostenvoranschlag kann später in einen Auftrag oder eine Rechnung übernommen werden.

Sie haben die Möglichkeit, statt nach einer Angebotsnummer auch nach der Kurzbezeichnung des Kunden zu suchen. Klicken Sie einfach auf den Pfeil oder drücken Sie **F2**, um die Auswahl zu öffnen.

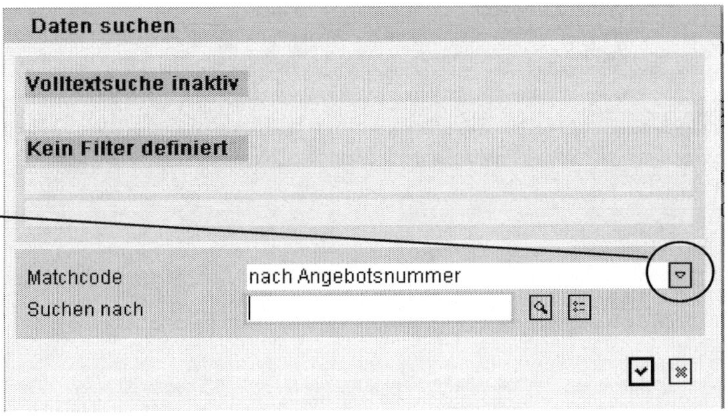

DATEN SUCHEN. Wenn Sie die Angebotsnummer nicht zur Hand haben, können Sie auch nach der Kurzbezeichnung des Kunden suchen.

Wählen Sie das gewünschte Angebot aus.

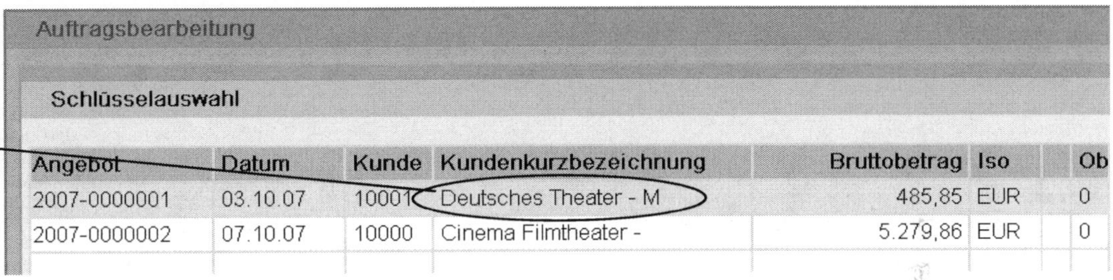

SCHLÜSSELAUSWAHL. Es werden alle Angebote mit Nummer, Datum, Kundennummer, Kurzbezeichnung des Kunden und Angebostssumme angezeigt.

Wählen Sie aus den aufgeführten Angeboten das richtige aus; zur Navigation können Sie die Pfeiltasten (↑ ↓) oder die Maus verwenden.

Es ist sinnvoll, diese Frage mit Ja zu beantworten und eine Auswertungssperre zu setzen. Dann erscheint das Angebot nicht mehr in der Liste offene Angebote.

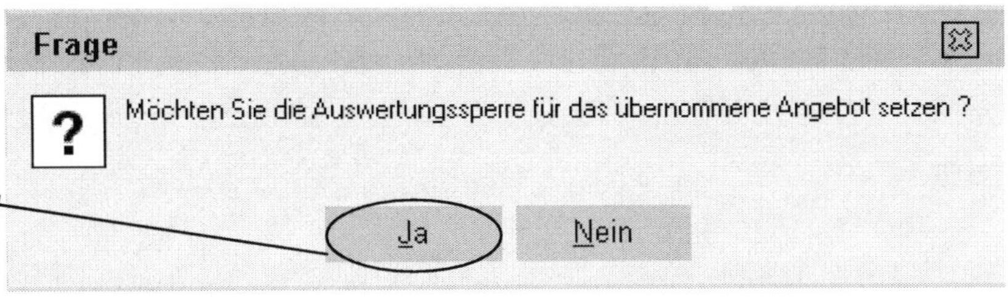

EINGABE LIEFERTERMIN. Der hier erfasste Liefertermin ist ein Vorschlagswert; er kann später im Vorgang geändert werden.

Wenn Sie ein Angebot in einen Auftrag übernehmen, haben Sie die Möglichkeit, eine Auswertungssperre zu setzen. Das hat zur Folge, dass das Angebot zwar nach wie vor vorhanden ist; es wird aber in der Liste offene Angebote nicht mehr aufgeführt. Bitte die Frage mit ja beantworten. Als nächstes wird das im Kundenstamm hinterlegte Memo angezeigt. Bitte vor Bestätigung lesen. In der Regel stehen hier alle für die Auftragsabwicklung wichtigen Informationen.

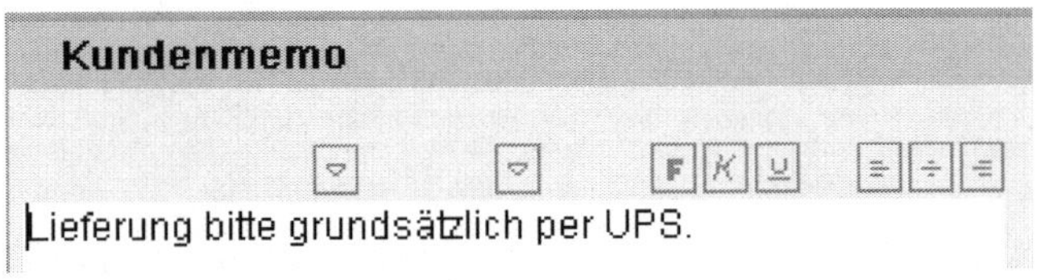

KUNDENMEMO. Bei Eingabe der Kundennummer wird automatisch das im Kundenstamm hinterlegte Memo angezeigt.

Genau wie beim Angebot wird auch hier die Nummer erst bei Druck/Übernahme vergeben.

Wir erfassen unseren Auftrag mit Datum 10.10.06 um später die Auswertungen vergleichen zu können.

Prüfen Sie den Versand durch UPS.

Die Zahlungskonditionen können ebenso verändert werden, wie alle anderen Angaben auch. Grundsätzlich dient das Angebot als Vorschlagswert.

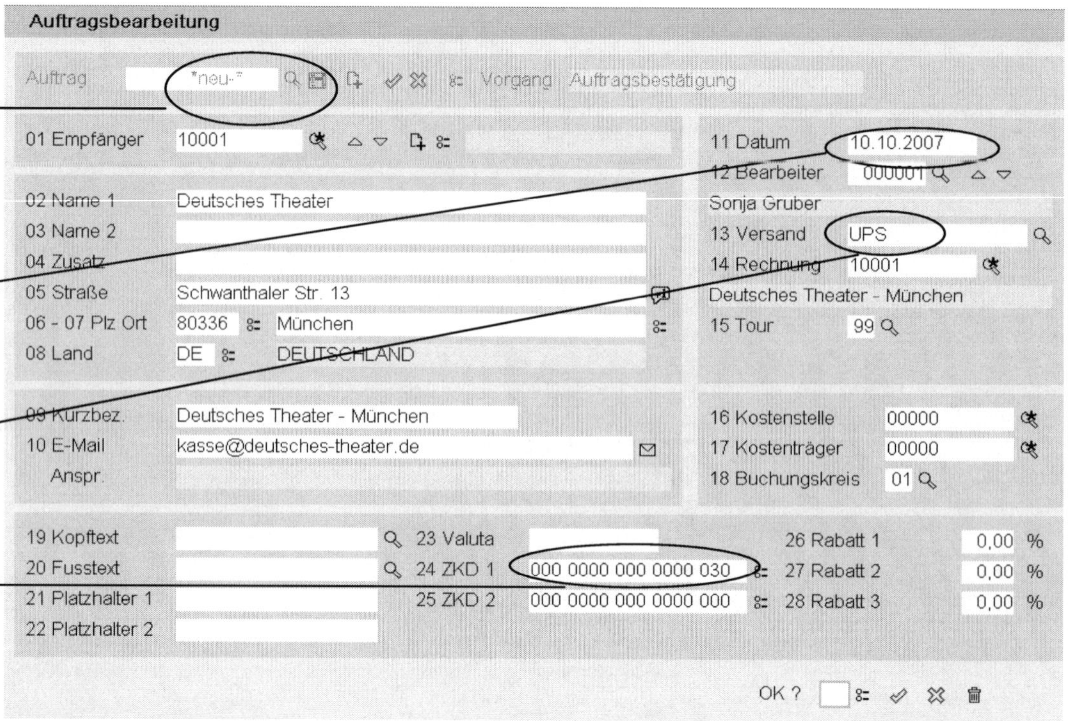

AUFTRAGSERFASSUNG – ALLGEMEINER TEIL. Die hier vorgeschlagenen Werte wurden aus dem Angebot übernommen.

Die vom System vorgeschlagenen Werte (z.B. Zahlungskonditionen, Rabatte,...) können vorgangsbezogen geändert werden. Mit Ausnahme von Änderungen im Anschriftenbereich werden die Änderungen nicht in den Kundenstamm übernommen. Wenn Sie an der Adresse etwas ändern, kommt vor dem Wechsel in die Positionserfassung noch eine Abfrage, ob Sie die Änderungen in den Kundenstamm übernehmen wollen. Hier können Sie dann entscheiden, ob Ihre Änderung nur für diesen Auftrag gilt oder in den Kundenstamm zurückgeschrieben wird.

Wenn Sie alle gewünschten Änderungen erfasst haben, können Sie in der OK-Abfrage mit **J** oder **+** bestätigen, um in die Positionserfassung zu gelangen. Hier haben Sie dann alle im Angebot erfassten Positionen vor sich.

Optional können Sie vorher noch auf die Seite 2 blättern und die Bestelldaten des Kunden erfassen[36] oder eine abweichende Lieferadresse eingeben. Auch hierbei gilt: alle Änderungen, die Sie hier vornehmen, gelten nur für diesen einen Auftrag. Sobald Sie einen neuen Auftrag erfassen, werden wieder alle Angaben aus dem Kundenstamm übernommen.

Die Details dazu zeigen wir gleich noch am Beispiel unseres 2. Auftrages, den wir im Anschluss noch erfassen.

[36] Wenn die Bestelldaten des Kunden in der Auftragsbestätigung auch gedruckt werden sollen, ist eine Formularanpassung erforderlich, da diese Felder in den Standardformularen nicht eingetragen sind. Näheres zu diesem und anderen Themen rund um die Formularanpassung finden Sie in unserem neuen Schulungshandbuch zum Reportdesigner, das voraussichtlich ab Januar 2007 lieferbar ist.

Nicht benötigte Texte oder Positionen können Sie mit **F4** löschen.

Die geplante Lieferwoche wird auf Positionsebene eingetragen, da Sie in einem Auftrag ja auch Artikel für unterschiedliche Liefertermine bestellen können.

Verfügbarer Bestand und Lagerbestand werden für jede Position angezeigt. Sobald eine Position in der Auftragsbestätigung eingegeben ist, wird der verfügbare Bestand entsprechend reduziert.

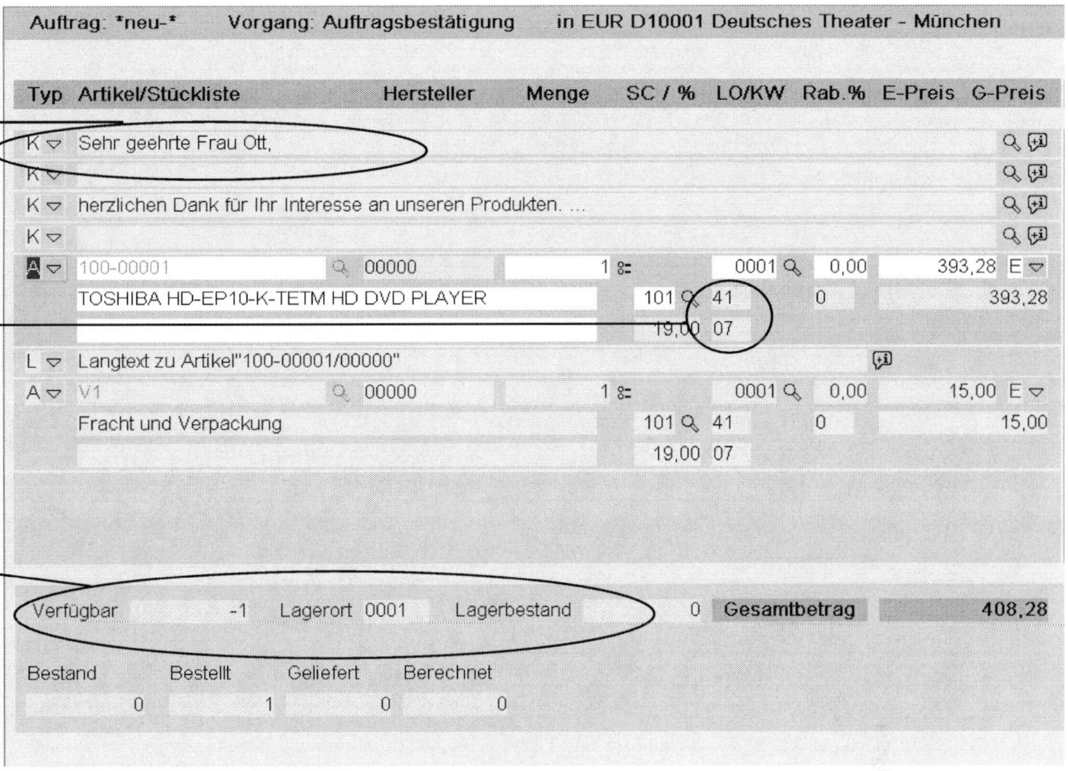

AUFTRAG, POSITIONSERFASSUNG. Hier sehen Sie alle Positionen aus dem Angebot. Mit F4 löschen Sie alle Zeilen / Positionen, die Sie nicht benötigen.

In der Positionserfassung können Sie beliebig Veränderungen vornehmen, z.B. zusätzliche Positionen ergänzen (mit **F3**, **Position einfügen**), **Positionen löschen** (**F4**) oder Preise ändern und Rabatte gewähren. Wenn der Auftrag fertig ist, drücken Sie **ESC** und wählen Sie aus:

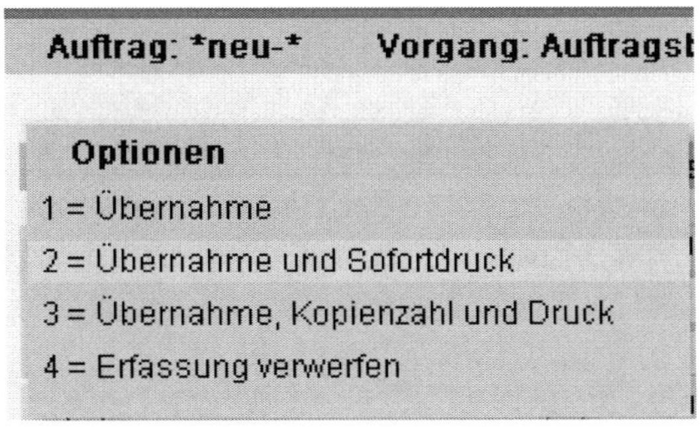

ÜBERNAHME UND SOFORTDRUCK. Mit ESC können Sie den Vorgang abschließen und drucken.

Wir wählen Übernahme und Sofortdruck; da wir in unserer Druckeinstellung die Druckvorschau aktiviert haben, ist es möglich, die Auftragsbestätigung vor Druck noch am Bildschirm zu kontrollieren.

Mit der Auswahl **3 = Übernahme, Kopienzahl und Druck**, können Sie beim Ausdruck individuell die Zahl der erforderlichen Kopien festlegen[37].

[37] Damit diese Auswahl aktiviert wird, muss in der Kopiensteuerung bei Anzahl der Kopien statt 0 –1 eingetragen werden.

Musikladen GmbH
Rosenstr. 3
85238 Petershausen

Tel.: 08137-05227
Tel.: 08137-05227

AUFTRAGSBESTÄTIGUNG

Deutsches Theater
Schwanthaler Str. 13
80336 München

Nummer : 2007-0000001
Datum : 10.10.2007
Kunde : 10001
UStIdNr :

Die geplante Lieferwoche; kann je Position geändert werden.

Pos.	Artikelnummer	LW	Menge	E-Preis	PE	G-Preis	S
1	100-00001 TOSHIBA HD-EP10-K-TETM HD DVD PLAYER	41	1 Stck	393,28		393,28	1

Wiedergabe von:	DVD, DVD-R, DVD-RW HD-DVD CD, CD-R, CD-RW
Farbe:	Schwarz
Abm.:	(B xH x T) 430 x 65.5 x 345 mm
Anschlüsse:	2 Kanal Audio (Analog) Digital Audio (optisch) Komponenten Video Ausgang Composite Video Ausgang S-Video Ausgang HDMI Ethernet Anschluss (RJ45) 2 x Erweiterungsanschlüsse

Pos.	Artikelnummer	LW	Menge	E-Preis	PE	G-Preis	S
2	V1 Fracht und Verpackung	41	1 Psch	15,00		15,00	1

DIE AUFTRAGSBESTÄTIGUNG.

Das Formular für die Auftragsbestätigung kann im Formulargestalter individuell nach Ihren Wünschen angepasst werden. Dabei reichen die Möglichkeiten von der einfachen Anpassung von Schriften und Seitenrändern, über die Ergänzung von Texten und zusätzlichen Feldern bis hin zum Einbinden von Logos und Bildern. Für die vielfältigen Möglichkeiten der Formulargestaltung gibt es ein eigenes Schulungshandbuch, Stand Classic Line 2007. Bitte informieren Sie sich auf unserer Internetseite unter www.neueweltverlag.de .

Gibt es noch kein Angebot, können Sie natürlich auch direkt einen Auftrag erfassen. In diesem Fall geben Sie in der Auftragserfassungsmaske **F10** oder **ENTER** ein, um einen neuen Vorgang erstellen. Wählen Sie neue Auftragsbestätigung und geben Sie im Feld Empfänger die gewünschte Kundennummer ein, wählen Sie mit **F2** oder geben Sie die Kurzbezeichnung des Kunden direkt im Feld Kundennummer ein. Erfassen Sie einen weiteren Auftrag für unseren Kunden D10000 (Cinema Filmtheater) für den 14.10.2007.

Unsere Sachbearbeiterin ist Sonja Gruber. Als Versandart wählen Sie "UPS" und alle anderen Angaben übernehmen Sie, wie vorgeschlagen.

Wenn Sie einen neuen Auftrag erfassen wollen, für den es kein Angebot gibt, dann geben Sie einfach im Feld Empfänger die Kundennummer ein. Jetzt werden die Daten aus dem Kundenstamm übernommen.

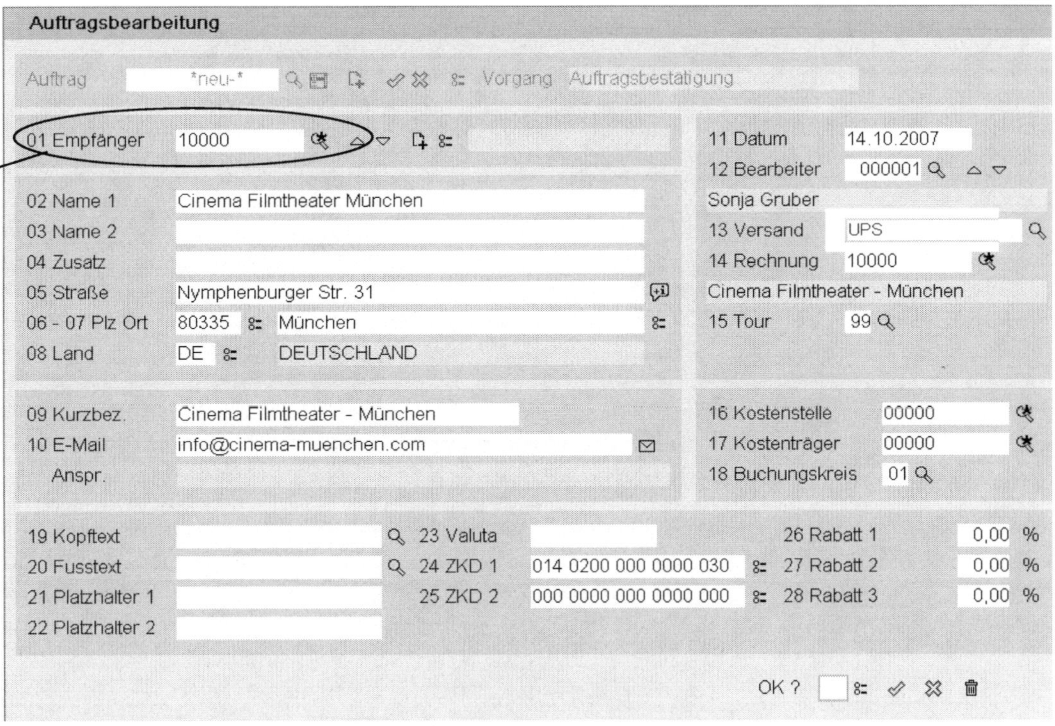

AUFTRAG NEU. Für einen neuen Auftrag geben wir statt der Übernahme eines Angebotes im Feld Empfänger die Kundennummer ein.

In der OK-Abfrage gibt es jetzt außer der Möglichkeit, mit ja in die Positionserfassung zu gelangen, noch eine ganze Reihe von weiteren Optionen. Drücken Sie **F2** für die Übersicht oder klicken Sie mit der Maus auf die Lupe. Alle schwarz unterlegten Optionen können Sie auswählen, alle grau unterlegten Optionen sind in diesem Auftrag nicht verfügbar[38].

Wichtige Punkte bei der Auftragserfassung

Die wichtigsten Punkte in der Auftragserfassung im Kopfteil sind: Die **Kundenanschrift**, das **Auftragsdatum**, der **Bearbeiter**, die **Versandart** und die **Zahlungskonditionen**. Weitere Informationen können optional erfasst werden, wie z.B. Kopf- oder Fußtextbausteine, ein Vertreter für die Provisionsabrechnung oder eine Kostenstelle oder ein Kostenträger.

Praxistipp

Bitte stimmen Sie sich bei der Arbeit mit Kostenstellen und Kostenträgern mit der Finanzbuchhaltung ab. Hier sollte im Vorfeld festgelegt werden, wie die Kostenrechnung aufgebaut wird und wer im Zweifel neue Kostenstellen und Kostenträger anlegt.

[38] Welche Optionen in der OK-Abfrage verfügbar sind, hängt unter anderem von Ihren Einstellungen im Mandantenstamm (z.B. Fremdsprache), von den Einstellungen in den Grundlagen der Auftragsbearbeitung, von der gewählten Vorgangsart oder von den installierten Programmen ab. So sind die Provisionseinstellungen z.B. nur für die erweiterte Provisionsabrechnung verfügbar.

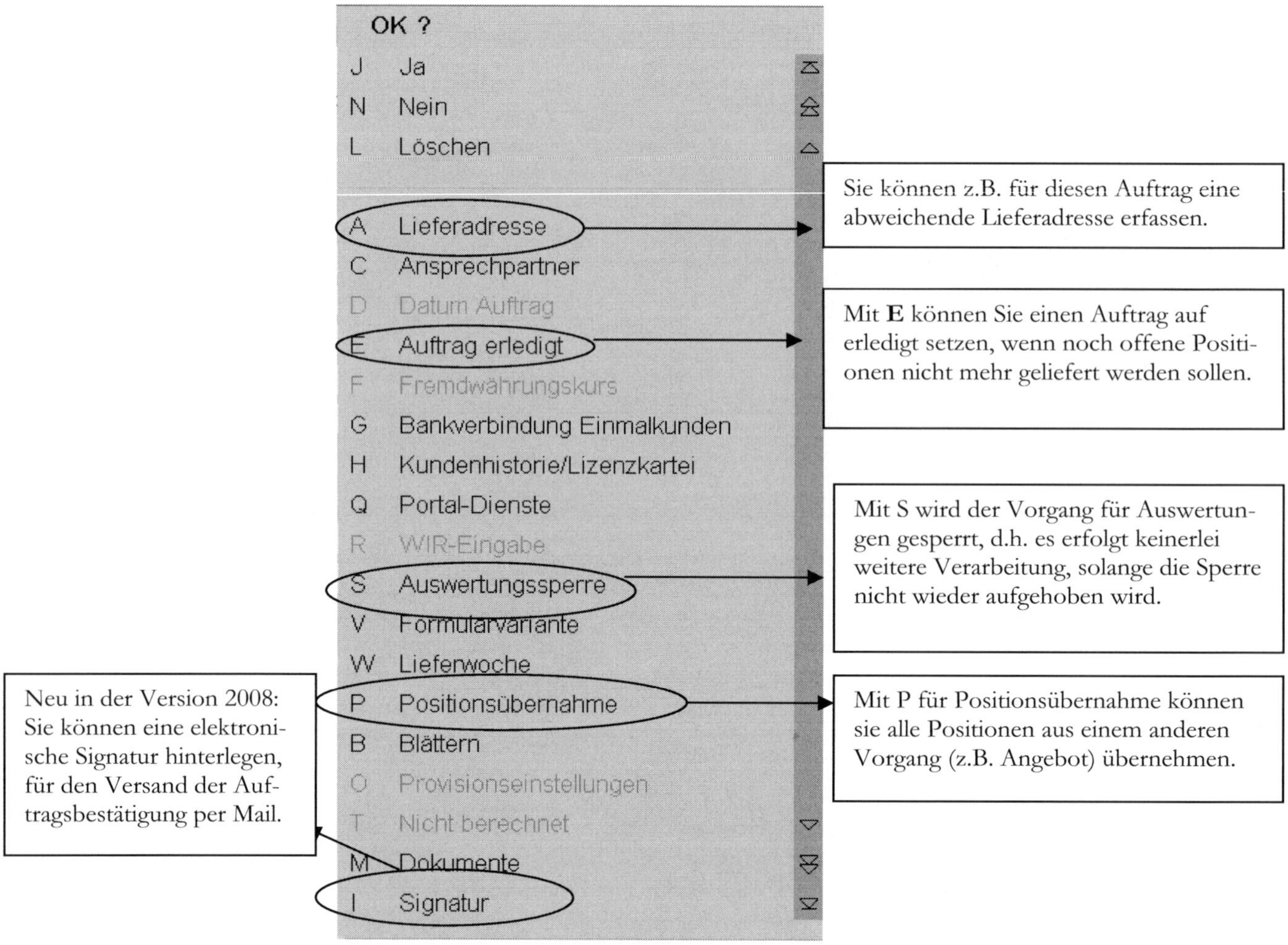

AUSWAHL F2 IN DER OK-ABFRAGE. Mit Eingabe des vorangestellten Buchstaben gelangen Sie in die gewünschte Auswahl.

Die wichtigsten Auswahlmöglichkeiten sind:

- **A = Lieferadresse**: Hier haben Sie die Möglichkeit, für diesen Auftrag eine abweichende Lieferadresse einzugeben.
- **C = Ansprechpartner**: Einen Ansprechpartner aus dem Kundenstamm müssen Sie zuordnen, wenn Sie die Auftragsbestätigung gleich per Mail oder Fax verschicken möchten und dafür die Mailadresse oder die Faxnummer des Ansprechpartners benötigen.
- **V = Formularvariante**: Sie haben in der Classic Line die Möglichkeit, mit unterschiedlichen Formularvarianten (z.B. AB mit und ohne Artikelnummern) zu arbeiten und können hier die Zuordnung vornehmen.
- **B = Blättern**: Mit Blättern können Sie zwischen 2 Seiten wechseln. Diese Option finden Sie auch im Artikel- und im Kundenstamm.
- **M = Dokumente**: Diese Funktion ist neu in der Version 3.4. Ab sofort ist es in der Classic Line möglich, beliebige Dokumente (z.B. Allgemeine Geschäftsbedingungen, Verträge, ...) zuzuordnen und automatisch mit dem Vorgang auszudrucken. Unter Tipps und Tricks zeigen wir, wie das geht.

- **I = Signatur**: Die Signatur bietet die Möglichkeit, diesen Vorgang zu signieren. Voraussetzung dafür ist, dass für den entsprechenden Mitarbeiter auch eine vollständige elektronische Signatur im System hinterlegt ist.

Wir **blättern** mit **B** auf die nächste Seite, um uns mit den weiteren Eingabemöglichkeiten vertraut zu machen.

Wenn Sie hier Bestellangaben Ihres Kunden erfassen, können Sie den Auftrag später z.B. auch über die Bestellnummer des Kunden wieder finden.

Mit dem Stapeldruckkennzeichen legen Sie fest, welche zusätzlichen Papiere gedruckt werden sollen.

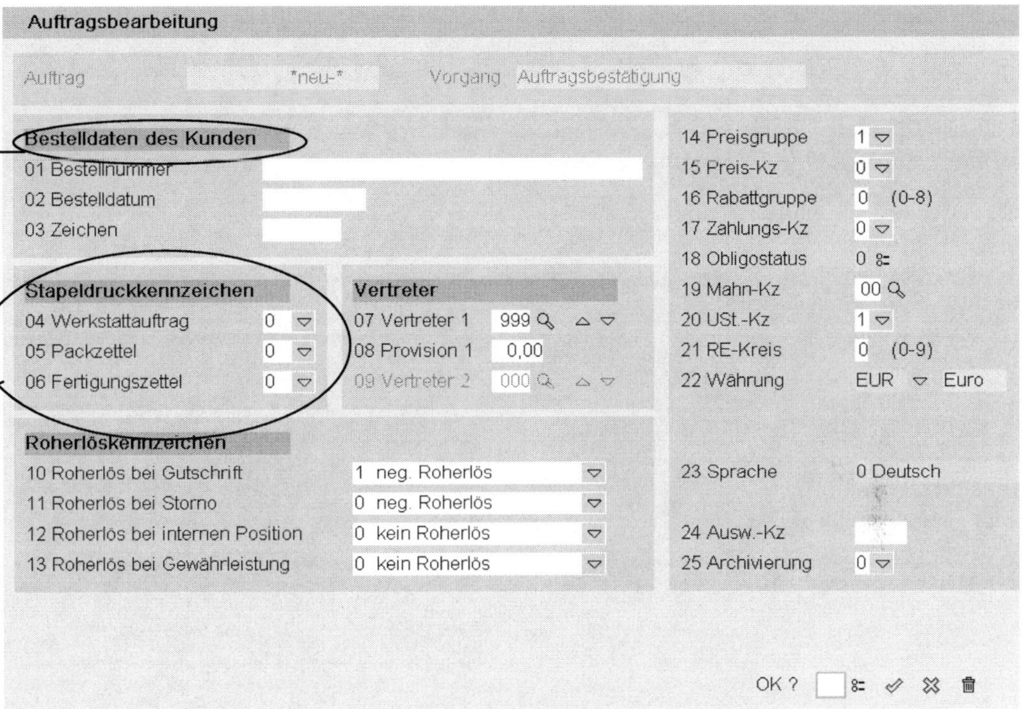

AUFTRAGSERFASSUNG SEITE 2. Hier gibt es eine Reihe von zusätzlichen Eingabemöglichkeiten für unseren Auftrag.

Neben der Möglichkeit, Bestellangaben des Kunden zu erfassen, können Sie über das Stapeldruckkennzeichen steuern, welche zusätzlichen Papiere für diesen Auftrag gedruckt werden sollen. Diese können dann unter **Auftragsbearbeitung → Auftragsbearbeitung → Stapeldruck** gedruckt werden.

Die weiteren Kennzeichen kennen Sie bereits aus dem Mandantenstamm oder dem Kundenstamm; Sie können hier auftragsbezogen geändert werden. Wenn Sie für einzelne Felder weitere Informationen wünschen, wechseln Sie in das entsprechende Feld und drücken Sie **F2** für die angebotene **Auswahl** oder **F1**, um in der **Hilfe** nachzulesen. Wir lassen alle Daten unverändert und wechseln mit ja in die Positionserfassung.

Zu Beginn wählen wir mit **T** für **Text** eine Textposition aus und bedanken uns für den erteilten Auftrag. Danach eine leere Textzeile als Abstandhalter und dann können Sie mit **↑** (Pfeil nach oben) wieder in die Auswahl des Positionstyps wechseln und wählen **A** für **Artikel** aus.

Für die Artikelerfassung geben Sie jetzt die Artikelnummer ein oder wählen Sie aus über **F2**. Wir erfassen als Artikel die DVD Herr der Ringe Teil 1, Teil 2 und Teil 3 und geben jeweils 5 Stück ein.

Anschließend bilden wir eine Zwischensumme (Positionstyp **Z**) und gewähren auf diese Zwischensumme 5% Rabatt.

Auf die Berechnung von Versandkosten verzichten wir, weil unser Kunde die Ware selbst bei uns abholt.

Beim Rabatt auf die Zwischensumme wird links oben der Rabatt angezeigt, darunter die Summe, auf die der Rabatt gewährt wird. Daneben dann die Zwischensumme und der Rabatt als Betrag.

Im Feld Gesamtbetrag wird die Nettosumme des Auftrags angezeigt, ohne MwSt.

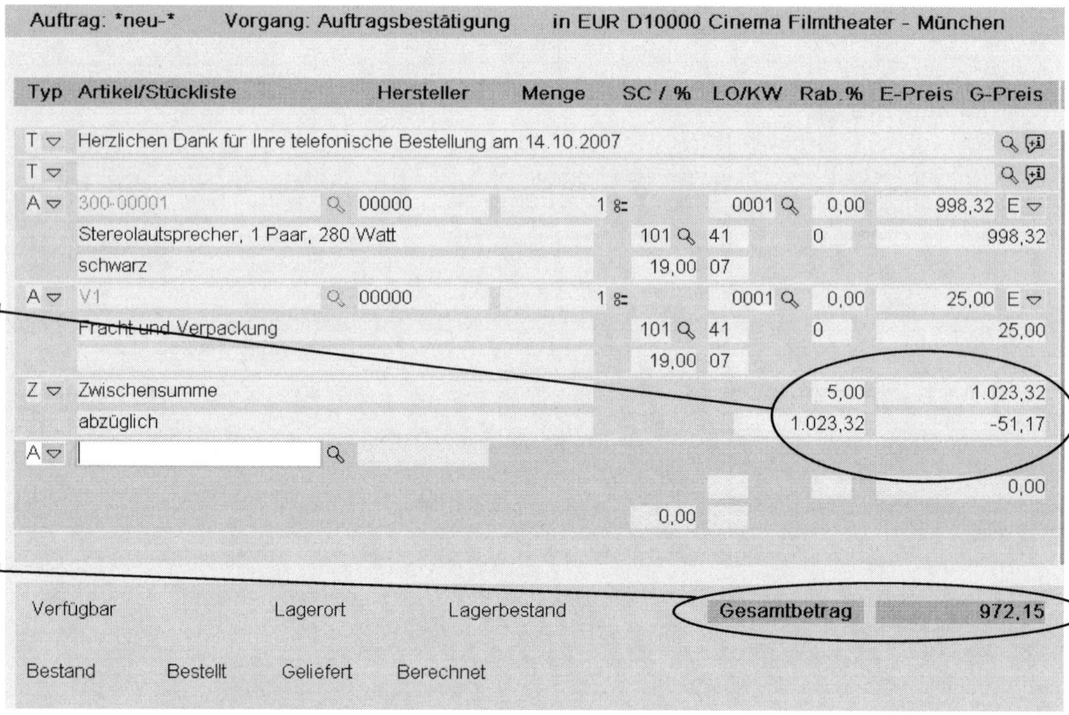

AUFTRAGSERFASSUNG POSITIONSTEIL. Sie können an beliebiger Stelle eine Zwischensumme einfügen und auf diese einen Rabatt gewähren.

Wichtig

Die Summe, auf die der Rabatt gewährt wird, muss nicht zwangsläufig mit der Zwischensumme identisch sein. Sie haben im Artikelstamm die Möglichkeit, festzulegen, ob es auf einen Artikel Rabatte gibt oder nicht.

In der Kopfzeile über dem Auftrag gibt es einen Reiter Optionen. Hier finden Sie Reihe von hilfreichen Funktionen für die Auftragserfassung. Einige davon wollen wir an dieser Stelle kurz erläutern.

Neu seit der Version 3.4 ist unter Optionen die Möglichkeit, **Position einfügen**. Diese Option ist nur verfügbar, wenn der Cursor am Anfang einer neuen Zeile steht. Mit dieser Option können Sie aus beliebigen Vorgängen einzelne Textzeilen oder Artikel übernehmen. Dabei können Sie auch Positionen aus verschiedenen Vorgängen zusammentragen. Das kann sehr hilfreich sein, wenn Sie einem Kunden mehrere Angebote gemacht haben und für den Auftrag Positionen aus unterschiedlichen Angeboten benötigt werden. Durch das kopieren der Positionen werden Eingabefehler vermieden und es können auch Textergänzungen mit übernommen werden.

Ebenfalls neu seit der Version 3.4 ist die Verfügbarkeitsprüfung. Hier prüft das System automatisch, ob der gewünschte Artikel für die angegebene Lieferwoche auch verfügbar ist. Voraussetzung dafür: Sie arbeiten mit dem Bestellwesen, die Wochendisposition ist aktiv und die Lieferzeiten sind bei jedem Artikel korrekt erfasst.

📖 **Praxistipp**

Wenn Sie die Wochendisposition und das Bestellwesen erst zu einem späteren Zeitpunkt einführen, kann es erforderlich sein, erst einmal Ihre Daten und offenen Aufträge zu bereinigen. An dieser Stelle ist es sinnvoll, den Mandanten zu kopieren, und alle gewünschten Änderungen mit einem Artikel einmal durchzuspielen und an Hand der Auswertungen zu kontrollieren. Erst nach erfolgreichem Test sollten Sie die Änderungen im Echtmandanten machen.

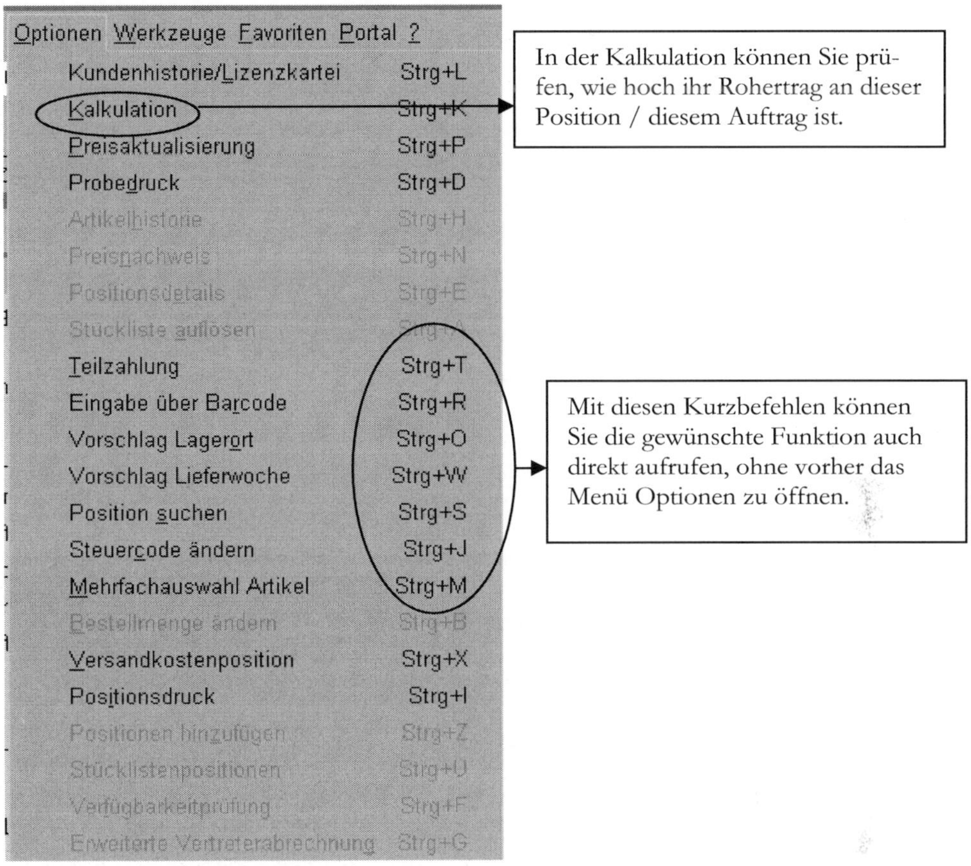

AUFTRAGSERFASSUNG OPTIONEN. Hier gibt es eine Reihe von zusätzlichen Eingabemöglichkeiten für unseren Auftrag.

Die einzelnen Optionen werden Sie erst nach und nach benutzen, wenn Sie mit Ihren Echtdaten arbeiten. Interessant davon sind in erster Linie die Kalkulation, der Preisnachweis, die Positionsdetails und, neu seit der Version 3.4, Position hinzufügen. Wir interessieren uns an dieser Stelle für die Kalkulation.

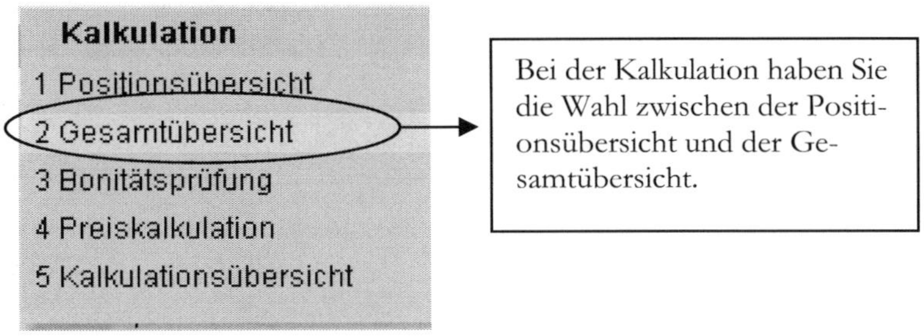

AUFTRAGSERFASSUNG KALKULATION. Hier können Sie prüfen, welcher Rohertrag bei den verwendeten Preisen bleibt.

Diese Kalkulationsübersicht steht Ihnen auch in der Angebotserfassung zur Verfügung. Sie hilft Ihnen bei der Frage, ob Sie dem Kunden noch einen Rabatt gewähren können, oder nicht. [39]

Unter Berücksichtigung unseres Rabatts in Höhe von 5% bleibt bei diesem Auftrag ein Roherlös von 36%.

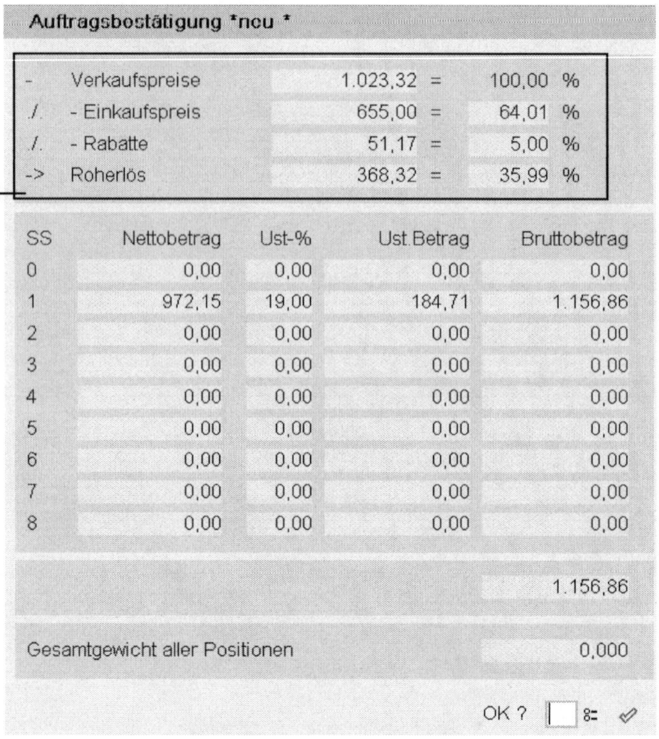

KALKULATIONSÜBERSICHT. Hier sehen Sie auf einen Blick die Preise, Rabatte und den Rohertrag.

Mit F2 öffnen Sie das Menü zur Auswahl; Sie können auf diesem Weg jedes einzelne Feld im Vorgang nachträglich ändern. Darüber hinaus haben Sie die Möglichkeit, direkt aus dem Auftrag einen Bestellvorschlag oder einen Produktionsauftrag zu erzeugen.

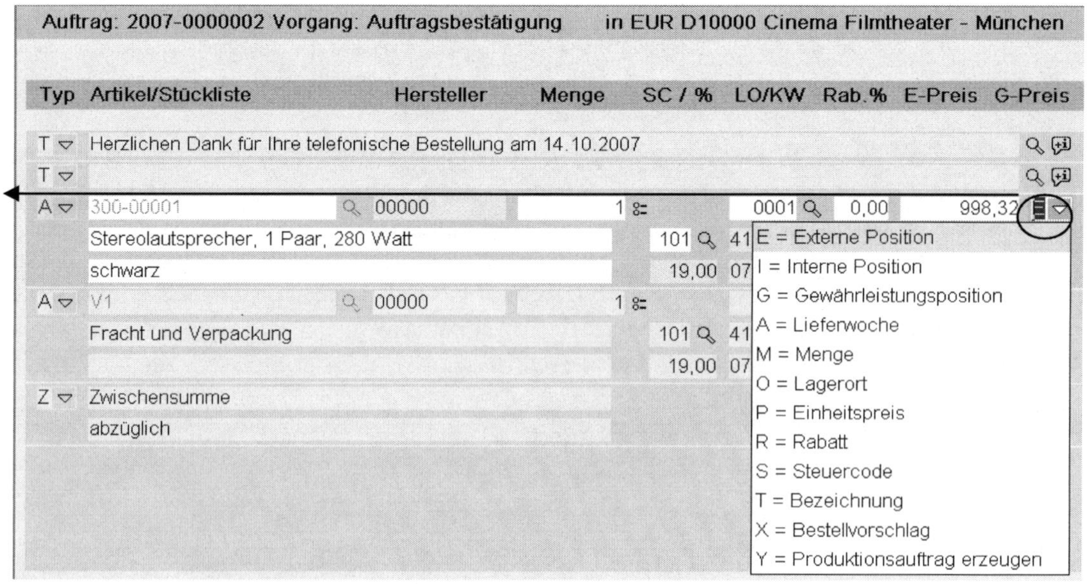

AUFTRAG POSITIONSERFASSUNG. Am Ende einer Positionszeile können Sie über **F2** wieder in alle Felder zurück, um Änderungen vorzunehmen.

[39] Allerdings sollten Sie versuchen, nicht über den Preis zu verkaufen, sondern über Kompetenz und guten Service. Ein Kunde, der mit Ihnen als Verkäufer und mit dem Service Ihrer Firma zufrieden ist, ist in der Regel auch bereit, den Preis dafür zu zahlen. Häufig fragt der Kunde nur automatisch nach einem Rabatt und der Verkäufer ist zu unsicher, um zum Listenpreis zu verkaufen. Denken Sie immer daran: Wenn Sie einem Kunden einmal einen Rabatt gewähren, wird er immer wieder nachfragen.

Neben der Möglichkeit, mit **F3** eine weitere Position einzufügen oder mit **F4** eine Zeile oder Position zu löschen, können Sie auch jedes einzelne Feld einer Position nachträglich ändern. Dazu wählen Sie am Ende der Zeile mit **F2** die gewünschte Option aus. Einige dieser Optionen wollen wir hier näher erläutern:

- **E = Externe Position**: Hierbei handelt es sich um eine ganz normale Position, die den Kunden betrifft und in alle nachfolgenden Vorgänge übernommen wird.
- **I = Interne Position**: Interne Positionen werden nur im Werkstattauftrag und in der Packliste angedruckt. Hier können Sie beispielsweise besondere Verpackungsmaterialien angeben und Ähnliches.
- **O = Lagerort**: Wenn Sie mit unterschiedlichen Lagerorten arbeiten, können Sie auf diesem Weg den gewünschten Lagerort auswählen. Der Artikel wird dann bei der Lieferung auch vom ausgewählten Lagerort abgebucht.
- **X = Bestellvorschlag**: Sie können direkt aus der Auftragsbestätigung heraus für einen oder mehrere Artikel einen Bestellvorschlag erzeugen.
- **Y = Produktionsauftrag erzeugen**: Sie können für Artikel, die selbst hergestellt werden, auch gleich aus der Auftragsbestätigung heraus einen Produktionsauftrag erzeugen.

Die gewünschten Änderungen eingeben, die geänderte Position bestätigen und mit ESC und Übernahme und Sofortdruck den Auftrag speichern. Anschließend steht der Auftrag für Auswertungen und zur weiteren Bearbeitung zur Verfügung.

Fragen zur Lernzielkontrolle

☺ **Testen Sie Ihr Wissen**

1) Wie können Sie ein Angebot in einen Auftrag übernehmen?
2) Können Sie jetzt im Vergleich zum Angebot noch Änderungen vornehmen?
3) Warum sollten Sie nach der Übernahme eines Angebots in einen Auftrag, für das Angebot eine Auswertungssperre zu setzen?
4) Wie erzeugen Sie im Auftrag eine Zwischensumme?
5) Wie können Sie sich im Angebot oder Auftrag eine Kalkulationsübersicht anzeigen?
6) Wann wird für einen neuen Auftrag die Vorgangsnummer vergeben? Warum?
7) Was ist eine "Interne Position" und wofür wird Sie verwendet?
8) Welche weiteren Optionen neben Extern und Intern haben Sie in der Auftragsposition zur Auswahl und welche Bedeutung haben Sie? Erläutern Sie diese Optionen schriftlich.

9) Wie können Sie einzelne Positionen aus anderen Vorgängen in Ihren Auftrag übernehmen?

10) Welche Daten können auf der Seite 2 der Auftragserfassung eingegeben werden? (im Bereich Kopfdaten)

11) Wie wechseln Sie zwischen den beiden Seiten?

Praktische Übungen

Tastaturübungen

1) Übernehmen Sie das Angebot ans Deutsche Theater per 10.10.2007 in einen Auftrag; lassen Sie alle Positionen unverändert und speichern Sie den Auftrag.

2) Erfassen Sie einen neuen Auftrag für unseren Kunden D10000 (Cinema Filmtheater) mit Datum 14.10.2007. Der Kunde hat folgende Artikel zur Selbstabholung bestellt: 1 Paar Lautsprecher. Berechnen Sie außerdem EUR 25,00 für Fracht und Verpackung. Bilden Sie eine Zwischensumme und geben Sie 5% Rabatt.

3) Übernehmen Sie unser Angebot 2007-0000002 vom 07.10.2007 (Cinema Filmtheater) per 16.10.2007 in einen Auftrag; löschen Sie die Position Kurztext. Ändern Sie die Stückzahl der DVD-Player auf 10 und geben Sie auf diese Position zusätzlich 5% Einzelrabatt. Prüfen Sie im Vorgang die Kalkulation des Gesamtauftrages. Wie hoch ist der Rohertrag?

4) Wählen Sie jetzt mit F2 (Suche nach Auftrag) die Übersicht und stimmen Sie Ihre Daten mit der unten aufgeführten Übersicht ab. Korrigieren Sie eventuelle Abweichungen.

EWSQ A
AUFTRAG ÜBERSICHT. Im Feld Auftrag können Sie mit F2 nach einem Vorgang suchen.

Der Lieferschein

Nach der Auftragsbestätigung erfolgt die Lieferung. Dabei sind folgende Konstellationen möglich:

1) Sie erfassen einen Wareneingang, wahlweise in der Lagerbuchhaltung (im Bereich Auftragsbearbeitung) oder im Bestellwesen und liefern anschliessend.

2) Sie liefern sofort und gehen mit dem Lagerbestand ins Minus.

In der Regel wird man erst den Wareneingang erfassen und anschließend die Lieferung, aber es gibt in der Praxis durchaus Situationen, wo bei der Lieferung ins Minus gebucht wird, wenn z.B. die Ware gerade erst angeliefert wurde und ein Teil der Ware mit dem gleichen Spediteur an Ihren Kunden weitergeliefert wird. Dann haben Sie unter Umständen nicht die Zeit, erst den Wareneingang zu erfassen.

Wir wollen uns in diesem Buch ausschließlich auf die Auftragsbearbeitung konzentrieren und akzeptieren dabei, dass der Lagerbestand negativ wird. Wir werden später noch auf die Möglichkeiten der Lagerbuchhaltung eingehen, wenn wir mit der Auftragsbearbeitung und den Auswertungen fertig sind. Dort haben wir ebenfalls die Möglichkeit, Wareneingänge zu erfassen.

Wichtig

Während bei der Auftragsbestätigung lediglich ein Bedarf oder eine Reservierung erzeugt wurde (der verfügbare Bestand hat sich verändert), wird beim Lieferschein der tatsächliche Lagerbestand verändert. In dem Moment, in dem eine Position im Lieferschein erfasst wird, wird der tatsächliche Bestand bereits vom Lager abgebucht. Das ist enorm wichtig, denn wenn mehrere Personen im Netz arbeiten, kann nur so verhindert werden, dass ein und dieselbe Ware für mehrere Kunden verwendet wird, aber letztlich nur einer beliefert werden kann.

Wenn wir eine neue Lieferung zu einem bestehenden Auftrag erfassen, werden automatisch alle Positionen aus dem Auftrag in den Lieferschein übernommen. Noch nicht lieferbare Positionen können mit **F4** gelöscht werden und werden dann automatisch im nächsten Lieferschein wieder vorgeschlagen. **D.h. wir können zu einem Auftrag beliebig viele Teillieferungen erfassen.**

Für die Erfassung einer neuen Lieferung zu einem bestehenden Auftrag wählen wir erst den Auftrag aus und anschließend: **Neue Lieferung**. In unserem Beispiel wählen wir den **Auftrag 2007-0000001 vom 10.10.07** an unseren Kunden Deutsches Theater.

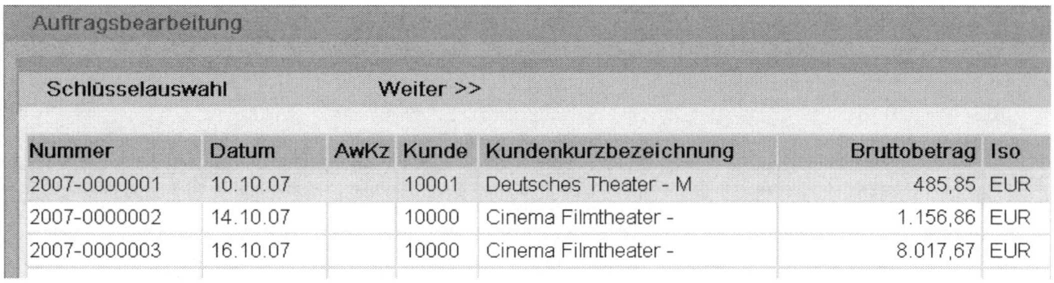

Nummer	Datum	AwKz	Kunde	Kundenkurzbezeichnung	Bruttobetrag	Iso
2007-0000001	10.10.07		10001	Deutsches Theater - M	485,85	EUR
2007-0000002	14.10.07		10000	Cinema Filmtheater -	1.156,86	EUR
2007-0000003	16.10.07		10000	Cinema Filmtheater -	8.017,67	EUR

AUFTRAG ÜBERSICHT. Wählen Sie den Auftrag zu dem Sie einen Lieferschein erfassen wollen.

Auftragsnummer, zu der ein weiterer Vorgang erfasst wird. Über die Auftragsnummer sind alle Vorgänge zu einem Auftrag miteinander verknüpft.

Wichtig ist, dass eine neue Lieferung immer zu der dazugehörigen Auftragsnummer erfasst wird. Wenn Sie einfach eine neue Lieferung erfassen, legt das System im Hintergrund einen neuen Auftrag an.

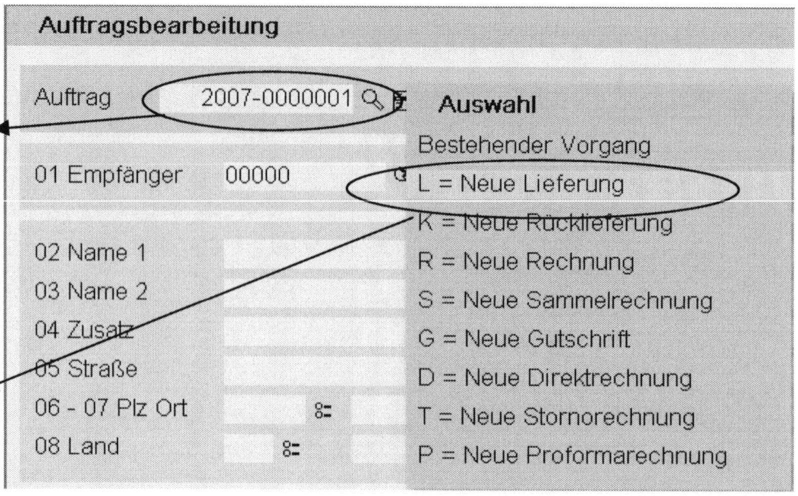

LIEFERUNG ZUM AUFTRAG. Sie können zu jedem Auftrag eine oder mehrere Lieferungen erfassen.

Wenn Sie nicht sicher sind, ob Sie zu einem Auftrag schon einen Lieferschein erfasst haben, wählen Sie einfach "Bestehender Vorgang". Dann werden alle Vorgänge zu diesem Auftrag angezeigt. In unserem Beispiel ist das nur die Auftragsbestätigung.

Hier sehen Sie die Auftragsnummer, zu der ein neuer Vorgang erfasst wird.

Lieferung neu. Auch hier wird die Lieferscheinnummer erst bei der Übernahme erzeugt.

Prüfen Sie, dass im Feld Versand UPS eingetragen ist; wenn Sie das nicht schon in der Auftragsbestätigung gemacht haben, bitte jetzt entsprechend ändern.

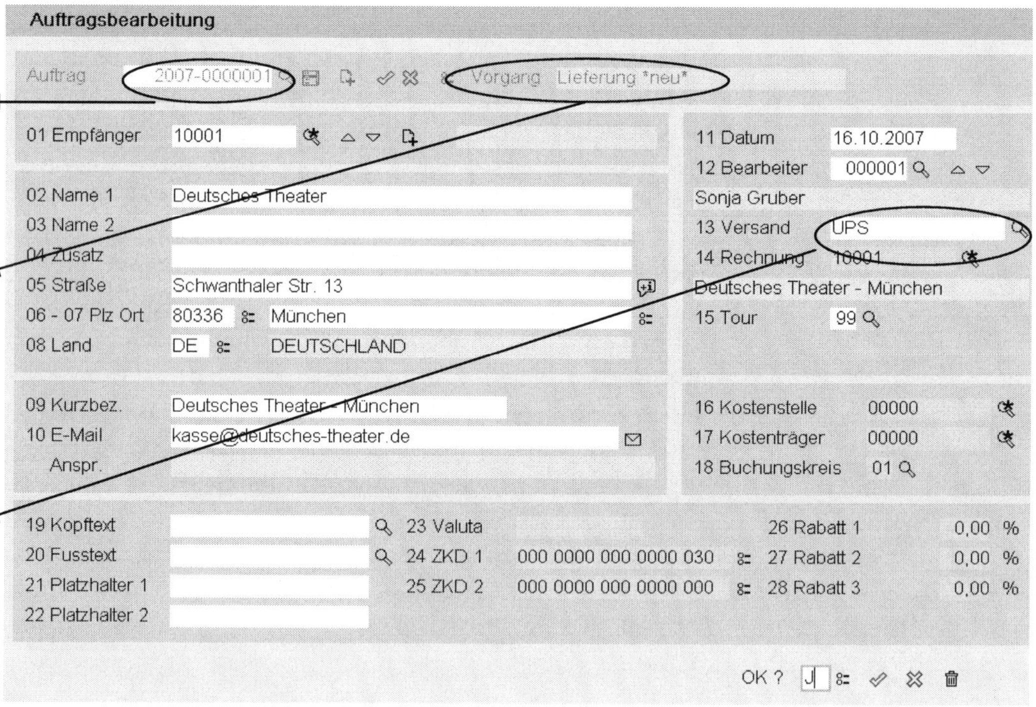

KOPFDATEN LIEFERSCHEIN. Prüfen Sie hier insbesondere die Lieferanschrift und das Versand Kennzeichen im Feld 13.

Wir erfassen die Lieferung mit Datum 16.10.2007. Änderungen für die Lieferung sind nicht erforderlich, sofern Sie bereits in der Auftragserfassung die Versandart korrekt erfasst haben. Bestätigen Sie, um in die Positionserfassung zu gelangen[40].

---

[40] Optional können Sie auch schon bei der Auftragserfassung eine Packliste drucken und mit Hilfe der Packliste die Ware im Lager packen. Dann geht die abgezeichnete Packliste zurück in die Auftragsbearbeitung und der Lieferschein wird an Hand der abgezeichneten Packliste erstellt / geprüft.

In der Kopfzeile sehen Sie, welchen Vorgang Sie gerade bearbeiten und den dazugehörigen Auftrag.

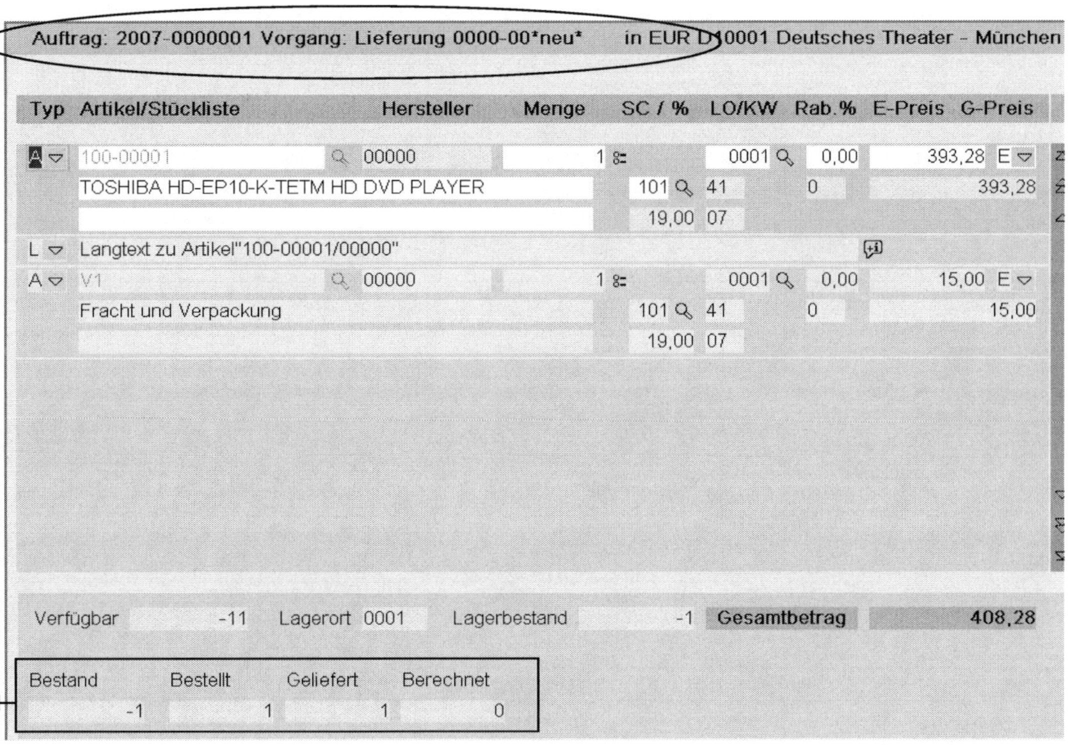

Sobald eine Position geliefert wird, ändert sich auch der Status der Position im dazugehörigen Auftrag. In unserem Fall fehlt jetzt nur noch die Berechnung.

LIEFERSCHEIN - POSTIONSERFASSUNG. Es gelten dieselben Regeln, wie bei der Auftragserfassung. Die Preise werden nur am Bildschirm angezeigt, im Lieferschein aber nicht gedruckt.

Beim Aufruf der Positionserfassung werden erst einmal alle Positionen aus dem Auftrag übernommen. Mit **F4** können Sie Positionen löschen, die noch nicht geliefert werden. Sollten Sie einmal zuviel gelöscht haben, ist es am Einfachsten, die Erfassung zu verwerfen und den Lieferschein noch einmal neu zu erfassen. Jetzt noch Übernahme und Sofortdruck und schon ist unser erster Lieferschein fertig.

Optional können Sie auch im Lieferschein noch zusätzliche Positionen ergänzen. Diese werden dann automatisch auch in der Auftragsbestätigung ergänzt.

Musikladen GmbH
Rosenstr. 3
85238 Petershausen

Tel.: 08137-05227
Tel.: 08137-05227

> Statt die nicht gelieferten Positionen zu löschen, können Sie auch die Menge auf 0 setzen und die noch nicht gelieferten Positionen optional mit andrucken. Dann sieht der Kunde sofort, was noch nachgeliefert wird.

Deutsches Theater
Schwanthaler Str. 13
80336 München

LIEFERSCHEIN

Nummer : 2007-0000001
Datum : 16.10.2007
Kunde : 10001
Auftrag : 2007-0000001
Datum : 10.10.2007

Pos.	Artikelnummer Bezeichnung	LO	ME	Bestellmenge	Liefermenge	Restmenge
1	100-00001 TOSHIBA HD-EP10-K-TETM HD DVD PLAYER	0001	Stck	1	1	0,000
2	V1 Fracht und Verpackung	0001	Psch	1	1	0,000

Zu Position 1:

Wiedergabe von:	DVD, DVD-R, DVD-RW HD-DVD CD, CD-R, CD-RW
Farbe:	Schwarz
Abm.:	(B xH x T) 430 x 65.5 x 345 mm
Anschlüsse:	2 Kanal Audio (Analog) Digital Audio (optisch) Komponenten Video Ausgang Composite Video Ausgang S-Video Ausgang HDMI Ethernet Anschluss (RJ45) 2 x Erweiterungsanschlüsse

LIEFERSCHEIN. Im Lieferschein werden nur Mengen, keine Preise angedruckt.

Fragen zur Lernzielkontrolle

☺ **Testen Sie Ihr Wissen**

1) Was passiert beim erfassen eines Lieferscheines mit dem Lagerbestand des erfassten Artikels?
2) Warum erfolgt die Bestandsveränderung nicht erst beim Druck?
3) Was wird im Lieferschein nicht gedruckt, obwohl es am Bildschirm angezeigt wird?
4) Erläutern Sie Ihre Vorgehensweise, wenn Sie zu einem bestehenden Auftrag eine Lieferung erfassen wollen.
5) Was würde passieren, wenn Sie einfach eine neue Lieferung erfassen, ohne vorher den dazugehörigen Auftrag auszuwählen?

Praktische Übungen

1) Liefern Sie für den Auftrag 2007-0000001 am 16.10.2007 Position 1 und Frachtkosten.

2) Liefern Sie am 18.10.2007 für den Auftrag 2007-0000002 alle Positionen und reduzieren Sie die Liefermenge 2 Positionen um 50%. (Der Rest wird später nachgeliefert).

Die Rechnung

Bei der Rechnung unterscheiden wir 4 verschiedene Arten von Rechnungen; wir wollen vorab erst einmal die Unterschiede erklären:

- **Rechnung**: Die Rechnung ist der Folgevorgang für den Lieferschein. In der Rechnung wird die gelieferte Ware berechnet und die Rechnungsdaten für die Finanzbuchhaltung zur Verfügung gestellt. Eine Bestandsveränderung erfolgt nicht (der Bestand wurde ja bereits durch den Lieferschein verändert).

🗁 Wichtig

- **Direktrechnung**: Die Direktrechnung ist **Lieferschein und Rechnung in einem Vorgang**, d.h. **hier wird auch gleich der Bestand verändert**. Verwenden Sie als niemals eine Direktrechnung in Kombination mit einem Lieferschein, sonst werden die Bestandsveränderungen 2x gebucht.

- **Proformarechnung**: Die Proformarechnung hat im System keinerlei Auswirkungen; sie hat rein informativen Charakter. Sie findet Verwendung im Export, wo der Kunde in der Regel vorab eine Rechnung benötigt, um die Zollpapiere zu besorgen. Sonst geht bei der Ankunft der Lieferung zu viel Zeit verloren. Die Proformarechnung wird auch benötigt, wenn mit dem Kunden Vorkasse vereinbart ist und die Zahlung länger dauert. In diesem Fall wird die eigentliche Rechnung erst geschrieben, nachdem die Zahlung eingegangen ist.

- **Sammelrechnung**: Die Sammelrechnung ist eine besondere Form der Rechnungsstellung. Hier können Lieferungen aus unterschiedlichen Aufträgen zu einer Sammelrechnung zusammengefasst werden. So etwas ist sinnvoll, wenn z.B. monatliche Rechnungsstellung vereinbart ist und Sie für den Kunden nahezu täglich Lieferungen haben oder Dienstleistungen erbringen. Dann wird jedes Mal ein neuer Lieferschein geschrieben und am Monatsende werden dann alle Lieferscheine in einer Sammelrechnung zusammengefasst. Der Unterschied zur Rechnung besteht darin, dass in der Sammelrechnung jede Lieferung separat mit allen Positionen aufgeführt wird und Sie **Lieferungen aus verschiedenen Aufträgen zusammenfassen können**. Bei einer Rechnung dagegen können nur Lieferungen aus **einem Auftrag** abgerechnet werden.

Wird zu einem bestehenden Auftrag eine Rechnung erfasst, so werden in der Rechnung automatisch **alle bereits gelieferten Positionen** vorgeschlagen, unabhängig davon, ob es sich dabei um eine oder mehrere Lieferungen handelt.

Dabei werden die Positionen aus den einzelnen Lieferscheinen einfach zusammengefasst.[41]

Wählen Sie den **Auftrag 2007-0000001** und anschließend **Neue Rechnung**, um alle Lieferungen für diesen Auftrag zu berechnen.

Mit der Auswahl **Neue Rechnung** werden alle bereits gelieferten Positionen des ausgewählten Auftrags berechnet.

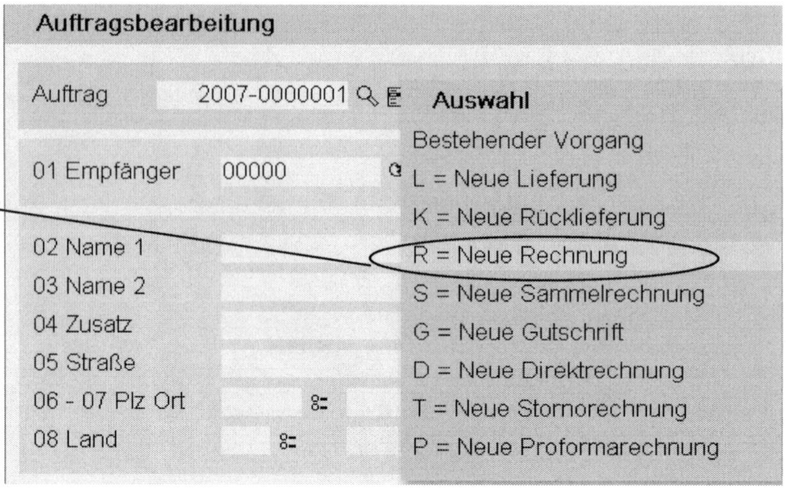

NEUE RECHNUNG. Mit der Rechnung werden automatisch alle bereits gelieferten Positionen abgerechnet.

Wählen Sie als Rechnungsdatum den 18.10.2007.

Prüfen Sie noch einmal die Zahlungskonditionen. Änderungen sind für jede Rechnung möglich.

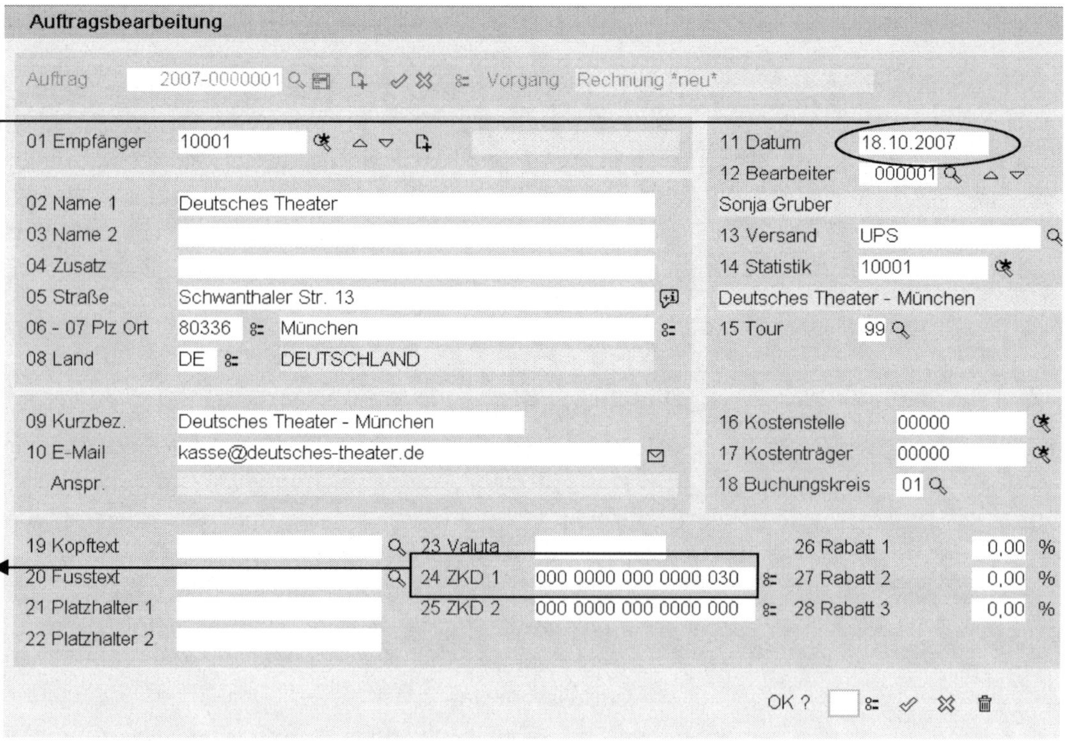

RECHNUNG - KOPFDATEN. In der Rechnung werden jetzt alle bereits gelieferten Positionen aus diesem Auftrag zur Berechnung vorgeschlagen, unabhängig davon, ob es einen, oder mehrere Lieferscheine zu diesem Auftrag gibt.

---

[41] Es gibt allerdings seit der Classic Line 3.4 in den Grundlagen die Möglichkeit, die Einstellungen so zu wählen, dass auch in der Einzelrechnung alle wichtigen Informationen aus den einzelnen Lieferscheinen übernommen werden. Wie das geht, können Sie am Ende dieses Schulungshandbuches unter Tipps und Tricks nachlesen.

Seit der Version 2007 wurde der Steuerschlüssel von 2 auf 3 Stellen erweitert und der dazugehörige Steuersatz (hier 19%) wird jetzt bei jeder Position am Bildschirm im Klartext angezeigt und kann optional auch angedruckt werden.[42]

Neu seit der Classic Line 2007: unter dem Steuerschlüssel wird der Steuersatz angezeigt.

Diese Position ist mit Druck der Rechnung erledigt; die bestellte Menge wurde geliefert und berechnet.

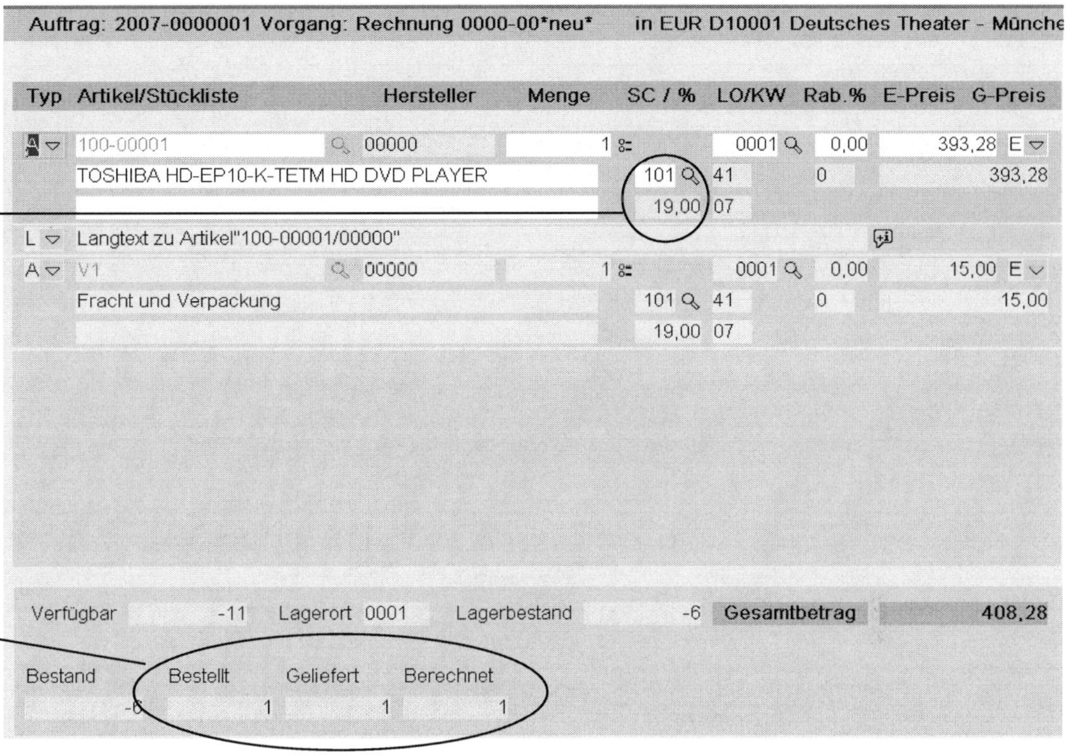

RECHNUNG - POSITIONSERFASSUNG. In der Rechnung finden wir jetzt alle bereits gelieferten Positionen aus unserem Auftrag.

🗁 **Wichtig**

Im Gegensatz zur Auftragsbestätigung und zum Lieferschein, ist bei der Rechnung die Bildschirmanzeige oder nur die Übernahme für die Vergabe einer Rechnungsnummer nicht ausreichend. Hier wird die Nummer erst vergeben, wenn wirklich ein Druck erfolgt. Wenn Sie an Ihrem Übungs-PC keine Druckmöglichkeit haben, können Sie sich mit einem Trick behelfen:

Mit diesem Kurzbefehl können Sie die Druckeinstellungen auch jederzeit direkt aufrufen.

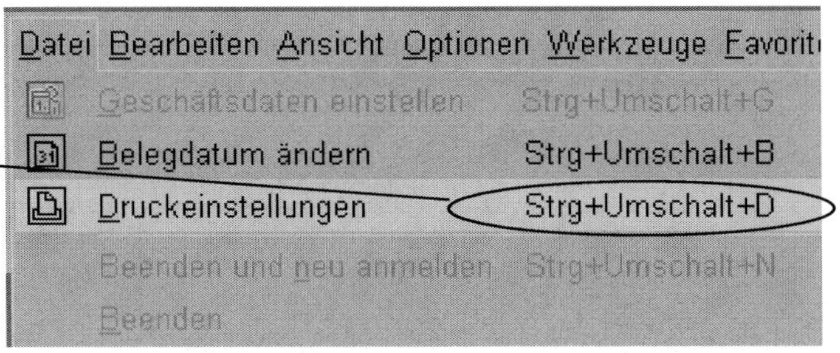

DRUCKEINSTELLUNGEN. Unter Alt-D können Sie die Druckeinstellungen ändern.

Alternativ können Sie auch mit der Maus arbeiten oder den Kurzbefehl **Strg+Umschalt+D** verwenden.

---

42 Wenn Sie neben dem Steuerschlüssel je Position auch den Steuersatz in der Rechnung mit andrucken wollen, müssen Sie das dazugehörige Feld im Formular ergänzen.

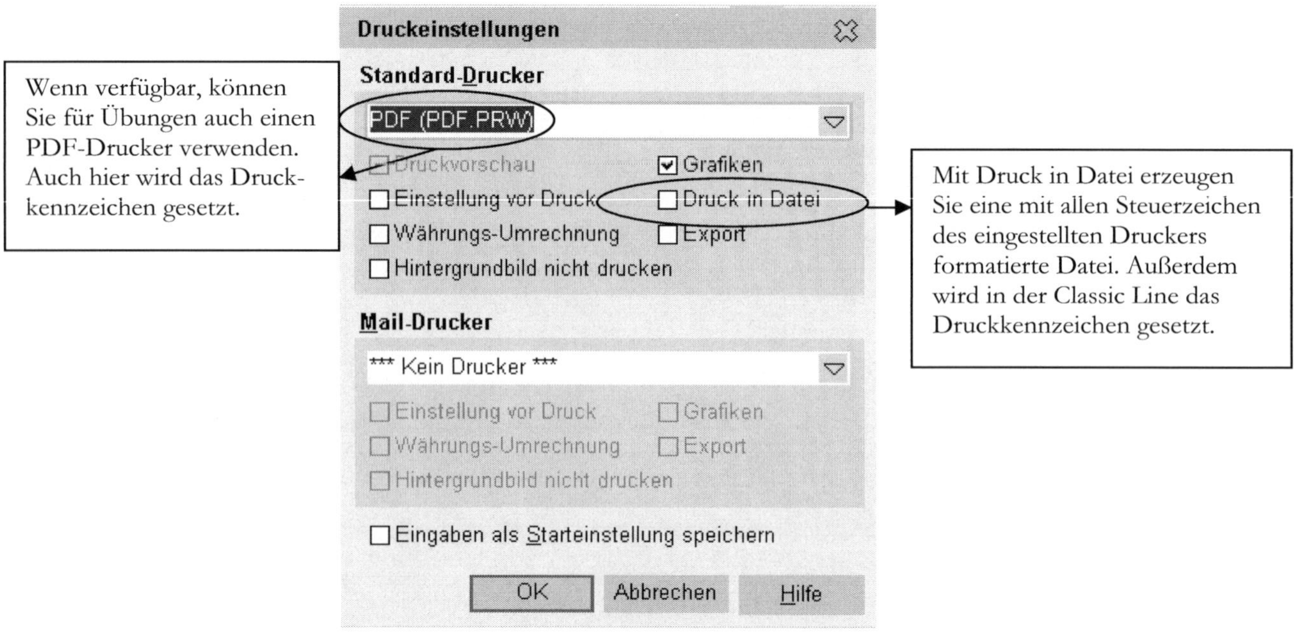

DRUCKEINSTELLUNGEN ÄNDERN. Wenn an Ihrem PC kein PDF eingerichtet ist, setzen Sie hier zusätzlich das Häkchen für Druck in Datei.

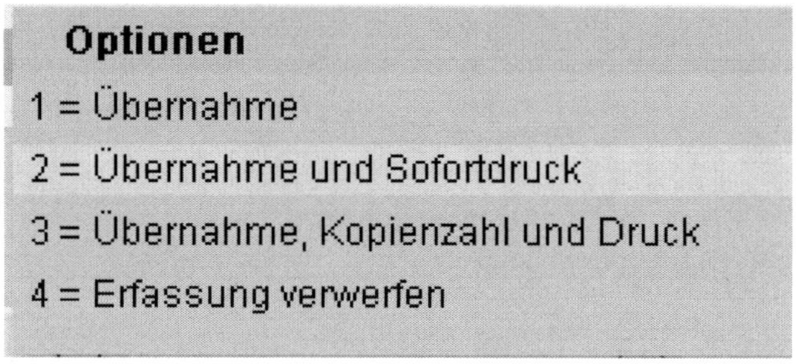

ÜBERNAHME UND SOFORTDRUCK.

Wählen Sie jetzt die 2, Übernahme und Sofortdruck, um eine Rechnungsnummer zu erzeugen und das Druckkennzeichen zu setzen.

Musikladen GmbH
Rosenstr. 3
85238 Petershausen

Tel.: 08137-05227
Tel.: 08137-05227

RECHNUNG

Nummer : 2007-0000001
Datum : 18.10.2007

Deutsches Theater
Schwanthaler Str. 13
80336 München

Kunde : 10001
Auftrag : 2007-0000001
Datum : 10.10.2007
UStIdNr. :

> In jedem Vorgang haben Sie auch immer eine Verknüpfung zum dazugehörigen Auftrag. D.h. über die Auftragsnummer werden alle Vorgänge eines Auftrages zusammengeführt.

Pos.	Artikelnummer	Menge	E-Preis	PE	G-Preis	S
1	100-00001 TOSHIBA HD-EP10-K-TETM HD DVD PLAYER	1 Stck	393,28		393,28	1

Wiedergabe von: DVD, DVD-R, DVD-RW
HD-DVD
CD, CD-R, CD-RW
Farbe: Schwarz
Abm.: (B xH x T) 430 x 65.5 x 345 mm
Anschlüsse: 2 Kanal Audio (Analog)
Digital Audio (optisch)
Komponenten Video Ausgang
Composite Video Ausgang
S-Video Ausgang
HDMI
Ethernet Anschluss (RJ45)
2 x Erweiterungsanschlüsse

Pos.	Artikelnummer	Menge	E-Preis	PE	G-Preis	S
2	V1 Fracht und Verpackung	1 Psch	15,00		15,00	1

RECHNUNG TEIL 1. Für die bessere Übersicht haben wir die Rechnung in 2 Teile zerlegt.

> Um es für den Kunden übersichtlicher zu gestalten, werden neben den Zahlungsterminen auch gleich die Beträge mit angedruckt.

Netto USt. 1	USt. 19,00%	Netto USt. 2	USt.	%	Netto USt. 0	Endbetrag
408,28	77,57				Euro	485,85

30 Tage netto
Zahlung bis 17.11.07 = Euro 485,85

RECHNUNG TEIL 2. In der Rechnung werden die Zahlungskonditionen mit Fälligkeitsdatum und Zahlbetrag dargestellt.

Neuerungen in der Rechnungsstellung seit 2004

Im Bereich der Rechnungsstellung gibt es wieder einige gesetzliche Neuerungen. Seit diesem Jahr ist es erforderlich, dass in der Rechnung auch das Lieferdatum mit angedruckt wird. Ebenfalls erforderlich ist der Ausweis der gewährten Skonti auf der Rechnung. Bei Stornos und Gutschriften ist die Steuernummer des Empfängers mit anzugeben.

Drücken Sie **ENTER** oder klicken Sie mit der Maus auf das Druckersymbol, um den Ausdruck zu starten.

In der Version 3.4 schlägt das Programm automatisch den Ordner Dokumente vor. Dieser wird bei der Neuanlage eines Mandanten vom Programm im Mandantenverzeichnis angelegt.

Vergeben Sie einen beliebigen Namen für die Druckdatei.

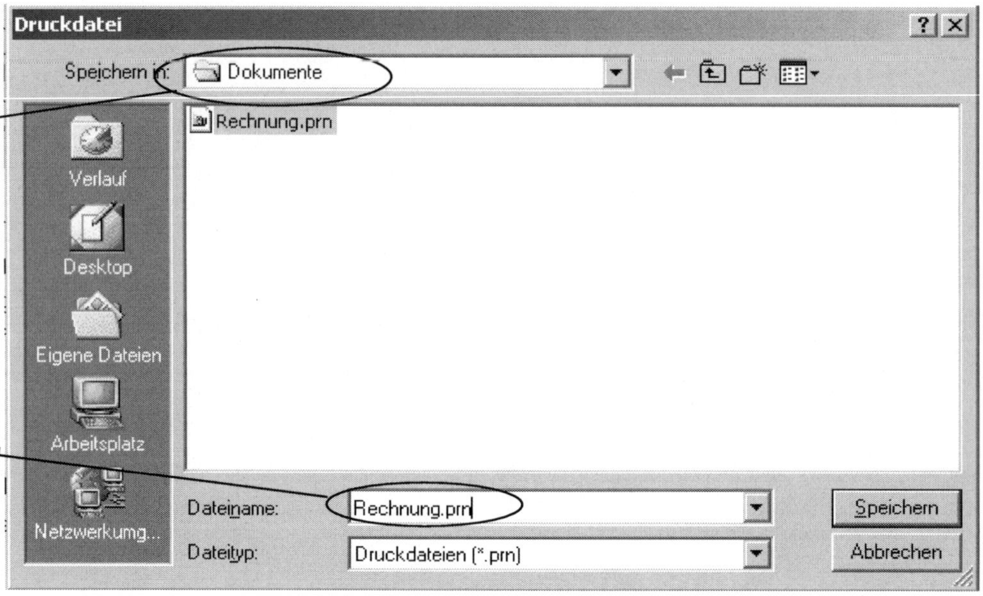

DRUCKDATEI ERZEUGEN. Beim Druck in Datei haben Sie die Möglichkeit, einen beliebigen Dateinamen zu vergeben.[43]

Beim Druck in eine Datei passiert Folgendes: Die gewünschte Auswertung wird mit allen für den eingestellten Drucker erforderlichen Druck- und Formatierungskennzeichen in eine Datei gedruckt. Diese Druckdatei hat die Endung *.prn und kann später durch Kopie auf den Drucker jederzeit ausgedruckt werden. Programm intern wird das Druckkennzeichen gesetzt und der Vorgang kann in der Classic Line auf der nächsten Stufe weiterverarbeitet werden.

📖 **Praxistipp**

Alternativ können Sie sich einen PDF-Drucker installieren (z.B. PDF-Mailer) und statt einer Druckdatei eine PDF-Datei erzeugen; diese Variante hat den Vorteil, dass ein PDF-Datei auch per Mail verschickt werden kann und an jedem Arbeitsplatz und mit jedem beliebigen Drucker ausgedruckt werden kann.

Lernzielkontrolle

☺ **Testen Sie Ihr Wissen**

1) Was ist eine Proformarechnung?
2) Worin liegt der Unterschied zwischen einer Rechnung und einer Direktrechnung?
3) Wenn Sie zu einem bestehenden Auftrag eine neue Rechnung aufrufen, welche Positionen werden dann automatisch in den Vorgang übernommen?
4) Wie sieht es bei der Direktrechnung aus?

---

[43] Im Standard wird zum Speichern der Druckdatei der Ordner angezeigt, den Sie zuletzt benutzt haben. Wählen Sie einmalig einen Ordner aus, z.B. Dokumente im Mandantenordner (**...Sage → CL → BS → 40 → DAT → 200**). Sie können natürlich zum Speichern auch jeden beliebigen anderen Ordner auf Ihrem Rechner auswählen.

5) Was ist eine Sammelrechnung?

6) Wann bietet es sich an, mit dem Kennzeichen "Druck in Datei" zu arbeiten? Was passiert dabei im Programm?

7) Was hat sich in der Bildschirmansicht der Auftragserfassung in der Version 2007 geändert?

Praktische Übungen

Tastaturübungen

1) Erfassen Sie eine Rechnung zum Auftrag 2007-000001 vom 10.10.07 (Deutsches Theater) mit Datum 18.10.07.

2) Berechnen Sie die zu Auftrag 2007-000003 vom 16.10.07 (Cinema) erfaßte Teillieferung mit Datum 19.10.07.

3) Erstellen Sie zum Auftrag 2007-000002 vom 14.10.07 eine Direktrechnung mit Datum 20.10.07.

4) Erfassen Sie für unseren Kunden Deutsches Theater (D10001) eine neue Direktrechnung mit Datum 22.10.07 über einen DVD-Player. Berechnen Sie für den Versand EUR 10,00. Wählen Sie dazu im Feld Auftrag mit **F10** einen neuen Vorgang und erfassen Sie sofort die Direktrechnung.

Wenn Sie nach der Erfassung Ihrer Direktrechnung nochmals in die Auftragsübersicht gehen (**F2** im Feld Auftrag) dann stellen Sie fest, dass das Programm im Hintergrund automatisch einen Auftrag zur Direktrechnung angelegt hat.

Dieser Auftrag wurde durch die Erfassung unserer neuen Direktrechnung vom System automatisch angelegt.

Auftragsbearbeitung

Schlüsselauswahl   Weiter >>

Nummer	Datum	AwKz	Kunde	Kundenkurzbezeichnung	Bruttobetrag	Iso	O
2007-0000001	10.10.07		10001	Deutsches Theater - M	485,85	EUR	0
2007-0000002	14.10.07		10000	Cinema Filmtheater -	1.156,86	EUR	0
2007-0000003	16.10.07		10000	Cinema Filmtheater -	8.017,67	EUR	0
2007-0000004	22.10.07		10001	Deutsches Theater - M	479,90	EUR	0

AUSWAHL AUFTRÄGE. Sie sehen nach der Erfassung der neuen Direktrechnung, dass die Classic Line für diese Rechnung automatisch einen Auftrag angelegt hat.

Egal, ob Sie mit einer Auftragsbestätigung anfangen, gleich einen Lieferschein schreiben oder eine Direktrechnung, das System legt immer im Hintergrund einen Auftrag an. Im Auftrag laufen dann alle Informationen zusammen.

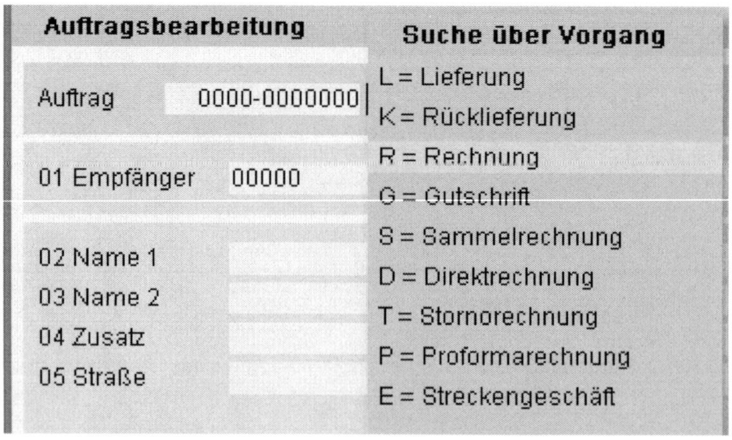

Über **F3** haben Sie die Möglichkeit, nach einem bestimmten Vorgang zu suchen, z.B. einer Rechnung, einem Lieferschein,...

Gutschrift / Stornorechnung

Unabhängig davon, ob es möglich ist, oder nicht, sollten Sie generell keine Rechnung mehr ändern, die Ihr Haus bereits verlassen hat. Auch dann nicht, wenn Sie nur die Anschrift ändern wollen. Dann lieber ganz korrekt stornieren und neu berechnen, denn dann können Sie später selbst auch jederzeit nachvollziehen, was im Einzelnen abgelaufen ist.

Es gibt im Wesentlichen 3 Situationen, in denen nachträglich eine bereits gestellte Rechnung zu korrigieren ist:

1) Der Preis wird nachträglich verringert, weil zu viel berechnet wurde, man versäumt hat, einen vereinbarten Rabatt oder Sonderpreis zu berücksichtigen oder die Ware einen kleinen Mangel aufweist und man sich auf eine Minderung des Kaufpreises einigt. Die Ware bleibt beim Kunden.

2) Der Kunde schickt die Ware zurück, weil Sie falsch geliefert wurde oder so stark beschädigt ist, dass eine Verwendung für den Kunden nicht in Frage kommt.

3) Die Rechnungsanschrift ist fehlerhaft oder die Rechnung soll auf eine andere Firma ausgestellt werden.

In diesen Fällen können wir eine Gutschrift oder eine Stornorechnung erstellen. Während bei der Gutschrift generell nur Beträge korrigiert werden, ist es bei der Stornorechnung möglich, auch Mengen zu korrigieren, d.h. die Ware gleich automatisch auf unser Lager zurückzubuchen.

📖 **Praxistipp**

Sowohl für die Gutschrift als auch für die Stornorechnung[44] gilt: sie beziehen sich auf eine von uns gestellte Rechnung und dieser Bezug wird bei der Erfassung einge-

[44] Seit dem 01.01.2004 sind Sie verpflichtet, bei Stornos und Gutschriften die Steuernummer des Empfängers mit anzugeben. Wenn Sie die Steuernummer Ihrer Kunden generell erfassen und automatisch in die Formulare Gutschrift und Stornorechnung einbinden wollen, besteht die Möglichkeit, im Kundenstamm entsprechende individuelle Felder anzulegen und die Daten dort zu erfassen.

geben. Bei der Übergabe in die Finanzbuchhaltung mindert die Gutschrift dann automatisch den Rechnungs-OP[45].

Wir stornieren die Direktrechnung 2007-0000004 vom 22.10.2007 an unseren Kunden Deutsches Theater. Grund: die Ware kam zurück, weil der Kunde den falschen Artikel bestellt hat. In diesem Fall ist die Ware noch original verpackt und unbeschädigt und kann deshalb gleich wieder auf unser Lager zurückgebucht werden.

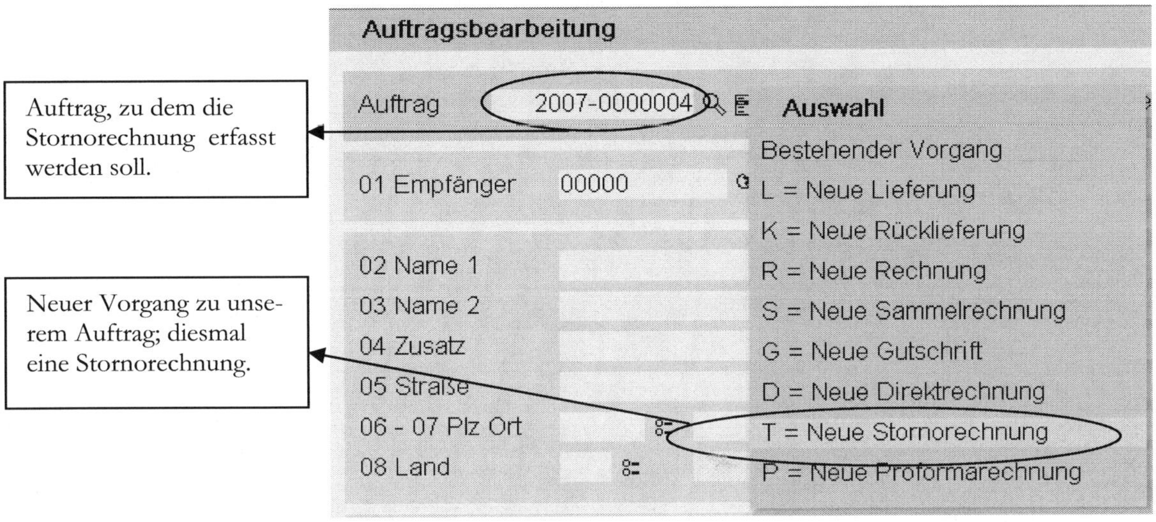

STORNORECHNUNG. Die Stornorechnung wird zum bestehenden Auftrag erfasst.

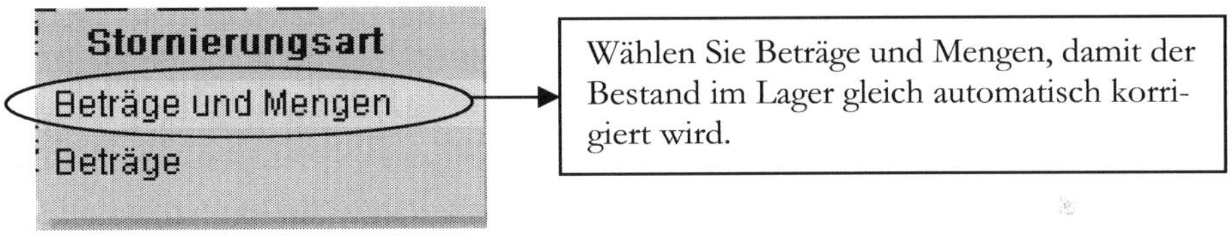

STORNIERUNGSART. In unserem Beispiel Mengen und Beträge.

Wenn Sie die Neue Stornorechnung ausgewählt haben, können Sie entweder die betroffene Rechnung manuell eingeben und alle Positionen manuell erfassen, oder einfach die betreffenden Positionen aus der Rechnung kopieren. Wir tragen im Feld Datum den 25.10.2007 ein.

---

[45] Inzwischen ist es in der Classic Line auch möglich, einzustellen, dass Gutschriften und Stornos generell mit einer eigenen OP-Nummer in die Finanzbuchhaltung übergeben werden und nicht automatisch den Rechnungs-OP mindern. Das ist insbesondere dann die bessere Lösung, wenn die Rechnung bereits bezahlt wurde.

Geben Sie in der OK-Abfrage ein **P** für Positionsübernahme ein, um die Daten automatisch aus der Rechnung zu übernehmen. Das geht schneller und hilft, Fehler zu vermeiden.

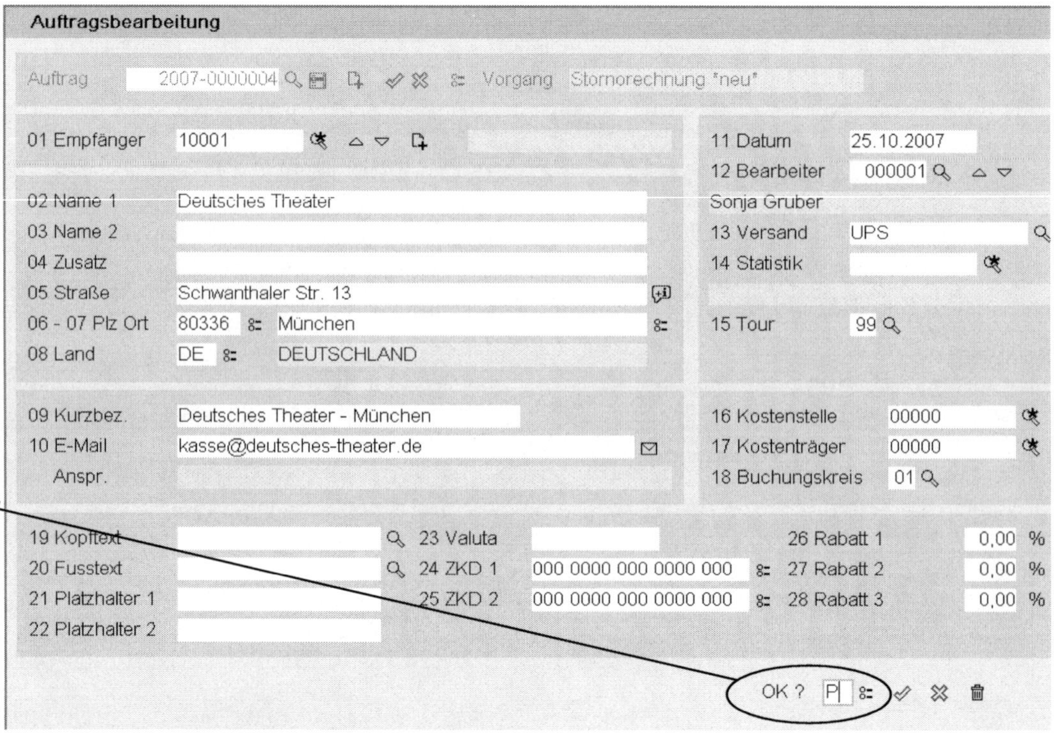

STORNO IM ÜBERBLICK. Geben Sie in der OK-Abfrage ein P ein und bestätigen Sie.

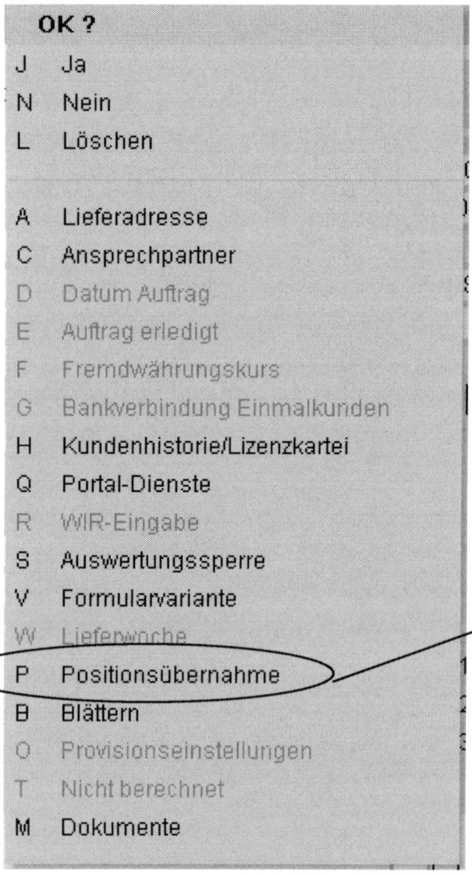

Bei der Positionsübernahme können Sie auswählen, aus welchem Vorgang Sie die Daten übernehmen wollen. Am einfachsten ist es hier, die Daten aus der zughörigen Rechnung zu übernehmen.

AUSWAHL IN DER OK-ABFRAGE. In der OK-Abfrage können Sie die Positionsübernahme auswählen.

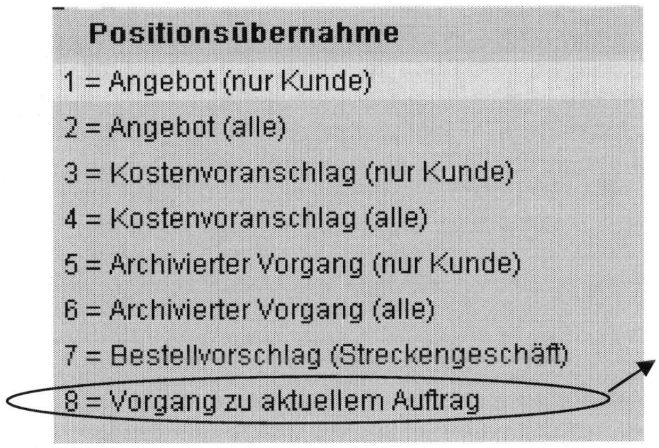

Mit dieser Option können Sie aus jedem beliebigen Vorgang Positionen in einen anderen Vorgang übernehmen.

POSITIONSÜBERNAHME. Wir wählen Vorgang zu aktuellem Auftrag.

Durch die Positionsübernahme erreichen wir zweierlei: zum Einen ist es weniger Arbeit, die Positionen automatisch zu übernehmen, zum Anderen vermeiden wir Fehler bei der Eingabe. Wenn Sie nur einzelne Positionen stornieren wollen, können Sie die restlichen Posten in der Stornorechnung jederzeit mit **F4** löschen.

Wir wählen in diesem Fall die Direktrechnung aus. Das System übernimmt damit sowohl die Rechnungsnummer, als auch alle Positionen aus dem Vorgang.

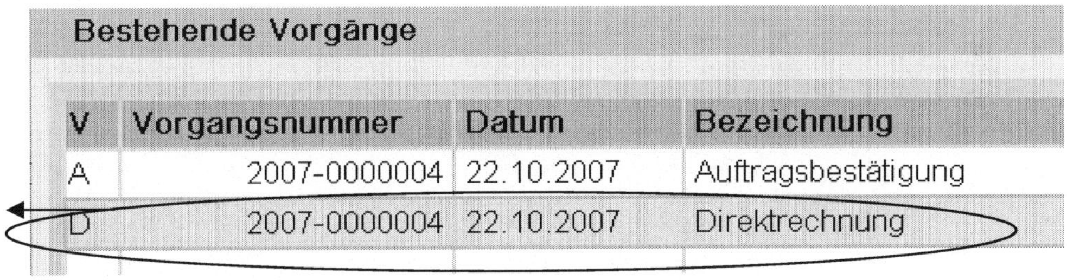

BESTEHENDE VORGÄNGE. Wir wählen die Direktrechnung.

Im Feld ab Rate ist nur eine Eingabe erforderlich, wenn in der Rechnung eine Teilzahlungsvereinbarung getroffen wurde.

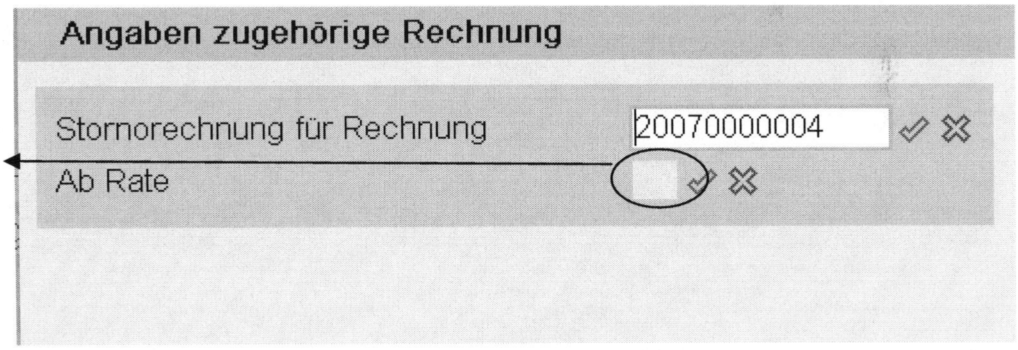

ANGABEN ZUR RECHNUNG. Durch die Positionsübernahme ist bereits die richtige Rechnungsnummer eingetragen.

Ein weiterer Vorteil der Positionsübernahme aus der Rechnung ist, dass das Programm automatisch die Verknüpfung herstellt und später bei der Übergabe in die Finanzbuchhaltung diesen Rechnungs-OP auch entsprechend kürzt. Bei manueller Positionserfassung müssen Sie auch manuell die dazugehörige Rechnung erfassen. Dabei können sich Fehler einschleichen und ohne die Verknüpfung mit der Rechnung ist der ganze Vorgang später nicht mehr so einfach nachvollziebar.

Bitte denken Sie daran, bei Stornos und Gutschriften die Steuernummer Ihres Kunden anzugeben.

Durch das Storno werden die Positionen geliefert und berechnet wieder zurückgesetzt; d.h. diese Positionen sind im Auftrag jetzt wieder offen.

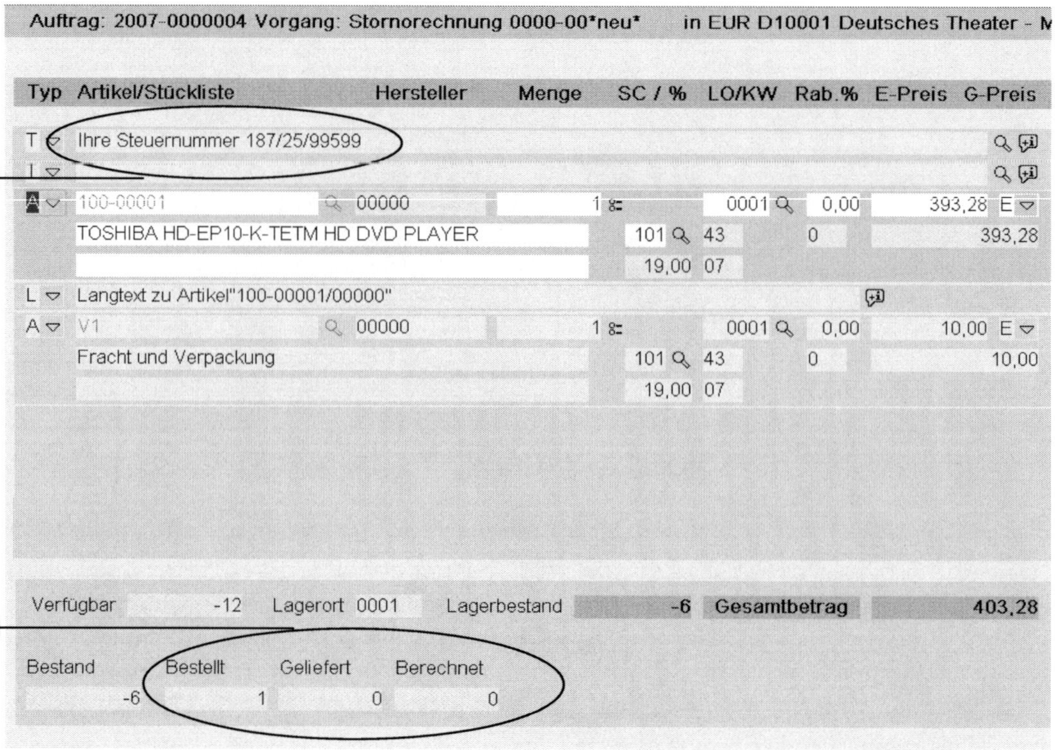

STORNORECHNUNG. Bei Erfassung einer Stornorechnung werden die stornierten Positionen im Auftrag automatisch zurückgesetzt.

Auch hier, in der Stornorechnung, haben wir wieder die Verknüpfung zu unserem Auftrag. Bitte denken Sie bei der Stornorechnung daran, die Steuernummer des Kunden mit anzugeben.

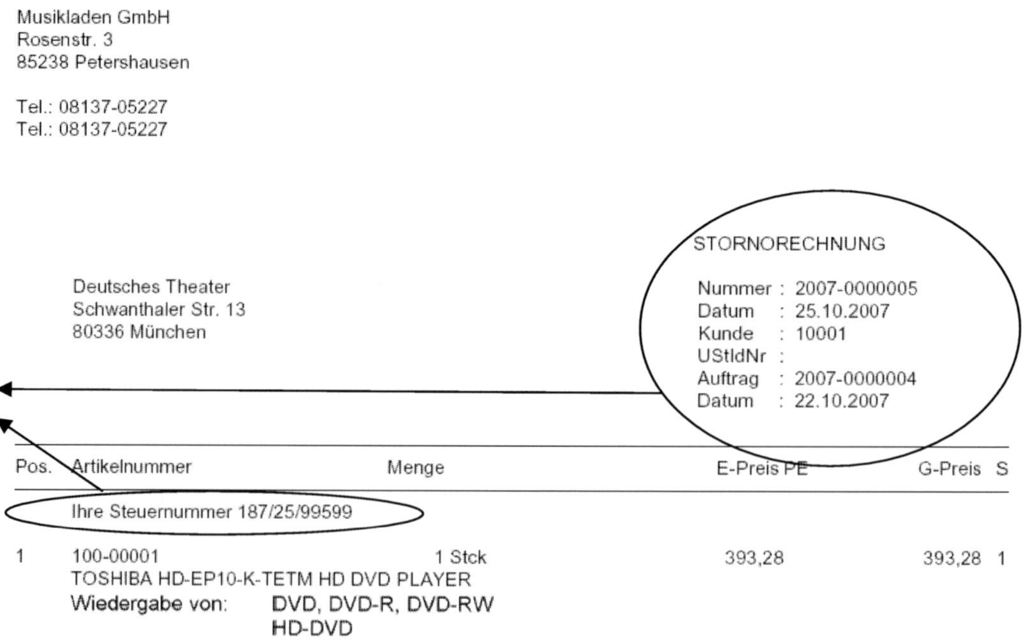

STORNORECHNUNG. In der Stornorechnung haben Sie auch wieder die Verknüpfung zum Auftrag.

Sie können auch im Kundenstamm generell bei allen Kunden die Umsatzsteuer Identnummer erfassen und diese in den Formularen Gutschrift und Stornorechnung automatisch einbinden, soweit Ihr Kunde eine hat.

Praxistipp

Alternativ besteht die Möglichkeit, über die Option Zusatzdaten im Kundenstamm ein eigenes Feld für die Steuernummer des Kunden anzulegen und dieses dann auch in die Formulare einzubinden.

Für die Praxis gilt es, 2 Punkte zu klären:

Sollen wirklich alle Positionen storniert / gutgeschrieben werden? Das ist in erster Linie davon abhängig, warum die Rücklieferung erfolgt ist; war es unser Fehler (z.B. falsches Produkt geliefert) dann werden wir mit Sicherheit auch die Fracht gutschreiben. Liegt der Fehler beim Kunden (z.B. falschen Artikel bestellt) ist es eine Frage der Kulanz, wie mit den Frachtkosten verfahren wird.[46]

Der zweite Punkt ist die Frage: soll es eine Ersatzlieferung geben? Wenn ja, ist mit der neuen Lieferung und Rechnung unser Auftrag wieder erledigt, wenn nein bleibt er offen und bläht meine Auswertungen auf. In diesem Fall müssen Sie den Auftrag manuell auf erledigt setzen und dem System dadurch mitteilen, dass dieser Vorgang abgeschlossen ist.

Lernzielkontrolle

☺ **Testen Sie Ihr Wissen**

1) Was ist der Unterschied zwischen Gutschrift und Stornorechnung?
2) Wie funktioniert die Positionsübernahme?
3) Wo liegen die Vorteile der automatischen Positionsübernahme?

Praktische Übungen

Tastaturübungen

1) Stornieren Sie die Direktrechnung 2007-0000004 vom 22.10.07 per 25.10.07 mit allen Positionen.

[46] Sie sollten bei solchen Fragen immer folgendes im Hinterkopf haben: Ihre Firma erbringt eine Leistung und es ist nur recht und billig, das der Kunde für diese Leistung bezahlt. Wenn also der Kunde falsch bestellt hat, was ist falsch daran, ihm für die neue Lieferung erneut Versandkosten zu berechnen, bzw. diese gar nicht erst gutzuschreiben?

Kapitel

6

Das Rechnungsausgangsbuch

Das Bindeglied zwischen Auftragsbearbeitung und Finanzbuchhaltung und Vorraussetzung für den Aufbau der Statistiken ist das Rechnungsausgangsbuch.

Erst mit dem Druck des Rechnungsausgangsbuches erfolgt die Übergabe der Umsätze in die Finanzbuchhaltung und es werden für die einzelnen Kunden offene Posten erzeugt. Bis dahin haben Sie noch die Möglichkeit, bereits erfasste Belege zu ändern.

🗁 Wichtig

Allerdings ist es nicht sinnvoll, nachträglich Rechnungen zu ändern, die bereits verschickt wurden. In diesem Fall können Sie ja nicht prüfen, welche Rechnung der Kunde letztlich bucht, die ursprüngliche oder die neue. In solch einem Fall haften Sie bzw. Ihre Firma für den Fall, dass sich Ihr Kunde zuviel Vorsteuer abzieht, gegenüber dem Finanzamt. Insofern ist es sinnvoll, das Rechnungsausgangsbuch täglich zu drucken, damit an den Rechnungen keine Änderungen mehr möglich sind. Der korrekte Weg ist dann eine Korrektur über ein Storno oder eine Gutschrift und gegebenenfalls eine anschließende Neuberechnung.

Beim Rechnungsausgangsbuch passieren im Einzelnen folgende Dinge:

- Die Umsätze (Erlöse) werden in die Finanzbuchhaltung und/oder die DATEV übergeben.
- Die Kundenforderungen werden übergeben und es werden offene Posten erzeugt.
- Alle Rechnungen, Gutschriften und Stornorechnungen werden zur weiteren Bearbeitung gesperrt, d.h. sie können nur noch angesehen und als Kopie gedruckt werden.
- Erst im nachfolgenden Statistiklauf werden dann die ganzen Statistiken in der Auftragsbearbeitung aktualisiert, der Umsatz im Kundenstamm fortgeschrieben und die Karteikarten aktualisiert.
- Anschließend erfolgt (falls im Mandantenstamm eingestellt) die Auslagerung der erledigten Aufträge mit allen dazugehörigen Vorgängen.

Wichtig

Der Druck des Rechnungsausgangsbuches und die anschließende Verarbeitung der Daten kann nicht rückgängig gemacht werden. **Es ist daher dringend anzuraten, vor jedem Rechnungsausgangsbuch eine Datensicherung zu erstellen.**

Druck Rechnungsausgangsbuch

Beim Druck des Rechnungsausgangsbuches ist es wichtig, dass in der Classic Line keine Dateien geöffnet sind, die für das Rechnungsausgangsbuch oder den anschließenden Statistiklauf gebraucht werden (z.B. Kundenstamm, Artikelstamm, Auftragserfassung,...). Vor allem bei Netzwerkinstallationen bitte vorher prüfen, ob noch jemand in der Auftragsbearbeitung arbeitet.

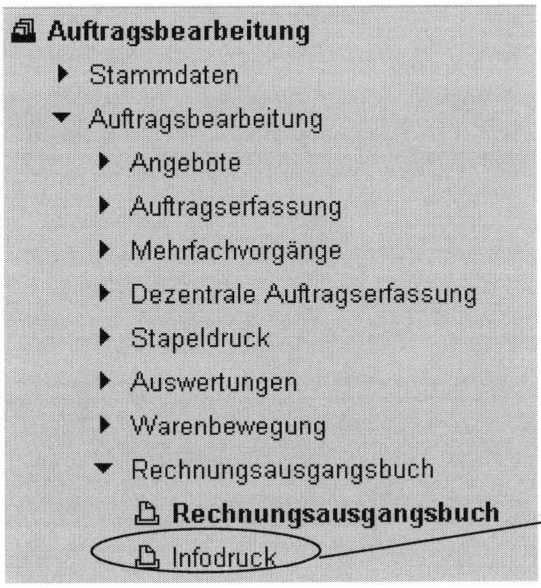

Neu seit der Version 3.3 ist die Möglichkeit eines Infodruckes für das Rechnungsausgangsbuch.

RECHNUNGSAUSGANGSBUCH. Am besten täglich drucken, mindestens jedoch wöchentlich.

Bestätigen Sie die Meldung und prüfen Sie die eingestellten Seitennummern.

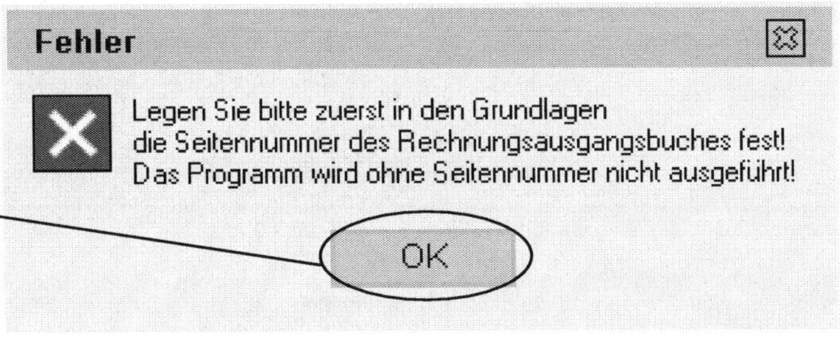

RECHNUNGSAUSGANGSBUCH - FEHLERMELDUNG. Unter Umständen kommt vor dem erstmaligen Druck des Rechnungsausgangsbuches diese Fehlermeldung.

Neu

Wenn diese Fehlermeldung angezeigt wird, stellen Sie bitte unter **Grundlagen → Grundlagen Warenwirtschaft → Seite 5** die Seitennummerierung ein.

Wählen Sie die Seite 5 aus und bestätigen Sie.

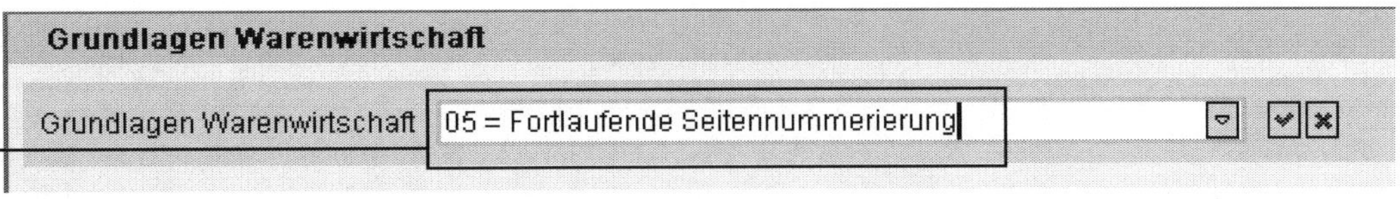

GRUNDLAGEN WARENWIRTSCHAFT. Wähen Sie die Seite 5 und bestätigen Sie.

Stellen Sie für jeden Bereich ein, ob die Seitennummern beim Perioden- und Jahresabschluss zurückgesetzt werden sollen, oder nur beim Jahresabschluss.

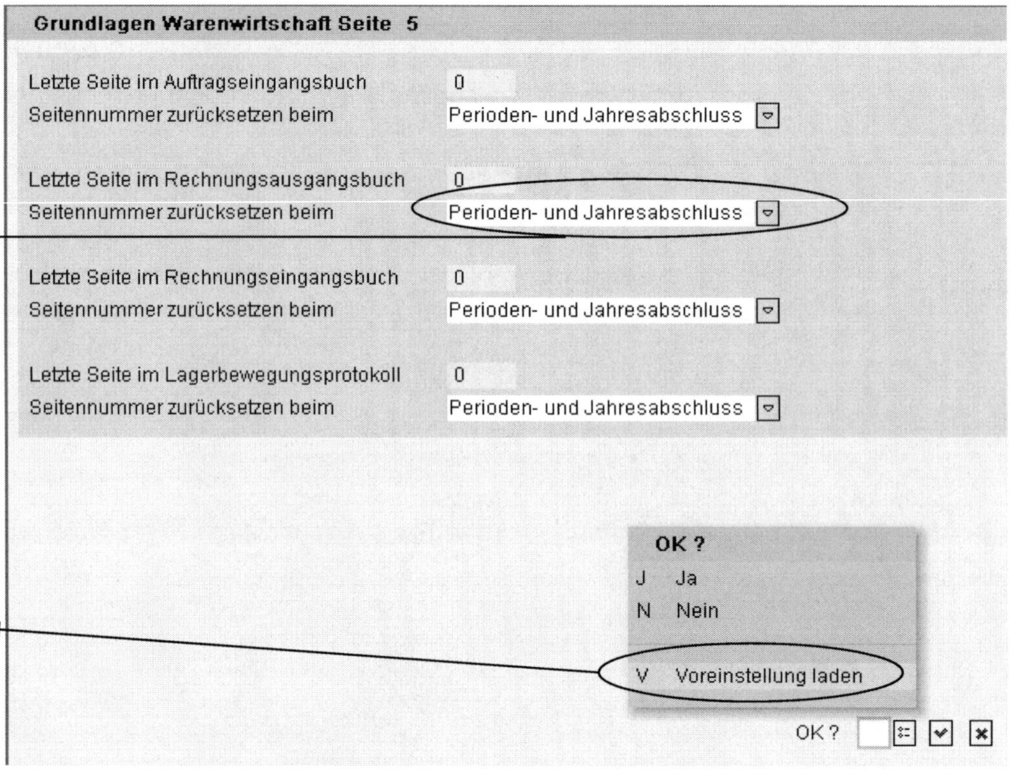

Über die Auswahl V können Sie jederzeit wieder die Voreinstellung des Programms laden.

GRUNDLAGEN WARENWIRTSCHAFT – SEITE 5. Wählen Sie Voreinstellung laden oder geben Sie manuell die gewünschte Auswahl ein.

Nach diesem kleinen Exkurs können wir jetzt unser Rechnungsausgangsbuch für den aktuellen Monat drucken. Das **Feld 01** wird vom Programm automatisch mit dem Tagesdatum vorbelegt. Bitte achten Sie darauf, hier immer eine monatliche Abgrenzung vorzunehmen.

Geben Sie hier ein, bis zu welchem Belegdatum verarbeitet werden soll.

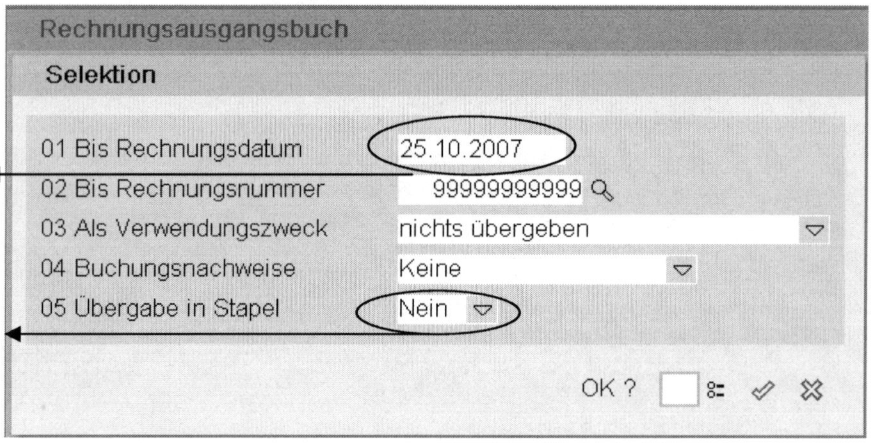

Wenn Sie mit der Finanzbuchhaltung arbeiten, sollten Sie direkt übergeben und nicht in einen Stapel.

RECHNUNGSAUSGANGSBUCH SELEKTION. Sie können das Rechnungsausgangsbuch nach Datum und nach Rechnungsnummer eingrenzen. Sinnvoll ist es, nur nach Datum zu selektieren.

Beim Druck des Rechnungsausgangsbuches werden die letzte Belegnummer und das letzte Belegdatum in eine Datei (Arabuch) weggeschrieben. Auf diese Weise ist festgehalten, welche Belege bereits in die Buchhaltung übergeben wurden.

Soweit vorhanden, können Sie auch die Bestellnummer des Kunden als Verwendungszweck in die Finanzbuchhaltung übergeben.

Bei Buchungsnachweisen werden die Umsätze (Erlöse) nach unterschiedlichen Kriterien zusammengestellt. Optional können Sie eine Liste nach Erlösen wählen, dabei werden die Umsätze nach Erlöscode sortiert, oder nach Kunden, dann werden die Umsätze nach Kunde sortiert und pro Kunde wieder nach Erlöscode, oder beides. In der Praxis ist das nicht zwingend erforderlich, denn die Rechnungen sind nach Rechnungsnummer chronologisch aufgelistet und auf dem Summenblatt sind die Umsätze ohnehin nach Erlöscode aufgeschlüsselt. Also wählen wir die Option "keine"[47].

Übergabe in die Finanzbuchhaltung: Hier haben Sie die Möglichkeit, in einen Buchungsstapel zu übergeben oder direkt zu buchen. Da der Buchungsstapel in der Buchhaltung erst wieder manuell eingelesen werden muss, verzichten wir auf die Stapelübergabe (Also Auswahl "nein").

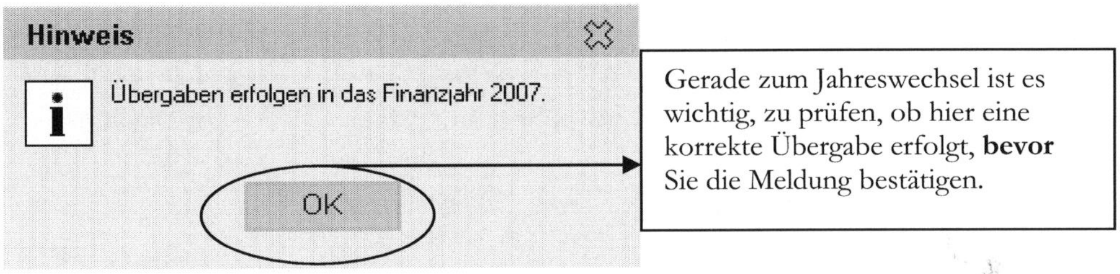

RECHNUNGSAUSGANGSBUCH - HINWEIS. Breits seit dem Update zum Jahreswechsel 2005/2006 kommt ein Hinweis, in welches Jahr der Finanzbuchhaltung das Rechnungsausgangsbuch übergeben wird.

Zur besseren Kontrolle wird vor jedem Druck des Rechnungsausgangsbuchs angezeigt, in welches Geschäftsjahr die Buchungen übergeben werden.

Mandant 200 Musikladen GmbH - Auftrag — Druck 22.10.2007 / 04:20 / @CL

Rechnungsausgangsbuch — Übergabe ins Finanzjahr 2007 — Datum 25.10.2007 — Seite 1

Nummer	SY	Datum	Kunde	Name, Ort	MKZ SC	Nettobetrag	USt.%	USt.Betrag	Bruttobetrag
2007-0000001	RG	18.10.07	10001	Deutsches Theater 80336 München	101 0	408,28	19,00	77,57	485,85
2007-0000002	RG	19.10.07	10000	Cinema Filmtheater München 80335 München	101 0	3.368,77	19,00	640,07	4.008,84
2007-0000003	DR	20.10.07	10000	Cinema Filmtheater München 80335 München	101 0	972,15	19,00	184,71	1.156,86
2007-0000004	DR	22.10.07	10001	Deutsches Theater 80336 München	101 0	403,28	19,00	76,62	479,90
2007-0000005	ST	25.10.07 * OP 2007-0000004 *	10001	Deutsches Theater 80336 München	101 0	-403,28	19,00	-76,62	-479,90
GESAMTSUMMEN						4.749,20		902,35	5.651,55

Die Seiten im Rechnungsausgangsbuch werden für jede Periode fortlaufend nummeriert.

Hier wird die OP-Nummer der zugehörigen Rechnung angedruckt.

RECHNUNGSAUSGANGSBUCH SEITE 1. Hier haben Sie alle Rechnungen chronologisch aufgelistet.

---

47 Allerdings ist es an Hand der Buchungsnachweise einfacher, die Erlöskonten in der Finanzbuchhaltung abzustimmen. Insofern kann es durchaus sinnvoll sein, diese zusätzlichen Auswertungen zu drucken. Sie können ja alternativ auch einen Druck in eine PDF-Datei machen, dann können Sie alle Auswertungen in elektronischer Form aufheben und nachträglich, bei Bedarf, ausdrucken.

D R U C K   R E C H N U N G S A U S G A N G S B U C H

Wenn Sie in der Auftragsbearbeitung regelmäßig Ihren Periodenabschluss machen, entspricht der Periodenumsatz dem Umsatz des laufenden Monats.

Mandant: **200** Musikladen GmbH - Auftrag — Druck 22.10.2007 / 04:21 / @CL

Rechnungsausgangsbuch - Erlöse — Datum 25.10.2007 — Seite 2

Erlöscode	SC	Steuerklassenbezeichnung	Tagesumsatz	Periodenumsatz	Jahresumsatz
10	101	Normalsatz 19%	2.074,55	2.074,55	2.074,55
20	101	Normalsatz 19%	1.687,50	1.687,50	1.687,50
30	101	Normalsatz 19%	948,40	948,40	948,40
99	101	Normalsatz 19%	38,75	38,75	38,75
G E S A M T S U M M E			4.749,20	4.749,20	4.749,20

RECHNUNGSAUSGANGSBUCH SEITE 2. Hier haben Sie alle Umsätze nach Erlöscode.

Praxistipp

Solange Sie die nachfolgende Frage nicht mit Ja beantworten, können Sie noch Korrekturen vornehmen und das Rechnungsausgangsbuch erneut drucken.

Sobald Sie diese Frage mit Ja bestätigen, ist keinerlei Korrektur mehr möglich.

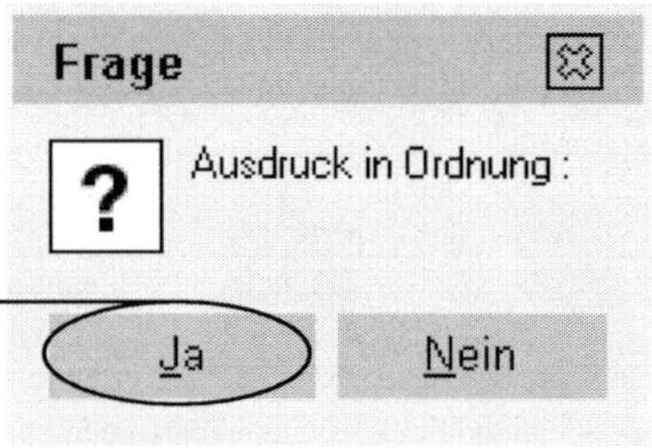

AUSDRUCK IN ORDNUNG?. Bitte bestätigen Sie diese Frage erst, wenn der Druck wirklich abgeschlossen ist, d.h. die letzte Seite fertig gedruckt wurde.

Der Druck des Rechnungsausgangsbuchs lässt sich nicht wiederholen, deshalb bitte erst bestätigen, wenn der Druck erfolgreich abgeschlossen wurde[48]. Da es sich beim Rechnungsausgang um einen Buchungsbeleg handelt, bleibt sonst bei fehlerhaftem oder unvollständigem Druck nur die Möglichkeit, eine Datensicherung einzuspielen (sofern man hoffentlich aktuell eine gemacht hat) und gegebenenfalls fehlende Daten nach zu erfassen.

Achten Sie darauf, welche Periode hier eingetragen ist und ändern Sie, soweit erforderlich.

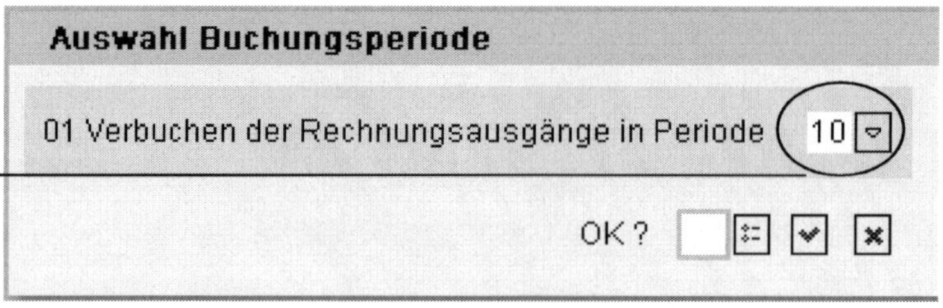

AUSWAHL BUCHUNGSPERIODE. Hier geben Sie an, in welche Periode in der Finanzbuchhaltung das Rechnungsausgangsbuch übergeben werden soll.

In der Regel wird das Rechnungsausgangsbuch täglich / wöchentlich gemacht; das System schlägt dabei automatisch an Hand vom Belegdatum in der Classic Line die

[48] Lassen Sie sich in unseren Beispielen nicht vom auf dem Rechnungsausgangsbuch angedruckten Datum irritieren. Natürlich werden Sie in der Praxis nicht im September das Rechnungsausgangsbuch für den Oktober drucken. Nur wenn Sie dieses Buch mit aktuellen Daten bereits vor dem Jahreswechsel in Händen halten wollen, bleibt uns nichts anderes übrig, als unserer Zeit vorauszueilen.

passende Buchungsperiode vor. Aufpassen muss man am Monatsende, wenn das Rechnungsausgangsbuch nicht am Monatsletzten gedruckt wird, sondern erst im neuen Monat.

Wollen Sie in eine andere, als die aktuelle Buchungsperiode buchen, kommt zur Sicherheit noch eine Abfrage, bevor die Buchungen in die Finanzbuchhaltung übergeben werden. Bitte diese Meldung mit ja bestätigen.

Erst mit dem Statistiklauf werden die Daten für die Auswertungen und Karteikarten aktualisiert.

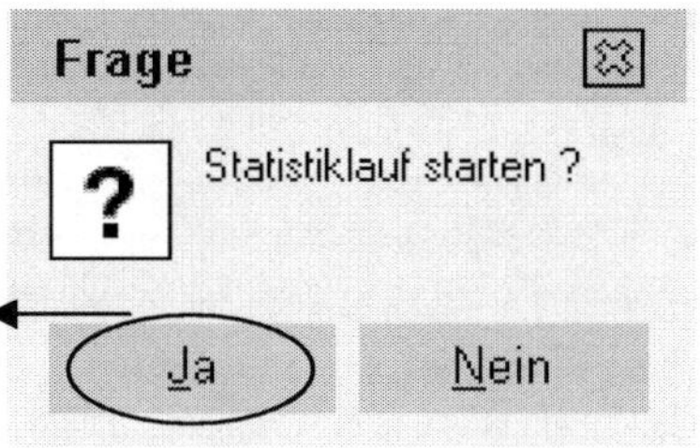

STATISTIKLAUF STARTEN?. Erst durch den Statistiklauf werden die Umsätze und Statistiken in der Auftragsbearbeitung aktualisiert.

Nachdem die Übergabe in die Finanzbuchhaltung erfolgreich abgeschlossen wurde, wird der Statistiklauf gestartet. Jetzt erfolgt die Verarbeitung der Daten in der Auftragsbearbeitung. Jeder Vorgang, der im Rechnungsausgangsbuch ausgewiesen wurde, wird jetzt verarbeitet. Es werden systematisch alle Umsätze in die Statistiken und Karteikarten eingetragen. Anschließend stehen die Daten für aktuelle Auswertungen zur Verfügung.

Lernzielkontrolle

☺ **Testen Sie Ihr Wissen**

1) Wie oft sollten Sie ein Rechnungsausgangsbuch drucken?
2) Erklären Sie mit eigenen Worten, was beim Druck vom Rechnungsausgangsbuch alles passiert.
3) Warum sollten Sie vor dem Druck des Rechnungsausgangsbuches grundsätzlich eine Datensicherung erstellen?
4) Müssen Sie das Rechnungsausgangsbuch auch dann regelmäßig drucken, wenn Sie keine Daten in die Finanzbuchhaltung übergeben wollen?

Praktische Übungen

Tastaturübungen

1) Erstellen Sie eine Mandantensicherung.[49]
2) Drucken Sie das Rechnungsausgangsbuch per 25.10.2007, übergeben Sie die Buchungen in die Finanzbuchhaltung und starten Sie den Statistiklauf.
3) Prüfen Sie, ob alle erfassten Rechnungen und Stornos im Rechnungsausgangsbuch ausgewiesen wurden.

[49] Auch wenn Sie ein funktionierendes Datensicherungskonzept haben, sollten Sie, wenn Sie sehr viele Daten erfassen, auch mal eine Zwischensicherung machen, um sich bei Fehlern zusätzliche Arbeit zu ersparen. Alternativ können Sie auch den Mandanten auf eine andere Nummer kopieren.

4) Erstellen Sie für den Auftrag 2007-0000003 vom 16.10.07 eine Direktrechnung mit Datum 26.10.2007 für die noch zu liefernde Restmenge.

5) Machen Sie erneut ein Rechnungsausgangsbuch bis zum 31.10.2007.

Meldungen beim Druck des Rechnungsausgangsbuches

Beim Druck des Rechnungsausgangsbuches kann es zu einer Reihe von Fehlermeldungen kommen. Wir haben die wichtigsten für Sie zusammengestellt und erklärt:

- **Keine Daten im selektierten Bereich**: Sie haben bei der Selektion einen Bereich ausgewählt (über Datum und/oder Auftragsnummer) in dem es keine zu verarbeitenden Rechnungen/Gutschriften gibt. Mögliche Ursache kann neben einem Eingabefehler auch ein gesperrter Vorgang sein. Wenn Sie in der Auftragserfassung einen Vorgang sperren, werden ab diesem gesperrten Vorgang keine folgenden Vorgänge mehr verarbeitet.

- **Rechnung wurde nach Änderung nicht gedruckt**: Diese Meldung kommt, wenn Sie z.B. eine Rechnung nach dem Druck noch einmal am Bildschirm anzeigen, aber nicht mehr drucken. Hintergrund: In dem Moment, in dem Sie die Rechnung erneut aufrufen (und ändern könnten) wird vom System automatisch das Druckkennzeichen zurückgesetzt. Alle nach dieser Rechnung erfassten Belege werden nicht verarbeitet. In diesem Fall die betreffende Rechnung einfach wieder aufrufen und erneut drucken. Anschließend das Rechnungsausgangsbuch nochmals starten.

- **Satzsperre durch Teilnehmer**[50] ....: Es hat jemand in der Classic Line ein Programm geöffnet, das auf Daten zugreift, die für das Rechnungsausgangsbuch benötigt werden. Lösung: Diesen Teilnehmer das Programm beenden lassen und aus der Classic Line abmelden und schon geht's weiter.

[50] Der Teilnehmer identifiziert sich mit seinem maximal 3-stelligen Kürzel, das beim Start der Classic Line im Feld Benutzer eingegeben wird.

Kapitel

7

Auswertungen

Hier erhalten Sie einen Überblick über die vielfältigen Listen und Auswertungen in der Auftragsbearbeitung.

Neben dem Rechnungsausgangsbuch gibt es eine ganze Reihe von Auswertungen in der Auftragsbearbeitung, die dem Verkauf im täglichen Geschäft eine wertvolle Hilfe sind. Wir wollen der besseren Übersicht halber die Auswertungen und Statistiken in 4 Bereiche aufteilen:

- **Auswertungen im Bereich Auftragserfassung**: Dazu zählen insbesondere Listen, wie **"offene Angebote"**, **"offene Aufträge"** und **offene Rechnungen**.
- **Umsatzinformationen aus den Stammdaten**: Laufend aktualisierte Informationen im Kunden-, Artikel- und Lieferantenstamm.
- **Listen und Statistiken**: Angefangen bei der Artikelstatistik, über Umsatz- und Hitlisten bis hin zur Auswertung der Karteikarten.
- **Historie mit Suchfunktion**: Hier haben Sie die Möglichkeit, nach beliebigen Daten oder Vorgängen zu suchen.

Während die Auswertungen im Bereich Auftragserfassung sofort zur Verfügung stehen, werden die Statistiken und Karteikarten erst nach dem Druck des Rechnungsausgangbuches beim anschließenden Statistiklauf aktualisiert.

Wenn Sie die Auswertungen zum ersten Mal machen, ist es empfehlenswert, die Druckvorschau einzustellen, bevor Sie dann jede Menge Papier erzeugen, das Sie gar nicht haben wollten. So haben Sie die Möglichkeit, erst einmal am Bildschirm zu kontrollieren, ob die gewählte Auswertung auch die gewünschten Informationen enthält.

Auswertungen Angebote / Aufträge

Unter **Auftragsbearbeitung → Auftragsbearbeitung → Auswertungen** können Sie alle offenen Vorgänge nach unterschiedlichen Kriterien auswerten.

Sie können Listen offener Angebote nach unterschiedlichen Kriterien drucken.

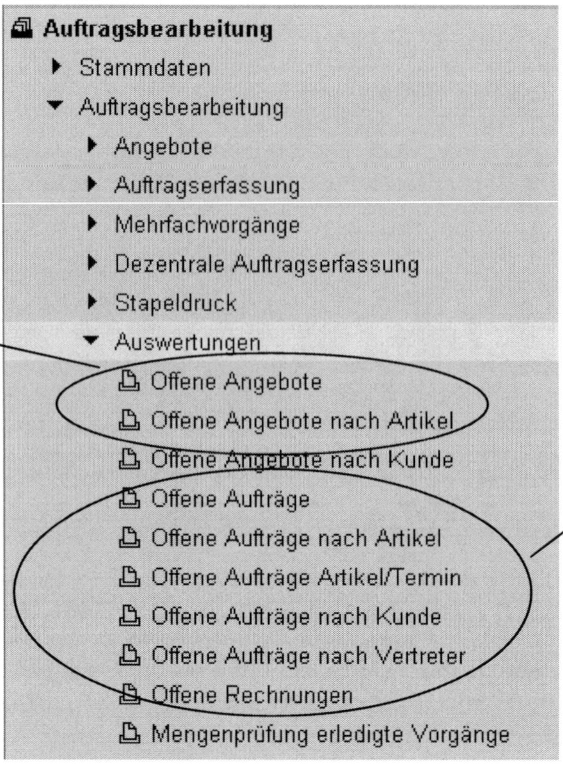

Bei den Offenen Aufträgen haben Sie neben der Sortierung nach Kunde oder Artikel auch die Möglichkeit, nach Vertreter zu sortieren und einen Abgleich zwischen bestellten und berechneten Artikeln zu machen.

AUSWERTUNGEN ANGEBOTE / AUFTRÄGE. Die Auswertungen zu offenen Angeboten und offenen Aufträgen sind auch ohne Rechnungsausgangsbuch verfügbar.

Bei Offenen Angeboten und Offenen Aufträgen wird nur die Summe der einzelnen Vorgänge angezeigt, bei den Listen nach Kunde oder Artikel wird jede Einzelposition aufgeführt. Wir erstellen exemplarisch eine Liste Offene Aufträge nach Kunden und erläutern anschließend den Unterschied zur Liste Offene Rechnungen.

Hier können Sie Ihre Auswahl jetzt nach unterschiedlichen Merkmalen eingrenzen, z.B. nach der Kundennummer oder dem Vertreter.

Achten Sie darauf, welchen Zeitraum Sie hier auswählen.

Mit **S** und **ENTER** können Sie die gewählten Selektionsmerkmale drucken. Auf diese Weise können Sie später jederzeit nachvollziehen, mit welchen Einstellungen diese Liste gedruckt wurde.

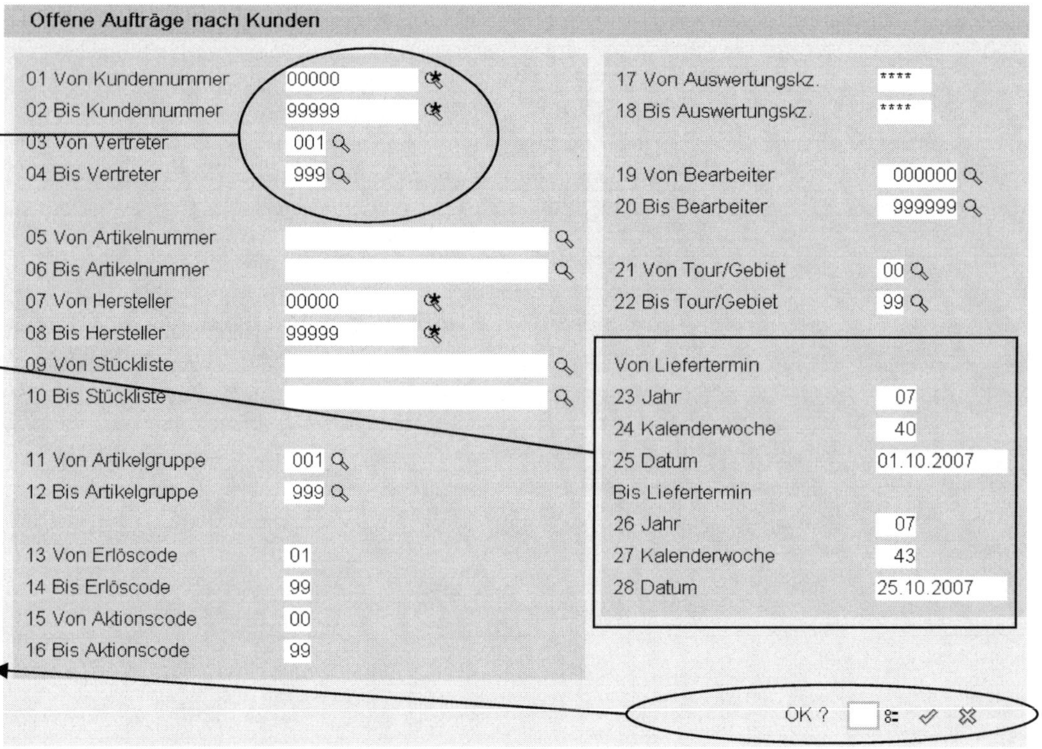

OFFENE AUFTRÄGE NACH KUNDEN.

Sollten Sie die Meldung bekommen: "Keine Daten im ausgewählten Bereich", dann überprüfen Sie bitte Ihre Eingaben.

OK ?
J Ja
N Nein

O Option
W Auf Standardwerte zurücksetzen
S Selektionsmerkmale drucken

SELEKTIONSMERKMALE DRUCKEN. Gerade zu Beginn der Arbeit mit dem Programm erleichtert der Druck der Selektionsmerkmale die Kontrolle der Auswertungen.

Mit Datum und Uhrzeit haben Sie die Möglichkeit, aus mehreren Listen mit einem Handgriff die aktuellste herauszunehmen.

An Hand der Überschrift sehen Sie, für welche Auswertung diese Selektion gewählt wurde.

Mandant: **200** Musikladen GmbH - Auftrag   Druck 22.10.2007 / 04:40 /@CL

Protokoll   Datum 25.10.2007 Seite 1

Offene Aufträge nach Kunden

01 Von Kundennummer	00000	17 Von Auswertungskz.	****
02 Bis Kundennummer	99999	18 Bis Auswertungskz.	****
03 Von Vertreter	001		
04 Bis Vertreter	999	19 Von Bearbeiter	000000
		20 Bis Bearbeiter	999999
05 Von Artikelnummer			
06 Bis Artikelnummer		21 Von Tour/Gebiet	00
07 Von Hersteller	00000	22 Bis Tour/Gebiet	99
08 Bis Hersteller	99999		
09 Von Stückliste		Von Liefertermin	
10 Bis Stückliste		23 Jahr	07
		24 Kalenderwoche	40
11 Von Artikelgruppe	001	25 Datum	01.10.2007
12 Bis Artikelgruppe	999	Bis Liefertermin	
		26 Jahr	07
13 Von Erlöscode	01	27 Kalenderwoche	43
14 Bis Erlöscode	99	28 Datum	25.10.2007
15 Von Aktionscode	00		
16 Bis Aktionscode	99		

SELEKTIONSMERKMALE. Mit der Liste Selektionsmerkmale ist jetzt für jeden nachvollziehbar, welche Daten in der folgenden Auswertung ausgewählt werden.

Diese Übersicht ist vor allem dann hilfreich, wenn Sie Auswertungen für andere Personen (z.B. den Geschäftsführer) erstellen. Der kann dann an Hand der Selektionsmerkmale sehen, welche Auswahl getroffen wurde. Das schafft mehr Transparenz und erspart in vielen Fällen Nachfragen.

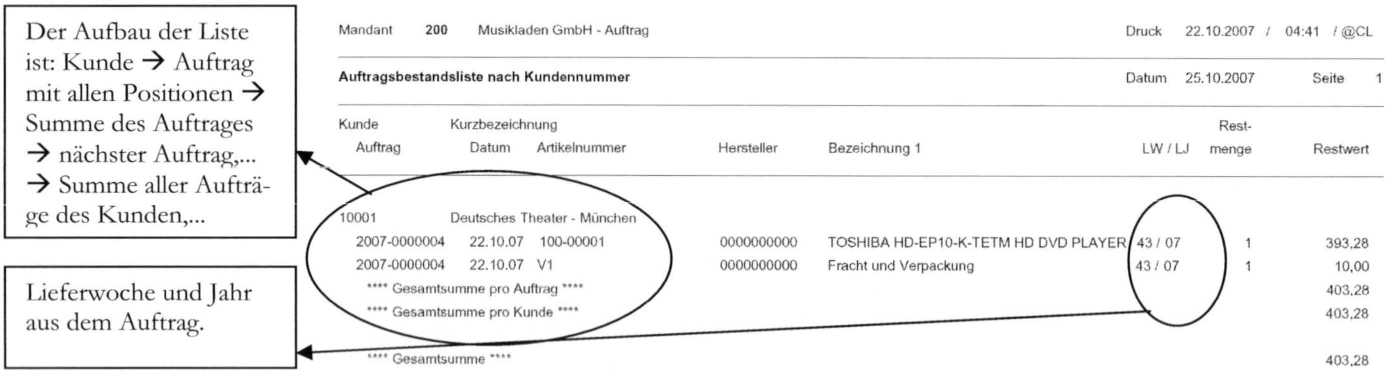

Mandant 200 Musikladen GmbH - Auftrag — Druck 22.10.2007 / 04:41 / @CL

Auftragsbestandsliste nach Kundennummer — Datum 25.10.2007 — Seite 1

Kunde / Auftrag	Kurzbezeichnung / Datum	Artikelnummer	Hersteller	Bezeichnung 1	LW / LJ	Restmenge	Restwert
10001	Deutsches Theater - München						
2007-0000004	22.10.07	100-00001	0000000000	TOSHIBA HD-EP10-K-TETM HD DVD PLAYER	43 / 07	1	393,28
2007-0000004	22.10.07	V1	0000000000	Fracht und Verpackung	43 / 07	1	10,00
**** Gesamtsumme pro Auftrag ****							403,28
**** Gesamtsumme pro Kunde ****							403,28
**** Gesamtsumme ****							403,28

OFFENE AUFTRÄGE NACH KUNDEN 2. In der Liste sehen Sie jetzt nach Kunde und nach Auftrag sortiert alle offenen Aufträge mit allen zu liefernden Artikeln.

Neben den einzelnen Positionen sehen Sie die Summe des Auftrags, die Summe der Aufträge eines Kunden und die Summe aller Aufträge.

In der Liste "Offene Rechnungen" sehen Sie Unterschiede zwischen bestellten, gelieferten und berechneten Werten. Auf diese Weise können Sie zum Beispiel kontrollieren, ob alles, was geliefert wurde, auch berechnet wurde und umgekehrt, ob alles, was berechnet wurde auch tatsächlich geliefert wurde.

Aktuelle Informationen in den Stammdaten

Nach dem Statistiklauf sehen Sie im Kundenstamm jetzt den kumulierten Umsatz des laufenden Jahres und das Datum des letzten Umsatzes. Außerdem können Sie im Kundenstamm nach Rechnungsausgangsbuch und Übergabe in die Finanzbuchhaltung auf die offenen Posten und auf die Kundenkartei (Historie) zugreifen.

Ebenso werden Lieferanten- und Artikelkartei gepflegt. Im Lieferantenstamm und im Kundenstamm werden der Umsatz[51] oder das Datum letzter Umsatz aktualisiert. Wir haben zur Erläuterung den Kundenstamm gewählt. Der Zugriff auf die Kartei (Historie) erfolgt im Artikel- und Lieferantenstamm genauso, durch Eingabe von einem H für Historie in der OK-Abfrage.

[51] Im Feld Umsatz wird der Nettoumsatz des laufenden Jahres mitgeschrieben. Beim Jahresabschluss in der Auftragsbearbeitung wird dieses Feld wieder auf 0 gesetzt.

Hier sehen Sie den Umsatz des laufenden Jahres (netto) und das Datum des letzten Umsatzes (Belegdatum).

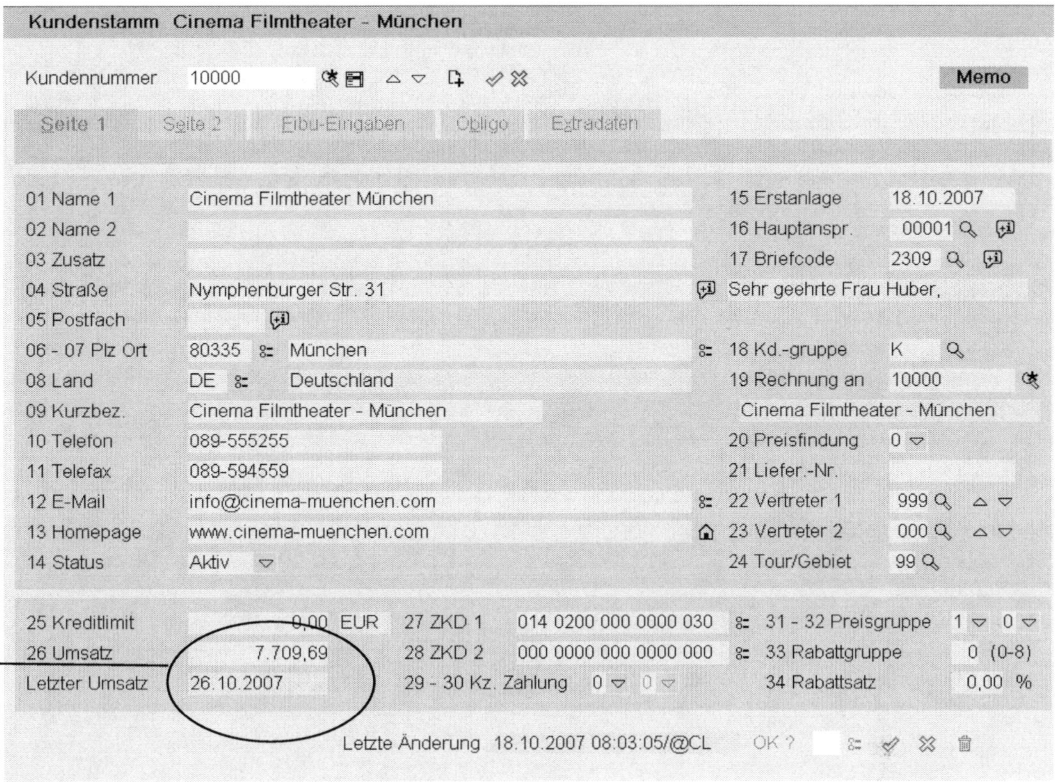

KUNDENSTAMM NACH STATISTIKLAUF. Unmittelbar nach dem Statistiklauf sind die Umsätze im Kundenstamm wieder aktuell.

Über die OK-Abfrage können Sie jetzt über F2 die offenen Posten anzeigen lassen oder in die Kundenkartei (Historie) wechseln, um sich anzuschauen, mit welchen Artikeln der letzte Umsatz gemacht wurde.

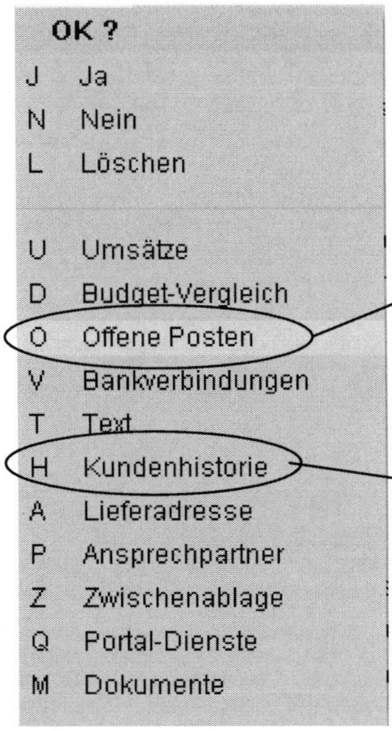

Unter Offene Posten wird jede einzelne noch nicht bezahlte Rechnung angezeigt. Die Offenen Posten können in der Finanzbuchhaltung oder über die Offene Posten Verwaltung ausgeglichen werden.

Mit **H** für Kunden**h**istorie verzweigen Sie in die Kundenkartei.

AUSWAHL ÜBER F2 IN DER OK-ABFRAGE. Wählen Sie die gewünschte Option aus.

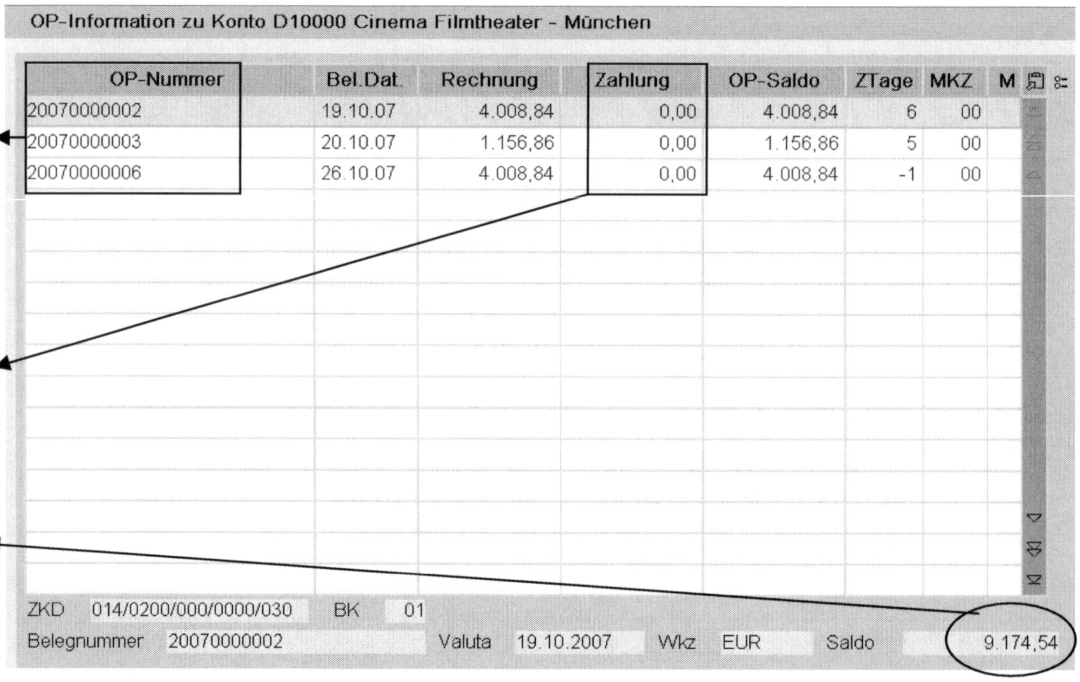
OP-Information zu Konto D10000 Cinema Filmtheater - München

OP-Nummer	Bel.Dat.	Rechnung	Zahlung	OP-Saldo	ZTage	MKZ	M
20070000002	19.10.07	4.008,84	0,00	4.008,84	6	00	
20070000003	20.10.07	1.156,86	0,00	1.156,86	5	00	
20070000006	26.10.07	4.008,84	0,00	4.008,84	-1	00	

ZKD 014/0200/000/0000/030 BK 01
Belegnummer 20070000002 Valuta 19.10.2007 Wkz EUR Saldo 9.174,54

Die OP-Nummer entspricht der Rechnungsnummer.

Unter Zahlung sehen Sie, ob bereits Teilzahlungen geleistet wurden.

Der OP-Saldo entspricht dem Rechnungsbetrag brutto (inkl. MwSt.) abzüglich Gutschriften und Zahlungen.

OFFENE POSTEN. Hier sehen Sie jede noch nicht bezahlte Rechnung mit allen Einzelheiten. Im Gegensatz zum Umsatz sehen Sie hier den Bruttobetrag inkl. MwSt.

Wichtig

Offene Posten werden nur mitgeführt, wenn beim Druck des Rechnungsausgangsbuches auch eine Übergabe in die Finanzbuchhaltung erfolgt. Erst bei diesem Schritt werden offene Posten erzeugt. Die Aktualität der angezeigten OPs hängt von 2 Dingen ab: Bis zu welchem Tag wurde das Rechnungsausgangsbuch gedruckt und in die Finanzbuchhaltung übergeben? Bis zu welchem Buchungstag wurden die Zahlungseingänge erfasst?

Zum Abschluss noch die Kundenhistorie:

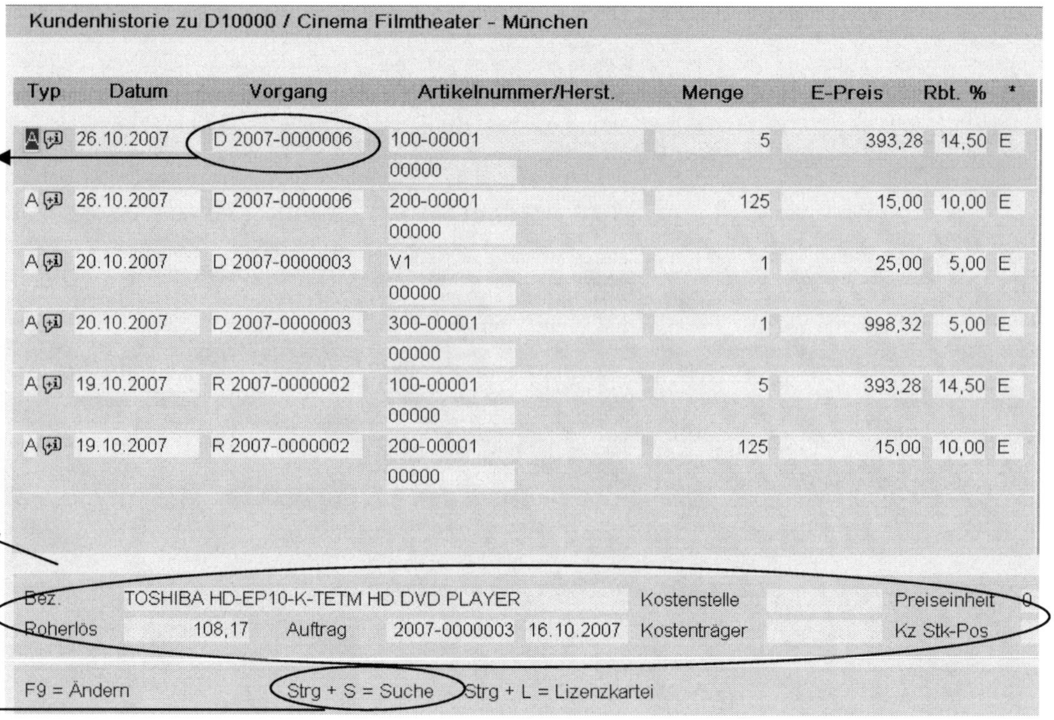
Kundenhistorie zu D10000 / Cinema Filmtheater - München

Typ	Datum	Vorgang	Artikelnummer/Herst.	Menge	E-Preis	Rbt. %	*
A	26.10.2007	D 2007-0000006	100-00001 00000	5	393,28	14,50	E
A	26.10.2007	D 2007-0000006	200-00001 00000	125	15,00	10,00	E
A	20.10.2007	D 2007-0000003	V1 00000	1	25,00	5,00	E
A	20.10.2007	D 2007-0000003	300-00001 00000	1	998,32	5,00	E
A	19.10.2007	R 2007-0000002	100-00001 00000	5	393,28	14,50	E
A	19.10.2007	R 2007-0000002	200-00001 00000	125	15,00	10,00	E

Bez. TOSHIBA HD-EP10-K-TETM HD DVD PLAYER Kostenstelle Preiseinheit 0
Roherlös 108,17 Auftrag 2007-0000003 16.10.2007 Kostenträger Kz Stk-Pos

F9 = Ändern Strg + S = Suche Strg + L = Lizenzkartei

Das **D** steht für **D**irektrechnung; daneben die Rechnungsnummer.

Im Fuß sehen Sie jeweils die Details zur ausgewählten Position.

Mit **STRG + S** können Sie nach einem Artikel suchen.

KUNDENHISTORIE. Hier finden Sie die Details zu jedem einzelnen verkauften Artikel.

In der Kundenhistorie finden Sie jeden einzelnen verkauften Artikel mit Menge, Verkaufspreis und Roherlös - Differenz zwischen (Verkaufspreis abzüglich Rabatt) und Mittlerem Einkaufspreis). Außerdem das Vorgangsdatum und die Vorgangsnummer. Interessant in diesem Zusammenhang, dass Rechnung, Direktrechnung und Stornorechnung im gleichen Nummernkreis fortlaufend gezählt werden. Deshalb gibt es unter **Grundlagen → Anwendungsübergreifende Grundlagen → Nummernkreise** auch nur eine Position Rechnungen (weder Storno noch Direktrechnung).

Listen und Statistiken

Unter **Auftragsbearbeitung → Auswertungen** finden Sie Auswertungen für alle Bereiche der Auftragsbearbeitung. Dabei sind die Auswertungen für Kunden und Lieferanten vollkommen synchron aufgebaut, so dass es völlig ausreicht, wenn wir uns den Bereich **Auswertungen → Kunden** einmal genauer anschauen und uns bei dieser Gelegenheit ein wenig mit dem Aufbau der Listen und den Selektions- und Sortierkriterien beschäftigen. Die auf diesem Wege gewonnen Erkenntnisse lassen sich dann auf die anderen Bereiche übertragen.

Der grundlegende Aufbau für die Listen und Auswertungen ist dabei immer gleich. Sie haben einen sogenannten Filter, in dem Sie Ihre Vorgaben für die Selektion und Sortierung der gewünschten Daten erfassen. Beim Druck werden die Daten ausgewählt und sortiert und anschließend mit Hilfe eines Formulars in die gewünschte Form gebracht.

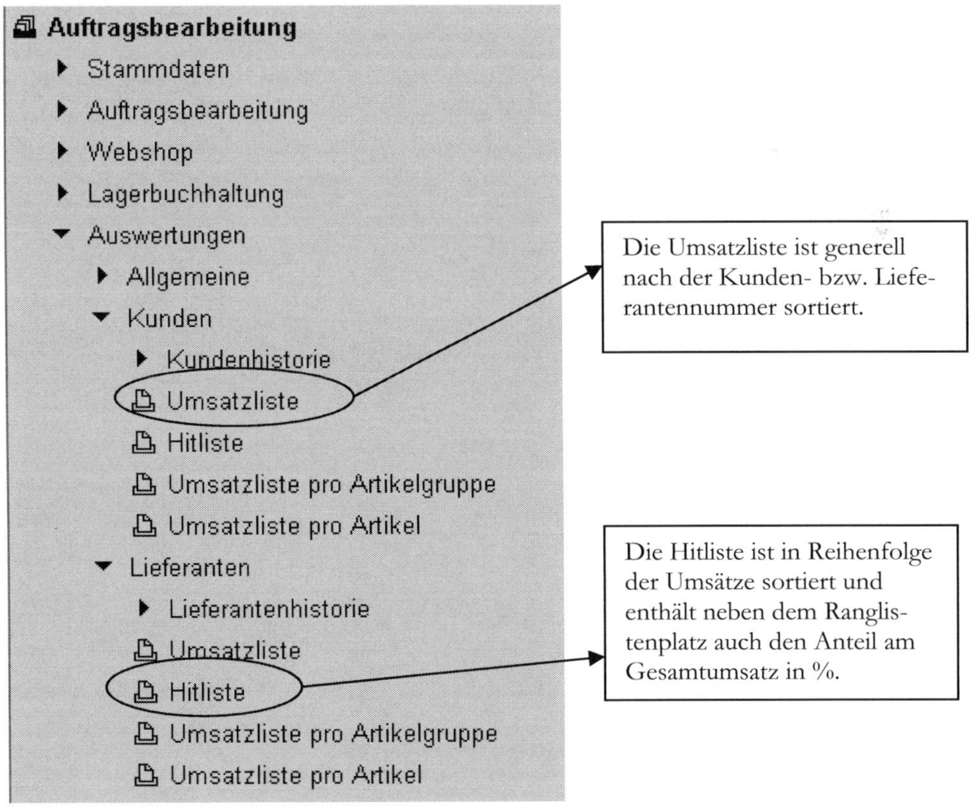

AUSWERTUNGEN. Hier finden Sie Umsatzlisten und Statistiken für alle Bereiche der Auftragsbearbeitung.

In der Maske Kundenumsatzliste haben Sie sehr viele Möglichkeiten, die Liste nach Kriterien Ihrer Wahl zu filtern (einzuschränken). Bitte bedenken Sie dabei, dass die Filter sich addieren, d.h. jeder zusätzliche Filter schränkt die Auswahl der Datensätze weiter ein. In der Liste sind dann nur noch die Kunden aufgeführt, die alle Kriterien erfüllen.

Wenn Sie jetzt also beispielsweise eine Auswahl nach Kundennummer treffen und gleichzeitig im Feld Kundengruppe wählen von K*** bis K***, dann kommen Sie in der Auswahl nur noch alle Kunden, die im Feld Kundengruppe ein **K** für Kunde haben und aus dem ausgewählten PLZ-Bereich kommen. Und von diesen wiederum werden nur Kunden angezeigt, die im laufenden Jahr auch einen Umsatz mit uns gemacht haben. So haben Sie für Ihren Vertrieb hier die verschiedensten Möglichkeiten, die Kunden zu selektieren und den Außendienst auf diese Weise bei seiner Arbeit zu unterstützen.

Interessant sind diese Möglichkeiten natürlich auch für Ihr Marketing. So ist es z.B. sinnvoll, wenn Sie teure Kataloge verschicken, bei Kunden, die schon länger nicht mehr bei Ihnen gekauft haben, nachzufragen, ob überhaupt noch Interesse an Ihrem Katalog besteht. Werbung bringt nur dann etwas, wenn Sie auch auf Interesse stößt.

Sie können bei jedem Selektionskriterium beliebige Einschränkungen vornehmen. Denken Sie daran, dass alle Auswahlkriterien gleichzeitig erfüllt sein müssen.

Im Standard werden nur die Kunden angedruckt, die im laufenden Jahr auch Umsatz gemacht haben.

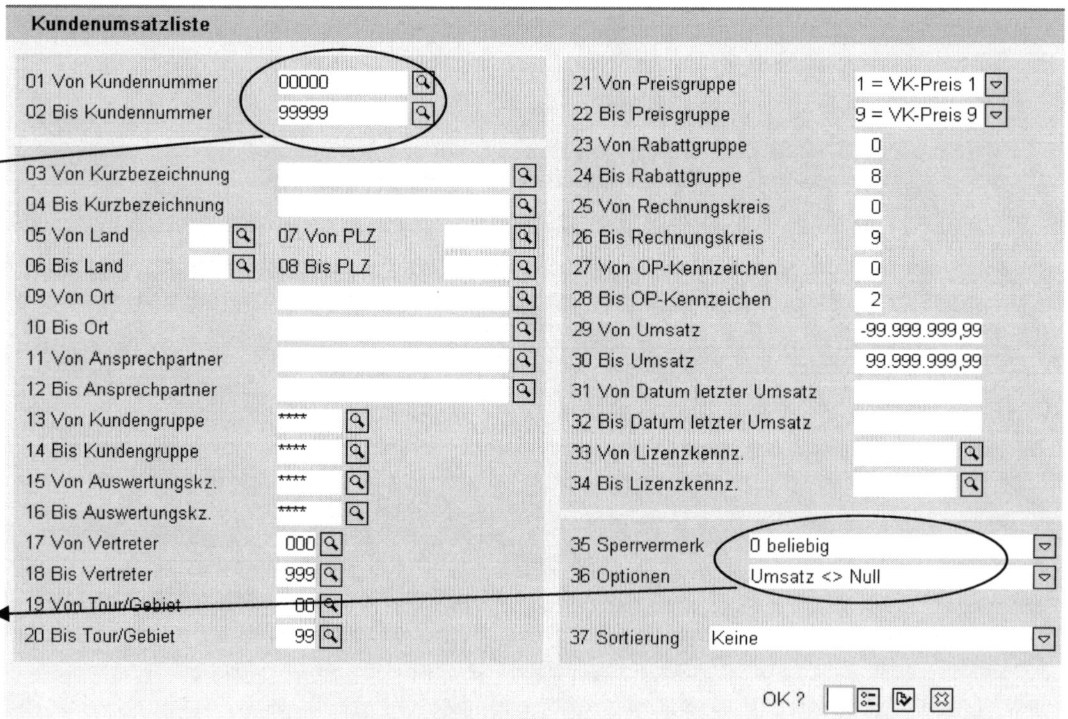

KUNDENUMSATZLISTE SELEKTION. Die Kundenumsatzliste bietet verschiedenste Selektionsmöglichkeiten. Die Sortierung erfolgt, wenn Sie **Keine** auswählen, nach der Kundennummer. Alternativ können Sie auch nach Umsatz auf- oder absteigend sortieren.

Mandant 200 Musikladen GmbH - Auftrag Druck 22.10.2007 / 05:05 / @CL

Kundenumsätze Währung: Euro Datum 25.10.2007 Seite 1

Kunden-nummer	Kurzbezeichnung	KGR	P G	R G	Rbt.%	VNR	Kreditlimit Euro	Rechnungs-empfänger	letzter Umsatz am	Umsatz	Roherlös
10000	Cinema Filmtheater - München	K	1	0		999	0,00	10000	26.10.2007	7.709,69	1.283,49
10001	Deutsches Theater - München	K	1	0		999	0,00	10001	25.10.2007	408,28	93,66
SUMME										8.117,97	1.377,15

KUNDENUMSATZLISTE AUSDRUCK. Die Kundenumsatzliste enthält alle ausgewählten Kunden nach Kundennummer sortiert, mit Umsatz und dem Datum des letzten Umsatzes.

Die Umsatzzahlen in dieser Liste sind netto, ohne MwSt., d.h. es geht hier nur um den reinen Warenumsatz. Damit sind Inlands- und Auslandskunden vergleichbar, weil beide Umsätze auf der gleichen Basis berechnet werden. Der Umsatz enthält immer den gesamten Umsatz für den ausgewählten Zeitraum. Dabei ist allerdings zu beachten, dass die Umsatzzahlen immer erst beim Statistiklauf aktualisiert werden. **Nur bereits im Rechnungsausgangsbuch ausgewiesene Rechnungen werden hier berücksichtigt.**

Mandant: 200 Musikladen GmbH - Auftrag Druck 22.10.2007 / 05:08 / @CL

Kundengruppenumsätze Währung: Euro Datum 25.10.2007 Seite 1

Kundengruppe	Umsatz	Roherlös
K	8.117,97	1.377,15
SUMME	8.117,97	1.377,15

KUNDENGRUPPENUMSÄTZE. Neu in der Version 2008 ist die Summierung der Kundenumsätze auch nach Kundengruppen..

Praxistipp

Im Gegensatz zur Umsatzliste ist die Hitliste generell nach Umsatz sortiert. Wir haben hier also eine Rangliste, die mit dem Kunden mit dem höchsten oder geringsten Umsatz anfängt (je nach Auswahl) und neben dem Umsatz als Zahl auch angibt, wie viele Prozent vom Gesamtumsatz das ausmacht. Auf diese Weise können Sie sehr schön sehen, mit wie vielen Kunden Sie mehr als 80% Ihres Umsatzes machen. Das sind in der Regel ca. 20 Prozent Ihrer Kunden. Diese Kunden sollten Sie dann noch intensiver betreuen.

Mandant 200 Musikladen GmbH - Auftrag Druck 22.10.2007 / 05:12 / @CL

Kundenhitliste Währung: Euro Datum 25.10.2007 Seite 1

Rang	Kunden-nummer	Kurzbezeichnung	letzter Umsatz am	Roherlös	Umsatz	Anteil am sel. Umsatz	Anteil am Gesamtumsatz
1	10001	Deutsches Theater - München	25.10.2007	93,66	408,28	5,03 %	5,03 %
2	10000	Cinema Filmtheater - München	26.10.2007	1.283,49	7.709,69	94,97 %	94,97 %
*****	Umsatz / Roherlös der selektierten Kunden			1.377,15	8.117,97	100,00 %	100,00 %
*****	Gesamtumsatz	(3 Kunden)			8.117,97		

Hier sehen Sie, wie viel der Umsatz dieses Kunden am selektierten Umsatz ausmacht.

Hier sehen Sie die Anzahl der Kunden insgesamt.

KUNDENHITLISTE. Die Kundenhitliste ist eine Rangliste unserer Kunden. Hier sehen wir, wie viel Prozent vom Gesamtumsatz auf den einzelnen Kunden entfallen. Am Ende der Liste wird noch die Anzahl der Kunden insgesamt angezeigt.

Im Gegensatz zur **Kundenumsatzliste** und zur **Hitliste** gibt es bei der Liste **Kundenumsätze pro Artikel** auf Grund der wesentlich größeren Datenmenge pro Kunde eine Seite (Liste). Hier ist dann neben dem Betrag auch die Menge jedes einzelnen Artikels aufgeführt. Dabei gibt es auf der linken Seite die Umsätze je Periode, auf der rechten Seite die Umsätze des gesamten Jahres.

> Diese Liste bezieht sich immer auf einen einzelnen Kunden.

> Der Roherlös wird ermittelt durch Verkaufspreis minus MEK (Mittlerer Einkaufspreis). Er erfordert eine aktuelle Preispflege.

Mandant 200 Musikladen GmbH - Auftrag Druck 22.10.2007 / 05:16 / @CL

Kundenumsätze pro Artikel Währung: Euro Datum 25.10.2007 Seite 1

Kunde D10000 Cinema Filmtheater - München

Artikelnummer / Artikelbezeichnung	Hersteller	ME	Periode Menge	Periode Umsatz	Periode Roherlös	Geschäftsjahr Menge	Geschäftsjahr Umsatz	Geschäftsjahr Roherlös
100-00001 TOSHIBA HD-EP10-K-TETM HD DVD PLAYER	0000000000	Stck	10	3.362,54	216,34	10	3.362,54	216,34
200-00001 Die Simpsons - Der Film - 2007, DVD	0000000000	Stck	250	3.375,00	750,00	250	3.375,00	750,00
300-00001 Stereolautsprecher, 1 Paar, 280 Watt schwarz	0000000000	Paar	1	948,40	293,40	1	948,40	293,40
V1 Fracht und Verpackung	0000000000	Psch	1	23,75	23,75	1	23,75	23,75
SUMME Kunde D 10000				7.709,69	1.283,49		7.709,69	1.283,49

KUNDENUMSÄTZE JE ARTIKEL. Die Kundenumsätze je Artikel listen den Umsatz je Kunde, je Artikel auf mit Preis, Menge und Roherlös.

Ähnlich weit in die Tiefe geht die Artikelstatistik. Hier werden die Umsätze jedes einzelnen Artikels mit Menge und Betrag, Perioden und Jahreswerten aufgelistet.

Auch bei diesen Listen und Auswertungen ist es möglich, die gewählten Selektionskriterien mit auszudrucken.

Vorjahresvergleich

Der Begriff Vorjahresvergleich trifft die Sache nur zum Teil. Die Auswertung Vorjahresvergleich bietet die Möglichkeit, 2 unterschiedliche Zeiträume miteinander zu vergleichen. Diese Zeiträume können wahlweise das laufende Geschäftsjahr und das Vorjahr betreffen, Sie können aber auch das 1.Quartal mit dem 2.Quartal vergleichen, etc..

Das Interessante an dieser Auswertung ist die Möglichkeit, ab welcher prozentualen Abweichung Sie die Daten angezeigt haben wollen. So können Sie z.B. sagen, ich möchte eine Liste aller Kunden, bei denen der Umsatz um mehr als 10% gestiegen / gefallen ist.

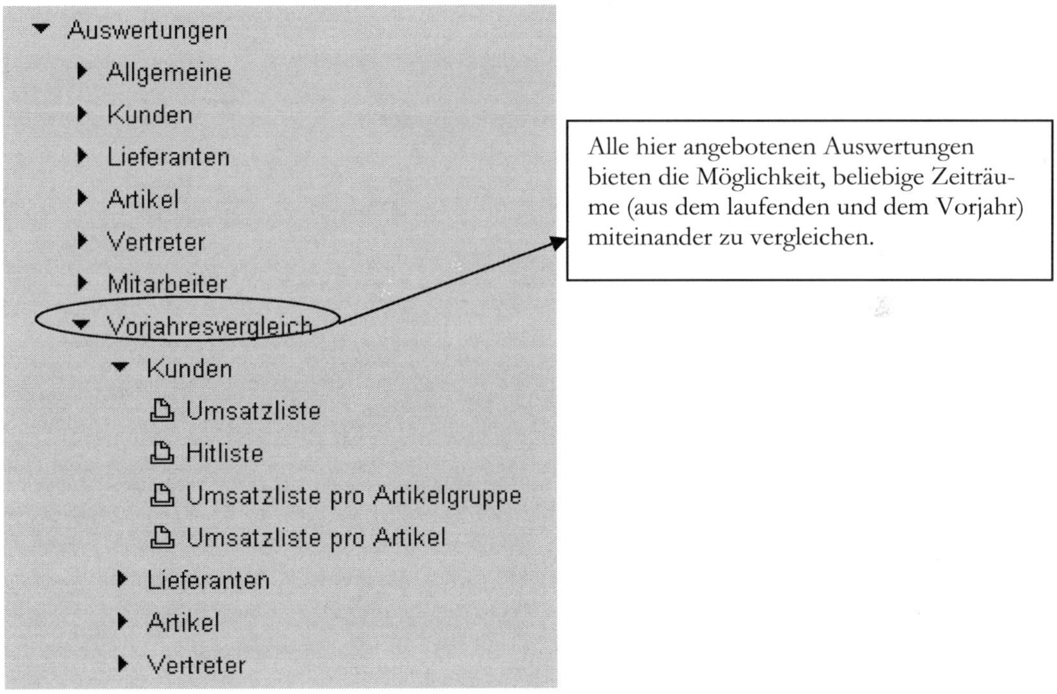

VORJAHRESVERGLEICH. Hier haben Sie die Möglichkeit, 2 unterschiedliche Zeiträume mit einander zu vergleichen.

Den Vorjahresvergleich finden Sie unter: **Auftragsbearbeitung → Auswertungen → Vorjahresvergleich**. Dabei erhalten Sie Ihre Auswertungen in 2 Schritten: Als erstes kommt, wie bei jeder anderen Auswertung auch, ein Filter für die Auswahl der gewünschten Datensätze hoch. Erst, wenn Sie hier alle gewünschten Eingaben gemacht haben, kommt eine 2. Maske, in der Sie auswählen können, welche beiden Zeiträume für die ausgewählten Datensätze verglichen werden sollen.

Im Standard sind die Werte so vorbelegt, dass Sie immer alle Datensätze bekommen.

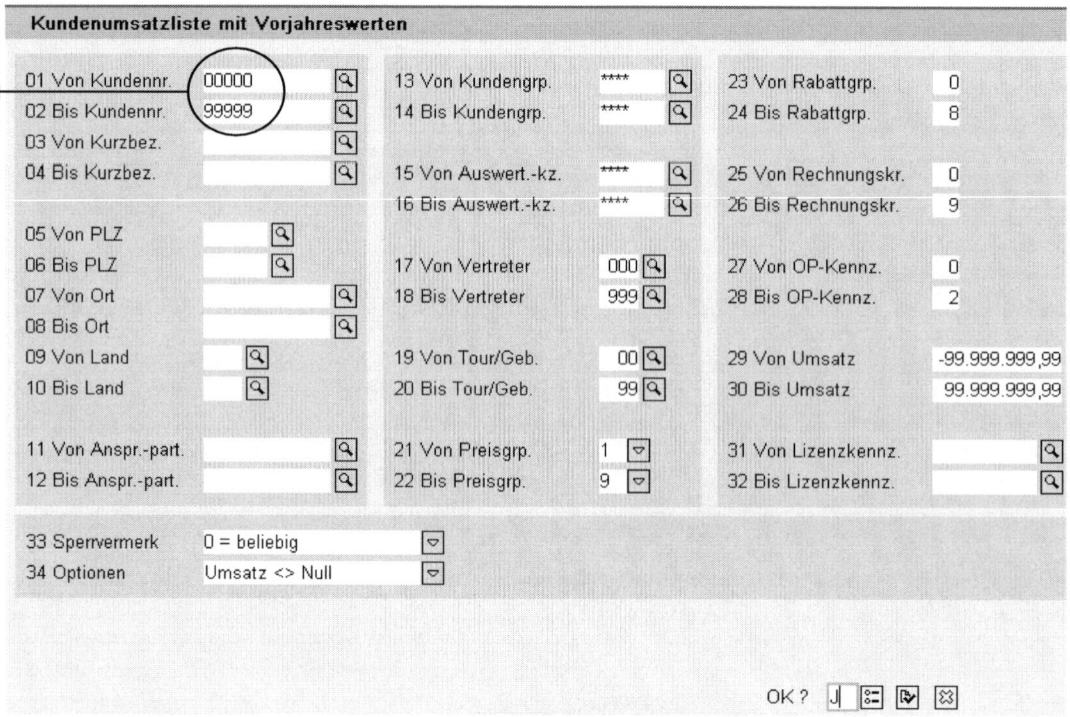

KUNDENUMSÄTZE MIT VORJAHRESWERTEN. Treffen Sie hier Ihre gewünschte Auswahl.

Im ersten Schritt haben Sie die üblichen Auswahlkriterien, die Sie bereits aus der Kundenumsatzliste kennen. Im nächsten Schritt kommen Sie dann in die Maske, in der Sie die gewünschten Zeiträume eingeben und darüber hinaus zusätzliche Parameter festlegen können, wie zum Beispiel die gewünschte Mindestabweichung als Betrag oder in Prozent.

In unserem Fall gibt es nur das aktuelle Jahr, ansonsten könnten Sie hier auch das Vorjahr oder das Vorvorjahr auswählen.

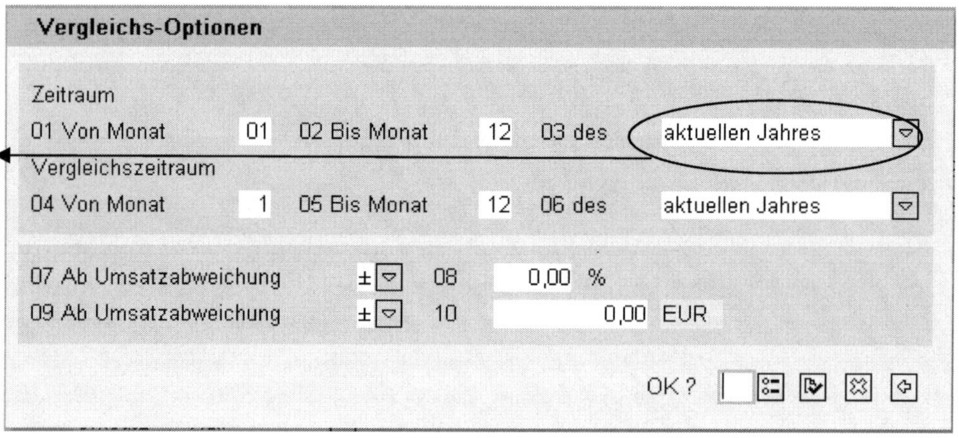

VERGLEICHSOPTIONEN. Wählen Sie hier die zu vergleichenden Zeiträume aus und setzen Sie weitere Bedingungen.

In der Jahresauswahl werden immer nur die Jahre angeboten, die auch im System vorhanden sind. Dabei ist es erforderlich, dass in der Auftragsbearbeitung auch jedes Jahr ein eigener Jahresabschluss gemacht wird, damit die entsprechenden Vorjahrestabellen auch gepflegt werden[52].

52 Mehr dazu im nächsten Kapitel, Perioden- und Jahresabschluss.

Sobald Sie mehr als eine Periode erfasst haben, können hier beliebige Zeiträume miteinander vergleichen.

Mandant	200	Musikladen GmbH - Auftrag		Druck	22.10.2007 / 11:08 / @CL	
Kundenumsatzliste mit Vorjahreswerten		Währung: Euro		Datum 25.10.2007	Seite 1	
Kunden-nummer	Kurzbezeichnung	Umsatz Jan-Dez AJ	Umsatz Jan-Dez AJ	Abw. in %	Abw. in Euro	
10000	Cinema Filmtheater - München	7.709,69	7.709,69	0,00 %	0,00	
10001	Deutsches Theater - München	408,28	408,28	0,00 %	0,00	
SUMME		8.117,97	8.117,97	0,00 %	0,00	

VORJAHRESVERGLEICH. Sobald Sie ein Vorjahr haben, oder eine Vergleichsperiode, sehen Sie hier die Umsatzentwicklung als Betrag und in Prozent.

Lernzielkontrolle

☺ **Testen Sie Ihr Wissen**

1) Wann wird der Umsatz im Kundenstamm aktualisiert?
2) Was ist der Unterschied zwischen Kundenumsatzliste und Hitliste?
3) Welche Informationen finden Sie in der Kundenhistorie?
4) Was ist der Unterschied zwischen Kundenumsatz und Offenen Posten?
5) Welche Möglichkeiten bietet der Vorjahresvergleich?
6) Welche Informationen bekommen Sie in der Liste Kundenumsatz nach Artikel?
7) Was ist der Unterschied zwischen der Liste "Offene Aufträge" und "Offene Aufträge nach Kunde"?
8) Warum kommt bei der Auswertung "Offene Rechnungen" die Meldung: Es konnte kein Datensatz selektiert werden?

Praktische Übungen

Tastaturübungen

1) Drucken Sie die Liste der Offenen Aufträge.
2) Drucken Sie eine Liste Offene Aufträge nach Artikel.
3) Drucken Sie die Kunden Umsatzliste und die Kundenhitliste und vergleichen Sie die beiden.

Kapitel

8

Perioden- und Jahresabschluss

Lernen Sie hier die Bedeutung der Abschlüsse kennen und wichtige Details bei der Durchführung.

Der Abschluss in der Auftragsbearbeitung ist von der Finanzbuchhaltung völlig unabhängig. Der Abschluss dient dazu, die Umsätze in der Auftragsbearbeitung in den einzelnen Bereichen zurückzusetzen. Stellen Sie sich vor, für die Periodenwerte wird einfach ein Topf aufgestellt, in den jeder einzelne Umsatz hineinfließt; gleichzeitig gibt es einen 2. Topf für die Jahreswerte, der ebenfalls bei jedem Umsatz mit gefüllt wird. Beim Periodenabschluss passiert jetzt nichts anderes, als dass dieser Topf mit den Periodenwerten einfach ausgeleert wird, damit es wieder bei Null losgeht. Dasselbe passiert beim Jahresabschluss; hier wird der Topf mit den Jahreswerten ausgeleert. Im Jahresabschluss ist auch ein Periodenabschluss enthalten, d.h. beim Jahresabschluss werden Perioden- und Jahreswerte auf Null gesetzt. Es genügt also am Jahresende (in der Regel im Dezember) einen Jahresabschluss zu machen.

Wichtig

Vor dem Periodenabschluss ist es wichtig, dass folgende Arbeiten erledigt sind:

- Alle Rechnungen für den laufenden Monat sind erfasst und gedruckt.
- Das Rechnungsausgangsbuch ist bis zum Letzten des Monats gedruckt.
- Alle erforderlichen Auswertungen mit Periodenwerten sind gedruckt (z.B. Vertreterumsätze, Artikelstatistik,....)

Wenn Sie auch mit dem Bestellwesen arbeiten, sind auch hier das Wareneingangsbuch zu drucken und die gewünschten Auswertungen zu machen. Die Abschlüsse für die Auftragsbearbeitung und das Bestellwesen werden gemeinsam gemacht.

Praxistipp

Jetzt zur Sicherheit noch eine Datensicherung anfertigen und dann können Sie den Periodenabschluss machen.

Unter **Auftragsbearbeitung → Abschluss → Periodenabschluss** wird der Periodenabschluss gestartet.

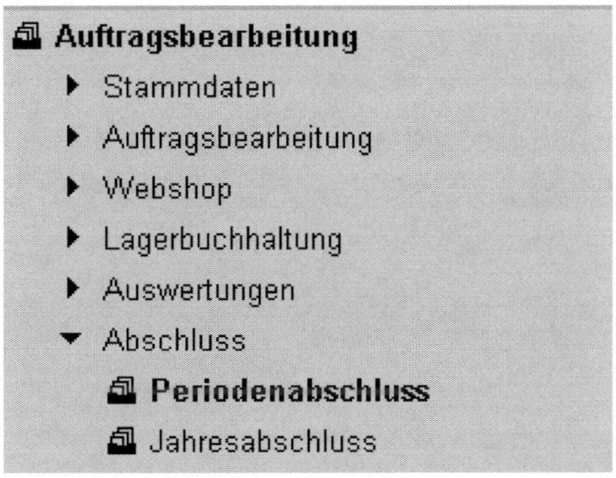

ABSCHLUSS. Wählen Sie hier den Periodenabschluss oder den Jahresabschluss aus.

In der Regel wird der Periodenabschluss für Auftragsbearbeitung und Bestellwesen gemeinsam gemacht. Prüfen Sie daher, ob auch im Bestellwesen alle Vorarbeiten erledigt sind.

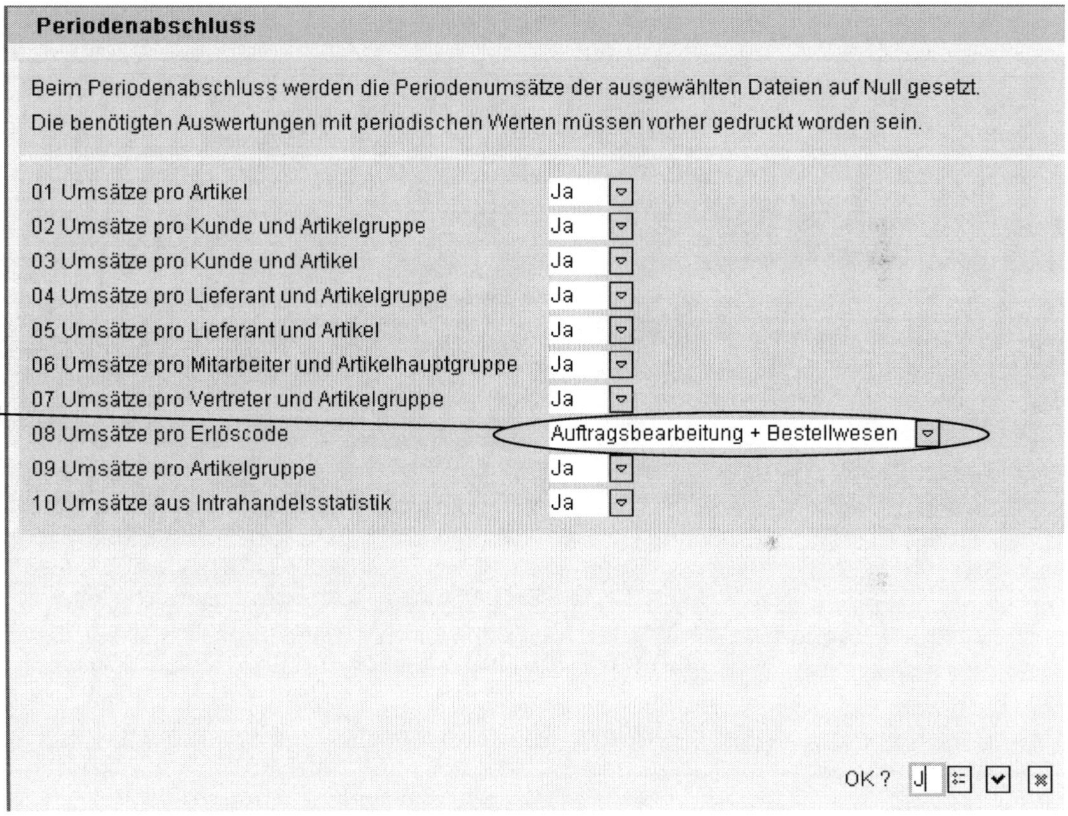

PERIODENABSCHLUSS. Da beim Periodenabschuss die Periodenwerte auf Null gesetzt werden, ist es wichtig, dass vorher alle erforderlichen Auswertungen mit Periodenwerten gedruckt wurden.

Praxistipp

Alternativ zur Datensicherung können Sie auch den Mandanten auf eine andere Nummer kopieren und die Mandantenbezeichnung ändern, z.B. auf Musikladen, Kopie vor Abschluss 10/07. Dann wissen Sie sofort, welchen Datenstand die Kopie hat. Allerdings sollten Sie diese Kopie dann auch 2-3 Monate später wieder löschen, damit der Überblick nicht verloren geht und Sie ihre Datenbestände nicht unnötig aufblähen.

Das funktioniert unter: **Administration → Mandantenverwaltung → Mandant kopieren**.

Der Jahresabschluss wird immer erst am Jahresende durchgeführt. Dabei sind vorher alle Rechnungen für das alte Jahr zu erfassen und das Rechnungsausgangsbuch bis zum 31.12. zu drucken.

Wichtig

Die Datensicherung, die Sie vor dem Jahresabschluss in der Auftragsbearbeitung erstellen, sollten Sie unbedingt archivieren.

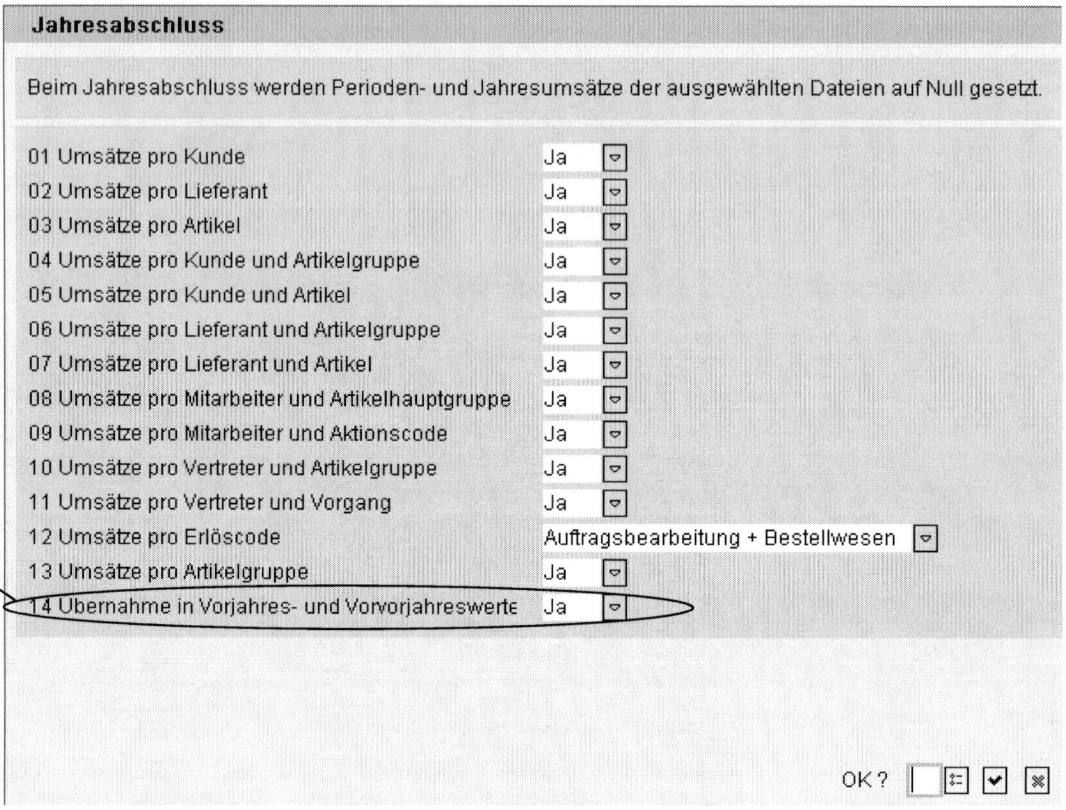

Beim Jahresabschluss können Sie die Jahreswerte ins Vorjahr übernehmen und die Vorjahreswerte ins Vorvorjahr. Das ist vor allem für den Vorjahresvergleich wichtig.

JAHRESABSCHLUSS. Im Jahresabschluss ist auch ein Periodenabschluss enthalten.

Den Jahresabschluss bitte mit nein wieder verlassen.

Lernzielkontrolle

Testen Sie Ihr Wissen

1) Was passiert beim Periodenabschluss im Programm?
2) Welche sinnvolle Alternative zur Datensicherung haben Sie beim Periodenabschluss?
3) Was sollten Sie dabei beachten?
4) Welche Arbeiten sollten vor dem Periodenabschluss durchgeführt werden?

Praktische Übungen

Tastaturübungen

1) Erstellen Sie eine Kopie des Mandanten auf die Nummer 201; wechseln Sie in Mandant 201 und benennen Sie ihn um auf: Musikladen, Kopie v. Abschl. 10/07.
2) Führen Sie im Mandant 200 einen Periodenabschluss durch.

Kapitel

9

Preise und Rabatte

Hier erhalten Sie einen Überblick über die vielfältigen Möglichkeiten der Preisgestaltung in der Classic Line.

Es gibt neben den 9 Verkaufspreisen im Artikelstamm eine Fülle von Möglichkeiten, mit Rabatten, Staffel- und Sonderpreisen zu arbeiten. Wir wollen einmal systematisch die einzelnen Varianten durchgehen und Ihnen zeigen, wie Sie bei all der Vielfalt der Preisgestaltung noch den Überblick behalten.

Es gibt verschiedene Bereiche, in denen Sie auf den Preis eines Artikels Einfluss nehmen können. Wahlweise können Sie die Preise verändern in Abhängigkeit von einem Kunden, einer Kundengruppe, einer Artikelgruppe, einer Menge oder für einen bestimmten Aktionszeitraum. Wir zeigen Ihnen die wichtigsten Möglichkeiten an Hand von praktischen Beispielen.

- **Rabatt im Kundenstamm**: Sie können im Kundenstamm einen festen Rabatt hinterlegen; dieser Rabatt gilt dann für alle Artikel, die nicht als Nettoartikel (ohne Rabatt) gekennzeichnet sind. Diese Variante ist in erster Linie sinnvoll, wenn Sie an Wiederverkäufer verkaufen, die z.B. 25% Rabatt bekommen. Dieser Nachlass gilt dann generell für alle Artikel.

- **Mengenstaffel im Artikelstamm**: Sie haben im Artikelstamm die Möglichkeit, bei jedem Artikel eine Mengenstaffel zu hinterlegen, bei der für unterschiedliche Mengen wahlweise ein Rabatt gewährt wird, oder ein anderer Einzelpreis gültig ist. Diese Mengenstaffel finden Sie z.B. in jedem Kopierladen, wo Sie ab der 5. Kopie einen anderen Preis pro Kopie haben und dann wieder ab der 10. und ..... In diesem Fall ist der Preis also nicht vom Kunden, sondern ausschließlich von der abgenommenen Menge abhängig.

- **Sonderpreise / Sonderrabatte je Kunde**: Unter Preise und Rabatte können Sie pro Kunde für jeden einzelnen Artikel einen Sonderpreis oder Sonderrabatt hinterlegen. Dieser individuelle Preis gilt dann nur für einen Kunden und einen Artikel.

- **Die Rabattmatrix**: In der Rabattmatrix können Sie Rabatte für Kundengruppen und Artikelgruppen festlegen. So können Sie z.B. festlegen, dass die Kundengruppe 0, Stammkunden, auf alle Artikel in der Rabattgruppe 2 einen Rabatt von 5% bekommen. Bitte beachten Sie die Vielschichtigkeit der Rabattmatrix und lesen Sie die Funktionalität bitte im Handbuch nach, bevor Sie die Rabattmatrix benutzen.

- **Befristeter Sonderpreis**: Hier haben Sie die Möglichkeit, im Artikelstamm auf Seite 2 einen zeitlich befristeten Sonderpreis einzutragen. Dieser Preis gilt für alle Kunden. Dieser Sonderpreis wird dann zur Preisfindung herangezogen, wenn er niedriger als der für den betreffenden Kunden entscheidende Verkaufspreis abzüglich etwaiger Rabatte liegt.

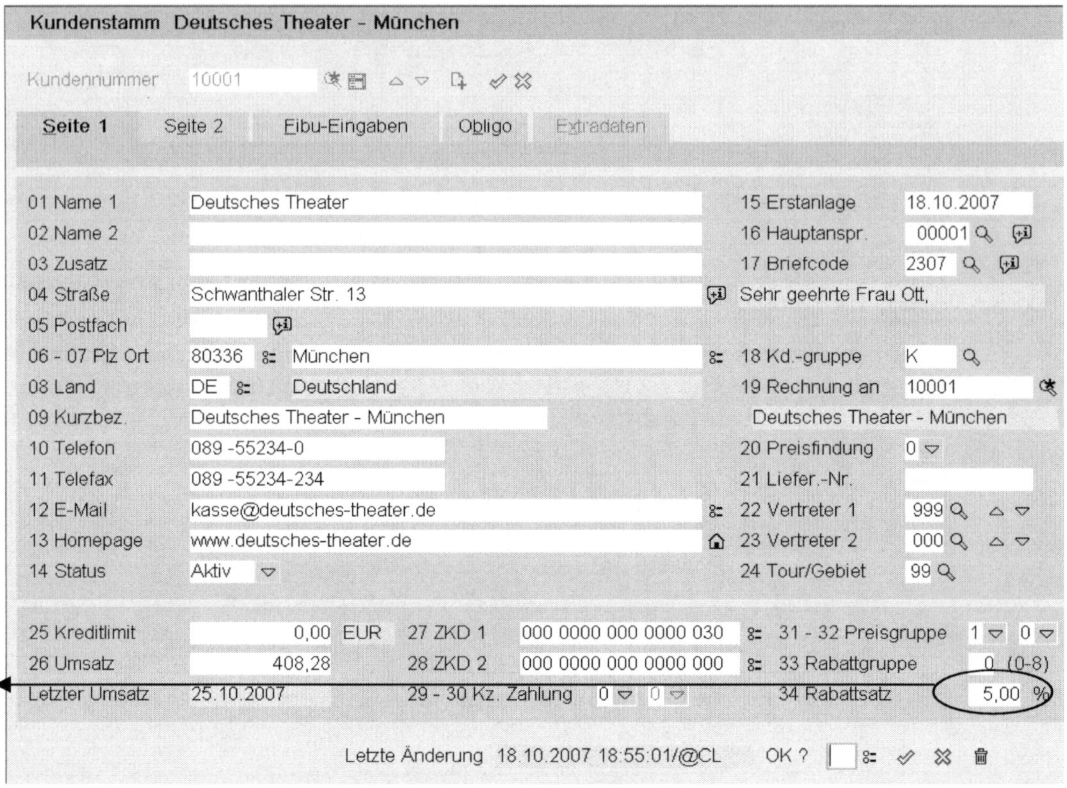

Tragen Sie hier den für den ausgewählten Kunden gültigen Rabattsatz ein. Er gilt für alle Artikel, die mit Rabattmöglichkeit angelegt worden sind.

RABATT IM KUNDENSTAMM. Im Kundenstamm können Sie im Feld 34 einen Rabattsatz eintragen; dieser gilt generell für alle Artikel, für die ein Rabatt gewährt werden kann.

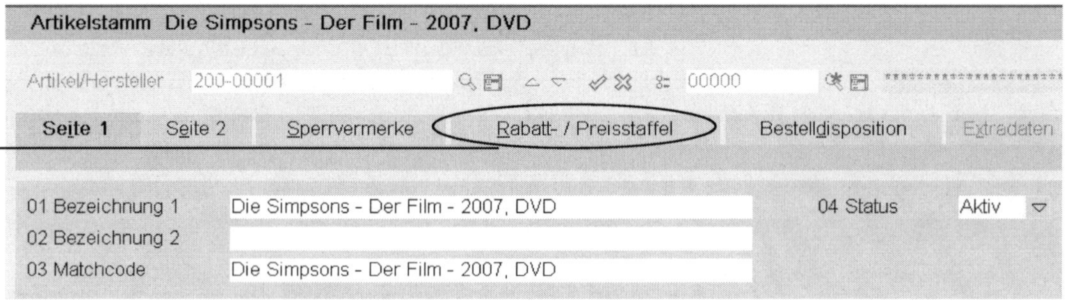

Sie haben bei jedem Artikel die Möglichkeit, eine Mengenstaffel zu hinterlegen, mit beliebigen Abstufungen.

RABATTSTAFFEL IM ARTIKELSTAMM. Die mengenabhängige Preisstaffel gilt generell für alle Kunden.

Direkt im Artikelstamm können Sie für jeden Artikel eine Rabatt- und Preisstaffel hinterlegen, die jeweils nur für den ausgewählten Artikel gültig ist. Wahlweise mit anderen Preisen oder prozentualen Nachlässen.

Hier legen Sie fest, ab welcher Menge der Preis gültig ist. Sie können hier bis zu 10 Staffeln erfassen.

Statt eines Rabattes können Sie auch einen anderen Einzelpreis hinterle-

Beim Staffelkennzeichen legen Sie fest, ob zusätzlich zur Mengenstaffel weitere Rabatte berücksichtigt werden sollen.

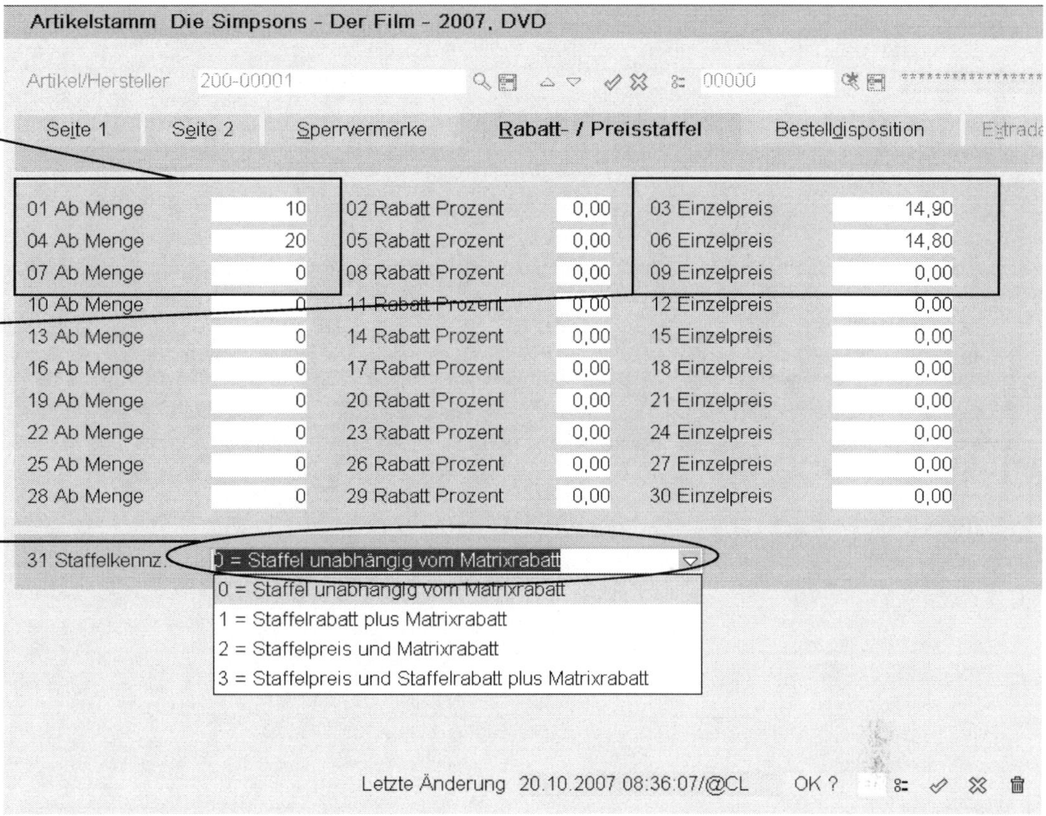

RABATT / PREISSTAFFEL. Hier legen Sie fest, ob Sie beim Erreichen einer bestimmten Menge einen Rabatt oder einen niedrigeren Preis gewähren. Bitte immer nur entweder einen Rabatt, oder einen anderen Einzelpreis eintragen, niemals beides.

Hier haben Sie die Möglichkeit, für jeden Kunden und für jeden Artikel einen individuellen Preis oder Rabatt zu vereinbaren.

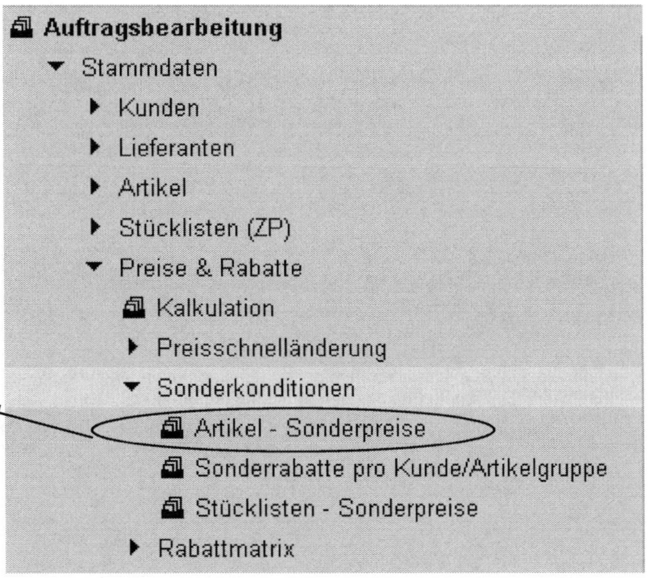

SONDERKONDITIONEN. In den Sonderkonditionen legen Sie Sonderpreise und Rabatte fest, die nur für einzelne Kunden gültig sind.

Wichtig

Dabei können Sie einzelne Artikel wahlweise mit einem Rabatt belegen oder einen Sonderpreis eintragen. **Der Kundensonderpreis hat in der Preisfindung oberste Priorität**, d.h. selbst wenn der Sonderpreis höher ist, als ein Preis aus der Mengenstaffel des Artikels, gilt für den betreffenden Kunden der Kundensonderpreis.

Bitte achten Sie bei der Wahl Ihrer Preisgestaltung darauf, dass Sie auch noch einen Überblick behalten, über die einzelnen Preise. Und überlegen Sie bereits im Vorfeld einmal, was bei einer Preiserhöhung passieren soll. Je komplexer die Preisgestaltung, desto schwieriger wird es bei einer allgemeinen Preisänderung. In jedem Fall sollten Sie die Preisgestaltung vorab einmal in einer Mandantenkopie durchspielen und prüfen, ob Sie auch das gewünschte Ergebnis erzielen.

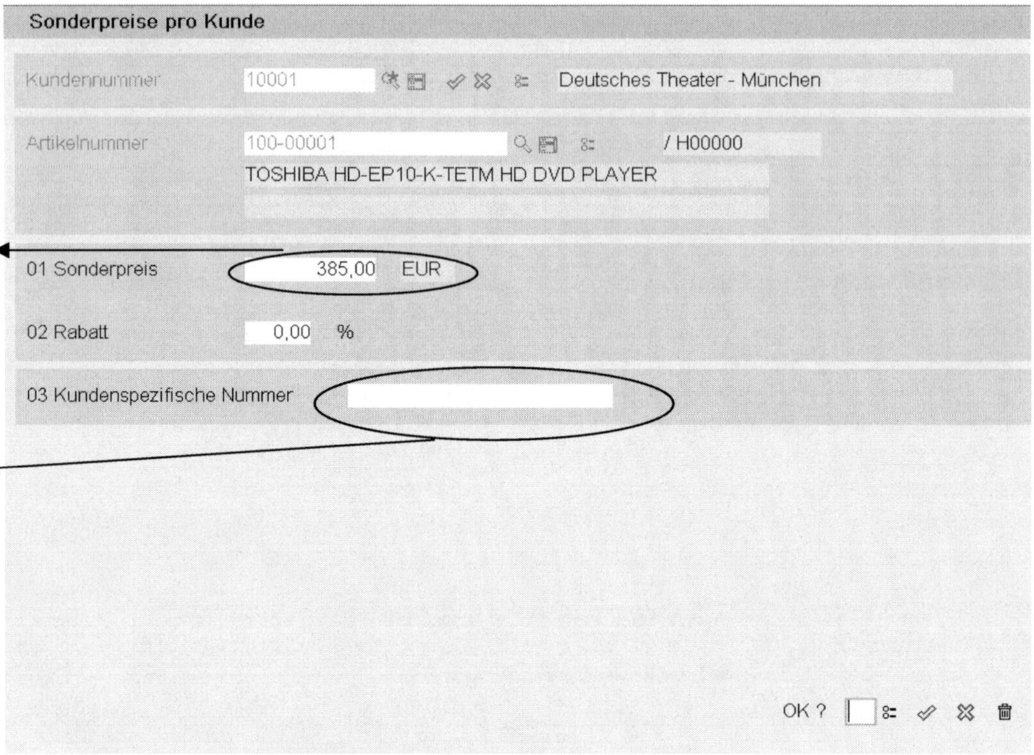

Dieser Sonderpreis gilt nur für den oben ausgewählten Kunden.

Hier könnten Sie zusätzlich noch eine eigene Artikelnummer für diesen Kunden erfassen. Das ist sehr nützlich, wenn der Kunde mit seinen eigenen Artikelnummern bei Ihnen bestellt. Diese Nummern können in allen Formularen mit angedruckt werden.

ARTIKELSONDERPREIS JE KUNDE. Neben einem Artikelsonderpreis können Sie hier auch noch eine Kundenspezifische Artikelnummer eintragen, die dann bei diesem Kunden im Vorgang mit geduckt wird.

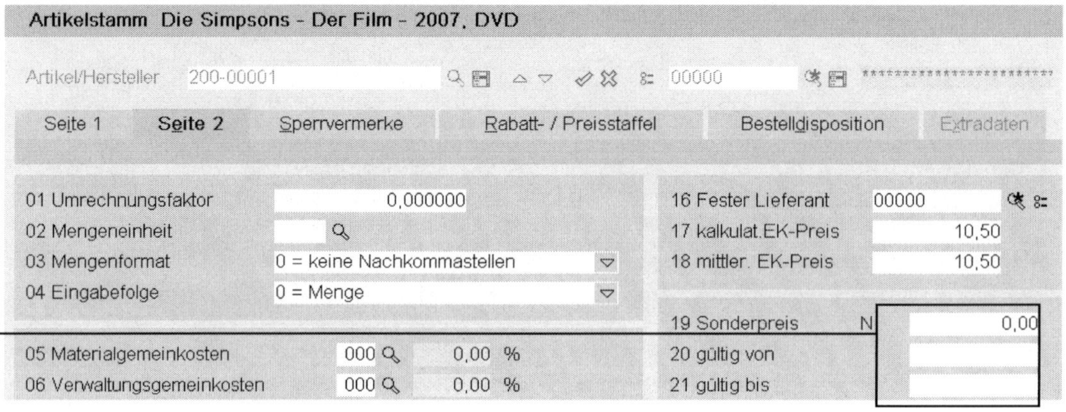

Erfassen Sie hier einen Sonderpreis gültig von bis. Das eignet sich insbesondere für zeitlich befristete Aktionen, wie Messen oder Sonderveranstaltungen.

SONDERPREIS IM ARTIKESTAMM. Früher hieß dieser Preis Aktionspreis. Es ist die einzige Möglichkeit, einen Preis mit Datum zu befristen.

In diesen Feldern können Sie einen zeitlich befristeten Sonderpreis für (alle) Kunden festlegen. Dieser Sonderpreis wird dann zur Preisfindung herangezogen, wenn er niedriger ist, als der für den betreffenden Kunden gültige Verkaufspreis abzüglich etwaiger Rabatte.

Wenn alle gewünschten Sonderpreise und Rabatte angelegt sind, erfassen wir einen neuen Auftrag, um zu prüfen, ob das Programm auch unsere neue Preisfindung, wie gewünscht, automatisch anwendet.

Als Kunde wählen wir das Deutsche Theater, um unseren Sonderpreis zu prüfen.

Nachdem der Periodenabschluss für Oktober bereits gemacht ist, erfassen wir den Auftrag für den 01.11.07.

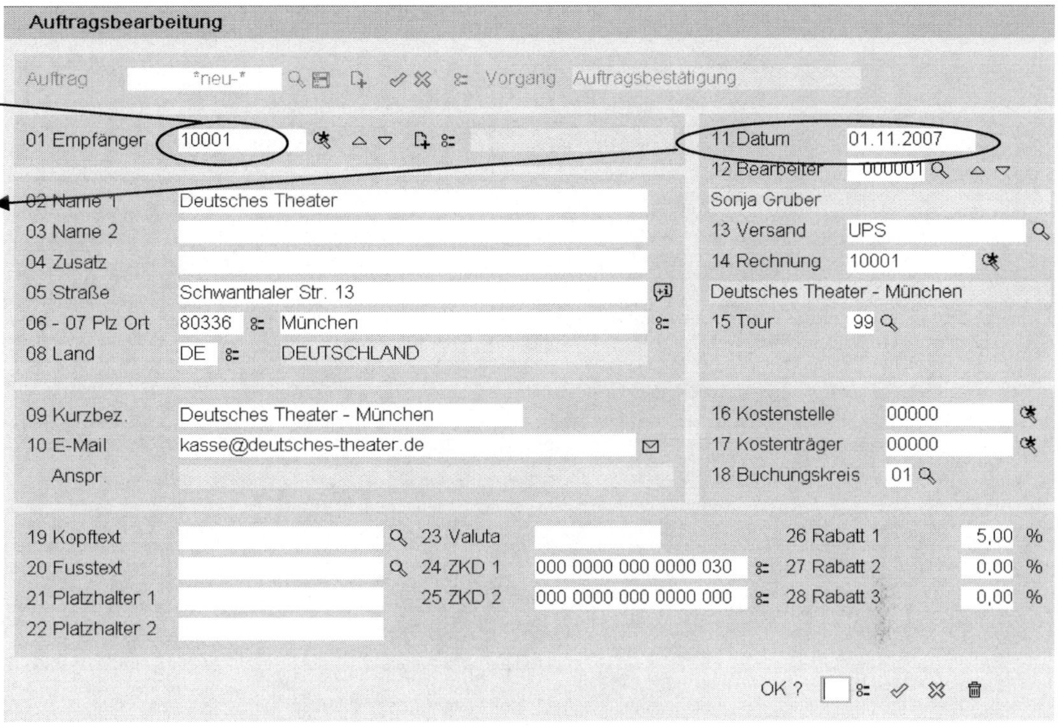

NEUER AUFTRAG MIT SONDERKONDITIONEN. Um Ihnen die Wirkung der erfassten Sonderpreise einmal vorzuführen, erfassen wir jetzt für das Deutsche Theater einen neuen Auftrag.

Jetzt erfassen wir noch einmal einen neuen Auftrag für unseren Kunden Deutsches Theater, für den wir unseren Sonderpreis eingetragen haben. Es werden dabei folgende Artikel erfasst:

- DVD-Player, 2 Stück
- DVD Die Simpsons - Der Film, 20 Stück

Kundensonderpreis, der unter Preise und Rabatte, Sonderkonditionen, Sonderpreise je Artikel angelegt wurde.

Preis aus der Mengenstaffel im Artikel.

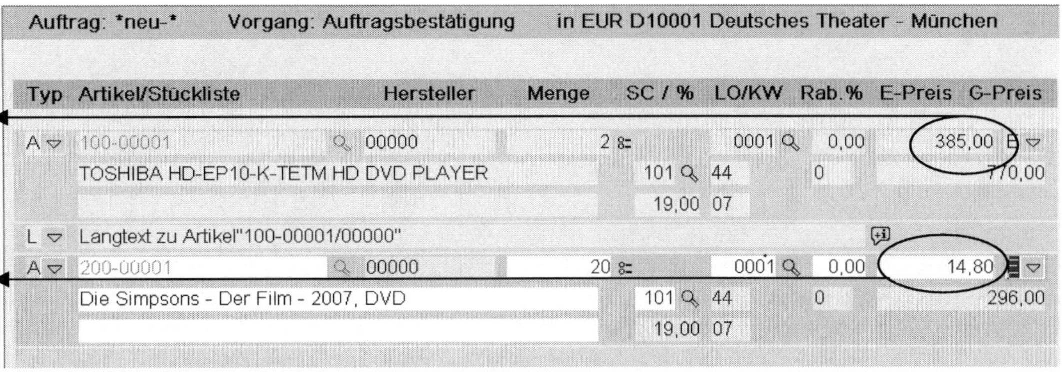

AUFTRAG MIT SONDERPREISEN UND RABATTEN. Vorsicht ist geboten, wenn Sie mit Sonderpreisen und Rabatten im Kundenstamm arbeiten; dann gibt es auch auf die Sonderpreise Rabatt.

Über **Optionen → Preisnachweis** haben Sie im Vorgang jederzeit die Möglichkeit, nachzuprüfen, wo ein Preis herkommt. Das ist in Anbetracht der vielfältigen Preisgestaltungsmöglichkeiten in der Classic Line sehr hilfreich und wichtig.

🗁 **Wichtig**

Bitte prüfen Sie vor allem zu Beginn Ihrer neuen Preisgestaltung, ob die Preise auch korrekt ermittelt werden. Am Besten an Hand von Stichproben für einzelne Artikel. Wählen Sie dabei Ihre Proben so, dass Sie jede von Ihnen verwendete Möglichkeit der Preisgestaltung und auch die unterschiedlichen Kombinationen zumindest an Hand von einem Beispiel nachvollziehen können.

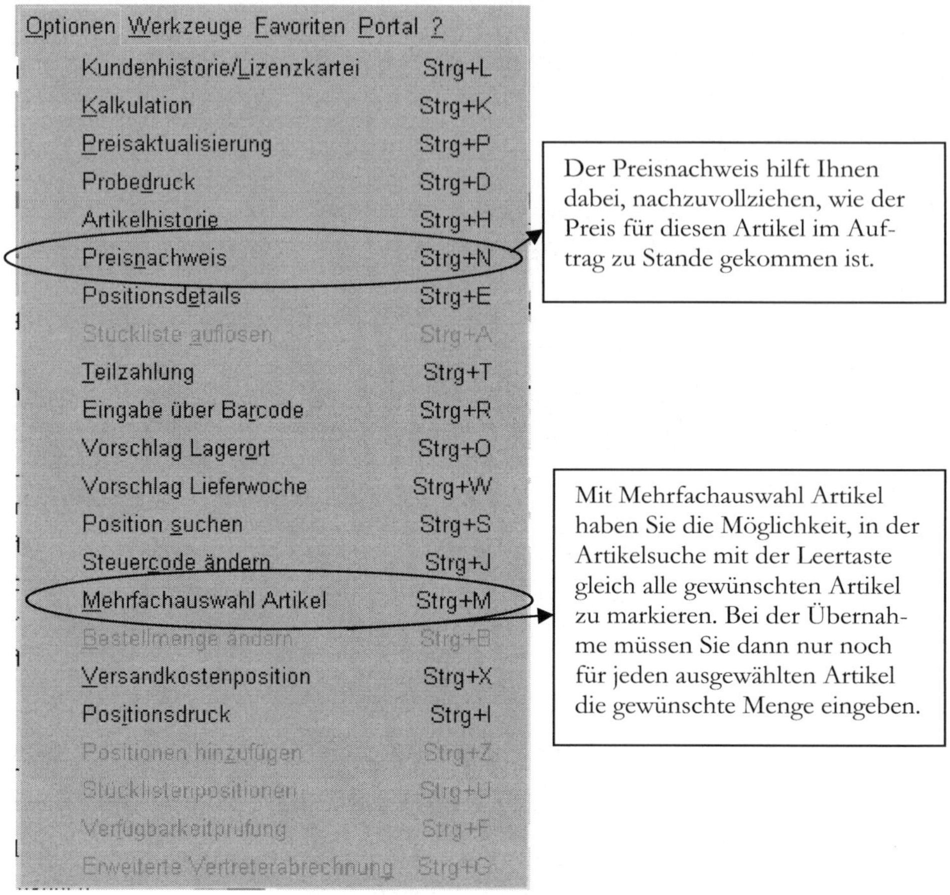

PREISNACHWEIS IM VORGANG. Wenn der Cursor auf einem Artikel steht, können Sie mit der Tastenkombination **Strg+N** den Preisnachweis aufrufen.

Als Basis ist im Kundenstamm der VK 1 zugeordnet.

Zur Kontrolle sehen Sie hier noch den VK1.

In diesem Fall greift ein Staffelpreis aus dem Artikelstamm.

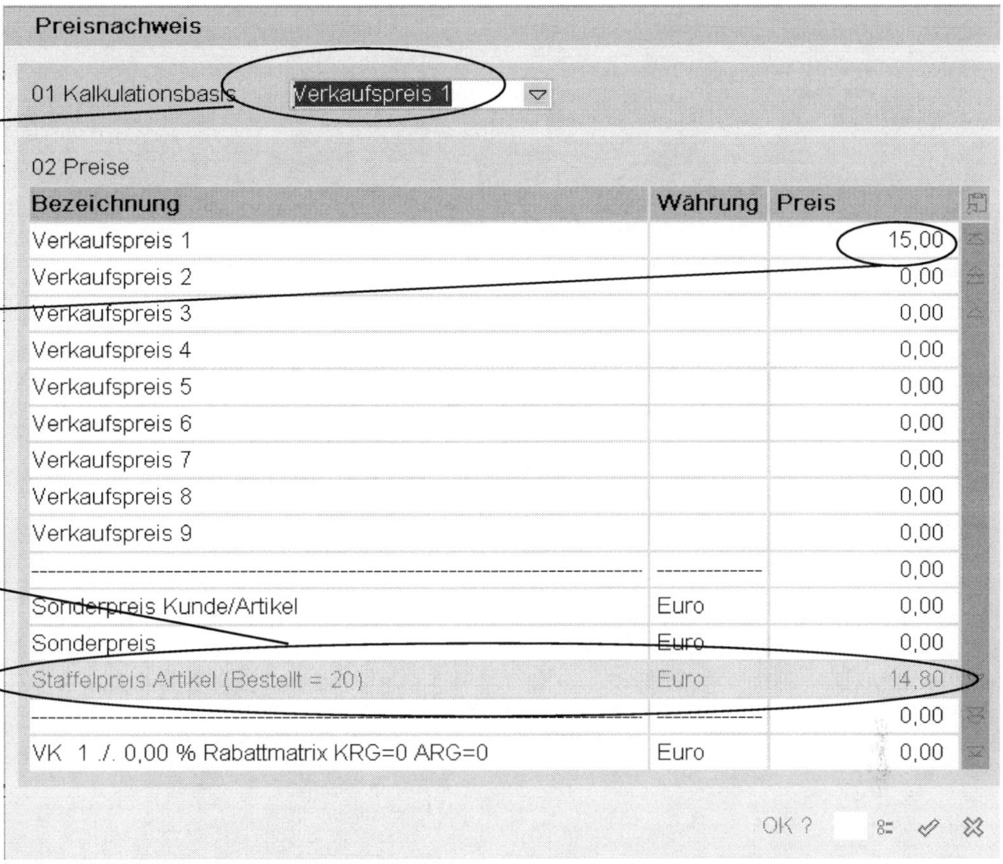

PREISNACHWEIS IM VORGANG. Im Preisnachweis sehen Sie, wie das System den Preis der ausgewählten Position ermittelt hat.

Im Preisnachweis sehen Sie auf einen Blick, dass für diesen Kunden der VK1 gültig ist, für diesen Artikel aber der günstigere Staffelpreis aus dem Artikelstamm gilt.

Wichtig

Wenn Sie mit Sonderkonditionen arbeiten, beachten Sie bitte, dass die meisten Rabatte additiv, d.h. zusätzlich wirken. Wie Sie in unserem Beispiel sehen, erhält unser Kunde Deutsches Theater sowohl auf seinen Sonderpreis, als auch auf den Staffelpreis noch 5% Rabatt. Wir empfehlen Ihnen daher dringend, gerade in der Anfangsphase die Preise im Vorgang sehr gewissenhaft zu kontrollieren, damit Sie ein wenig Sicherheit bekommen, wie die Preisbildung wirklich funktioniert.

Musikladen GmbH
Rosenstr. 3
85238 Petershausen

Tel.: 08137-05227
Tel.: 08137-05227

Artikelsonderpreis je Kunde

AUFTRAGSBESTÄTIGUNG

Deutsches Theater
Schwanthaler Str. 13
80336 München

Nummer : 2007-0000005
Datum : 01.11.2007
Kunde : 10001
UStIdNr :

Pos.	Artikelnummer	LW	Menge	Rbt.%	E-Preis	PE	G-Preis	S
1	100-00001 TOSHIBA HD-EP10-K-TETM HD DVD PLAYER	44	2 Stck		385,00		770,00	1
2	200-00001 Die Simpsons - Der Film - 2007, DVD	44	20 Stck		14,80		296,00	1

Wiedergabe von: DVD, DVD-R, DVD-RW
HD-DVD
CD, CD-R, CD-RW
Farbe: Schwarz
Abm.: (B xH x T) 430 x 65.5 x 345 mm
Anschlüsse: 2 Kanal Audio (Analog)
Digital Audio (optisch)
Komponenten Video Ausgang
Composite Video Ausgang
S-Video Ausgang
HDMI
Ethernet Anschluss (RJ45)
2 x Erweiterungsanschlüsse

Staffelpreis aus der Mengenstaffel im Artikelstamm

Rabatt aus dem Kundenstamm; wird zusätzlich gewährt.

			1.066,00
abzüglich	5,00	1.066,00	-53,30
			1.012,70

AUFTRAG MIT SONDERKONDITONEN. Hier sehen Sie nochmals im Überblick, welche Preise ermittelt wurden.

Natürlich haben Sie in der Praxis später auch die Möglichkeit, Sonderpreise und Rabatte mit Hilfe von Schnelländerungen zu pflegen.

Lernzielkontrolle

☺ **Testen Sie Ihr Wissen**

1) Wo legen Sie einen Staffelpreis für einen Artikel an?
2) Wenn Sie mit unterschiedlichen Sonderkonditionen arbeiten, welcher Preis hat immer Priorität?
3) Können Sonderpreise rabattiert werden?
4) Wie funktioniert der Preisnachweis?
5) Für wen gilt eine Rabattstaffel im Artikelstamm?
6) Wo können Sie für Ihren Kunden eigene Artikelnummern anlegen?

7) Wo können Sie zwischen Bruttopreis und Nettopreis unterscheiden?

8) An welcher Stelle können Sie einen zeitlich befristeten Sonderpreis erfassen?

Praktische Übungen

Tastaturübungen

1) Hinterlegen Sie bei unserem Kunden D10001 (Deutsches Theater) einen Rabatt in Höhe von 5%.

2) Gewähren Sie dem Deutschen Theater einen Sonderpreis für den DVD Player in Höhe von 385,-- (statt 393,28).

3) Hinterlegen Sie für die Simpsons, der Film eine Mengenstaffel mit folgenden Preisen: ab 10 Stück EUR 14,90, ab 20 Stück EUR 14,80.

4) Erfassen Sie einen neuen Auftrag für das Deutsche Theater, Datum 01.11.07 mit folgenden Positionen: 2x DVD Player, 20x Die Simpsons; prüfen Sie die Preise mit Hilfe der Funktion Preisnachweis im Auftrag.

5) Drucken Sie die Auftragsbestätigung des unter 4 erfassten Auftrages und rechnen Sie die Preise nach.

Kapitel 10

Die Lagerbuchhaltung

Vom Lagerzugang über die Lagerumbuchung bis zum Abgang.

Wenn Sie das Bestellwesen nicht nutzen, haben Sie alternativ die Möglichkeit, mit der Lagerbuchhaltung in der Auftragsbearbeitung zu arbeiten. Hier können Sie neben Lagerzu- und Lagerabgängen auch Umbuchungen von einem Lager auf ein anderes vornehmen (allerdings nur, wenn Sie im Mandantenstamm eingestellt haben: mehrere Lagerorte). Uns interessiert hier in erster Linie die Erfassung von Lagerzugängen, damit wir im Artikelstamm eine ordentliche Bestandsführung haben.

Die Lagerbewegungserfassung

Unter **Auftragsbearbeitung → Lagerbuchhaltung → Lagerbewegungserfassung** können Sie Zu- und Abgänge von Artikeln erfassen.

Hier erfassen Sie Lagerzugänge und -abgänge (z.B. bei Rücksendung an den Lieferanten).

Über die Lagerumbuchung können Sie Artikel von einem Lager auf ein anderes umbuchen. Das ist z.B. erforderlich, wenn Sie für den Wareneingang ein Sperrlager eingerichtet haben.

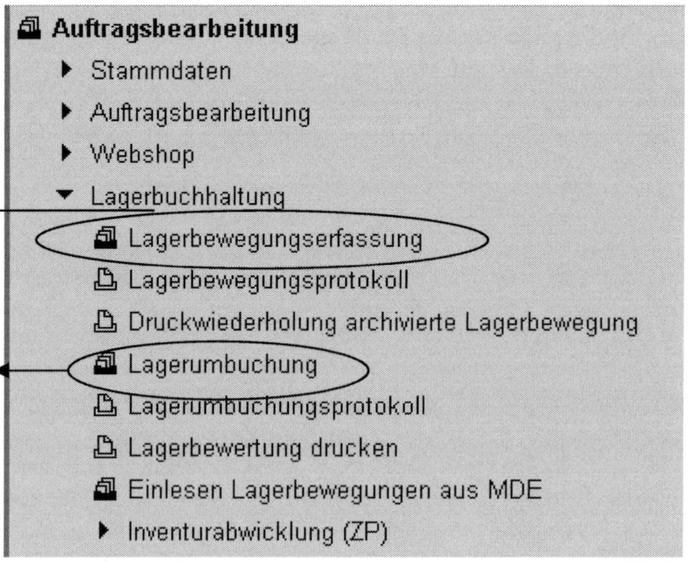

LAGERBUCHHALTUNG. In der Lagerbuchhaltung können Sie Ihre Wareneingänge erfassen, wenn Sie nicht mit dem Bestellwesen arbeiten.

In der Lagerbewegungserfassung können Sie an Hand des Lieferscheins die Wareneingänge erfassen. Bitte beachten Sie dabei, auch die Preise mitzupflegen. Wir hatten im Mandantenstamm eingestellt: Pflege MEK (mittlerer Einkaufspreis). Wenn Sie jetzt den Wareneingang ohne Preis erfassen, geht der MEK gegen 0 und der berechnete Rohertrag ist falsch.

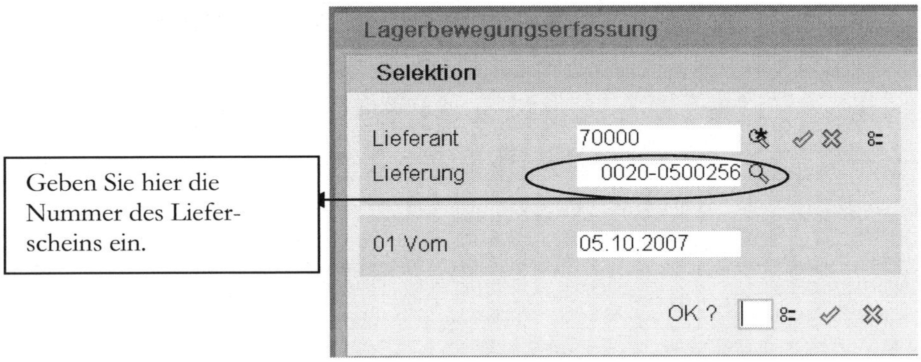

LAGERBEWEGUNGSERFASSUNG KOPF. Den Lieferanten können Sie mit F2 auswählen, anschließend geben Sie die Nummer und das Datum des Lieferscheins ein.

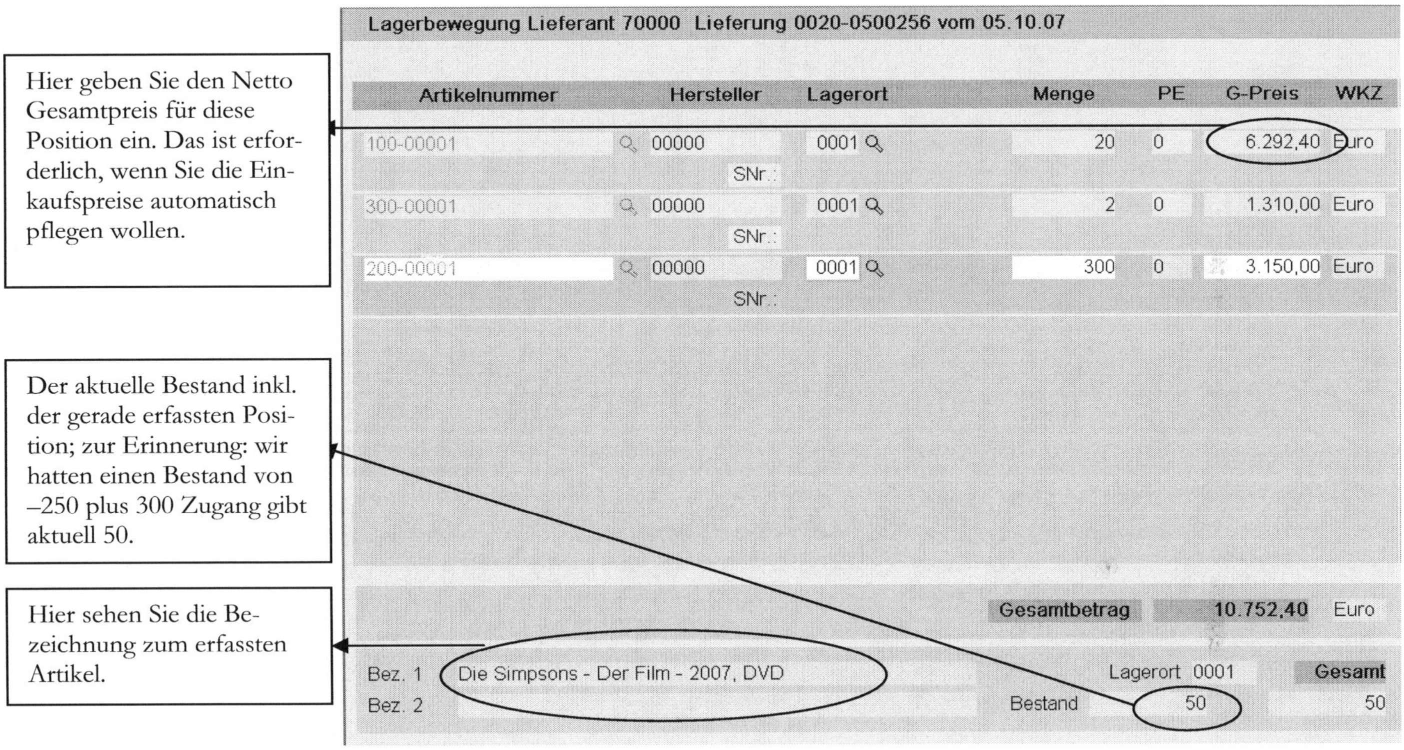

LAGERBEWEGUNGSERFASSUNG. Sobald Sie hier eine Position erfassen, wird der tatsächliche Lagerbestand erhöht.

Der Lagerbestand des Artikels wird unmittelbar bei der Positionseingabe aktualisiert; hierfür ist keine weitere Verarbeitung erforderlich. Wenn Sie mit der Erfassung fertig sind, drücken Sie **ESC** und wählen Sie: **Lagerbewegung übernehmen**.

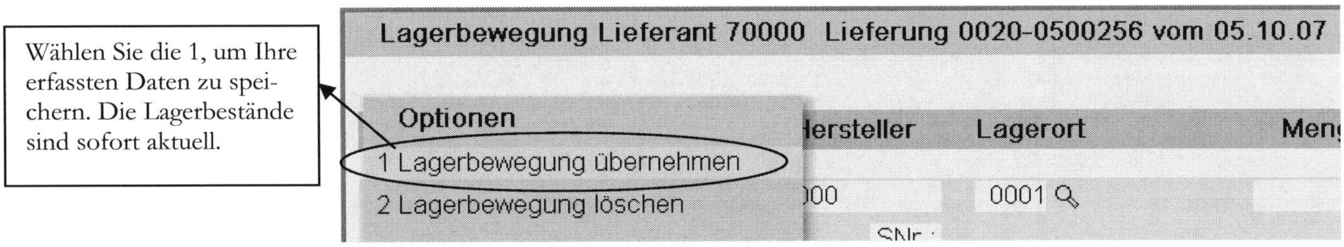

LAGERBEWEGUNG. Nach der Erfassung der Lagerbewegung können Sie diese mit ESC übernehmen oder löschen.

Zur Kontrolle der erfassten Daten bietet es sich an, im Anschluss an die Erfassung ein Lagerbewegungsprotokoll zu drucken und mit dem Lieferschein abzustimmen.

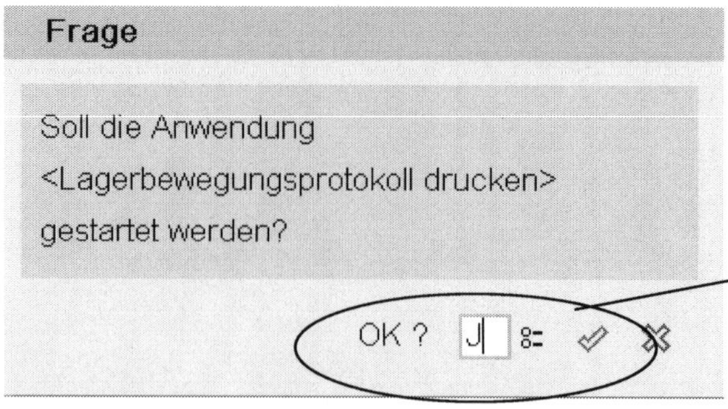

Geben Sie in der OK-Abfrage ein **J** oder ein **+** für ja ein oder klicken Sie mit der Maus auf den grünen Haken, um den Druck zu starten.

LAGERBEWEGUNGSPROTOKOLL DRUCKEN. Nach dem Programmaufruf kommt noch eine Abfrage, ob der Druck gestartet werden soll.

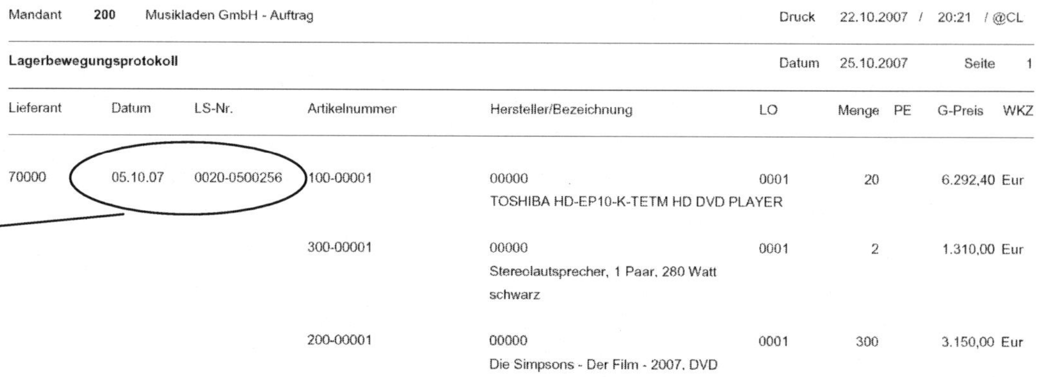

Mandant 200 Musikladen GmbH - Auftrag — Druck 22.10.2007 / 20:21 / @CL

Lagerbewegungsprotokoll — Datum 25.10.2007 — Seite 1

Lieferant	Datum	LS-Nr.	Artikelnummer	Hersteller/Bezeichnung	LO	Menge	PE	G-Preis	WKZ
70000	05.10.07	0020-0500256	100-00001	00000 TOSHIBA HD-EP10-K-TETM HD DVD PLAYER	0001	20		6.292,40	Eur
			300-00001	00000 Stereolautsprecher, 1 Paar, 280 Watt schwarz	0001	2		1.310,00	Eur
			200-00001	00000 Die Simpsons - Der Film - 2007, DVD	0001	300		3.150,00	Eur

Hier sehen Sie Datum und Nummer des Lieferscheins und alle dazugehörigen Positionen.

LAGERBEWEGUNGSPROTOKOLL. Anschließend können Sie ein Lagerbewegungsprotokoll drucken und die Erfassung noch einmal kontrollieren.

Vor allem in größeren Firmen wird für die Kontrolle das sogenannte 4 Augen Prinzip angewendet, d.h. eine Person erfasst die Wareneingänge, eine andere Person kontrolliert das Lagerbewegungsprotokoll.

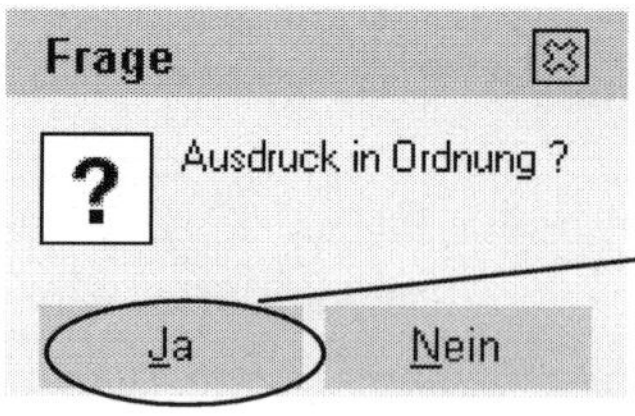

Beantworten Sie die Frage mit Ja, sobald der Druck vollständig abgeschlossen ist.

FRAGE. Bitte erst bestätigen, wenn der Druck fertig ist.

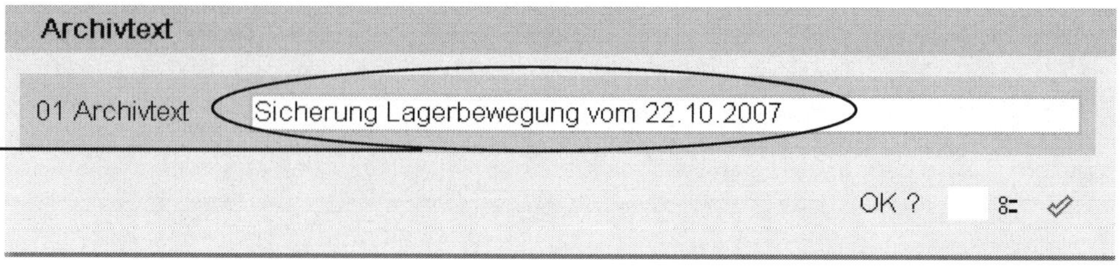

Optional können Sie hier einen eigenen Namen für die Archivdatei eingeben, die vom System angelegt wird.

ARCHIVTEXT. Mit dem Archivtext haben Sie die Möglichkeit, nach dem Protokoll zu suchen, wenn Sie es später nochmals drucken wollen.

Ähnlich ist die Vorgehensweise bei der Lagerumbuchung. Nur dass Sie hier Artikel von einem Lager auf ein anderes umbuchen. Auch hier gibt es wieder die Möglichkeit, ein entsprechendes Protokoll zu drucken.

Praxistipp

Nicht in der Auftragsbearbeitung im Standard enthalten ist die Inventur. Hierbei handelt es sich um ein kostenpflichtiges Zusatzpaket, mit dem der ganze Bereich der Inventur von der Zählliste über die Erfassung bis hin zur Bewertung abgebildet werden kann. Wenn Sie größere Lagerbestände haben, ist die Inventur für eine optimale Kontrolle und Bewertung im Grunde unverzichtbar. Bei Bedarf gibt es für die Inventur von der Firma Sage eine recht brauchbare Dokumentation in der Knowledgebase.

Mit dem Druck des Lagerbewegungsprotokolls werden auch die Einträge in den Karteikaten gemacht.

Mit **K** in der OK-Abfrage können Sie im Artikelstamm die Historie aufrufen. Hier sehen Sie alle Artikelbewegungen als Karteikarte.

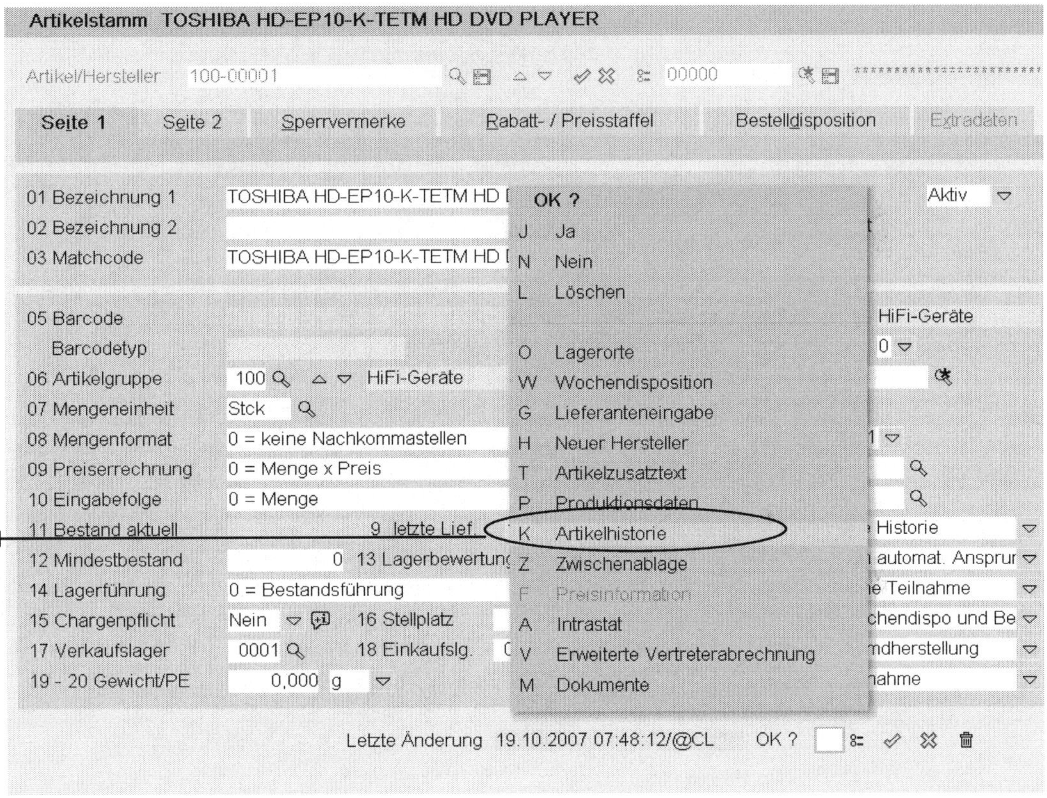

ARTIKELSTAMM. Mit **K** können sie die Artikelhistorie (**K**arteikarte) aufrufen.

Hier sehen Sie in den Wareneingang in der Artikelhistorie, mit Datum des Lieferscheins.

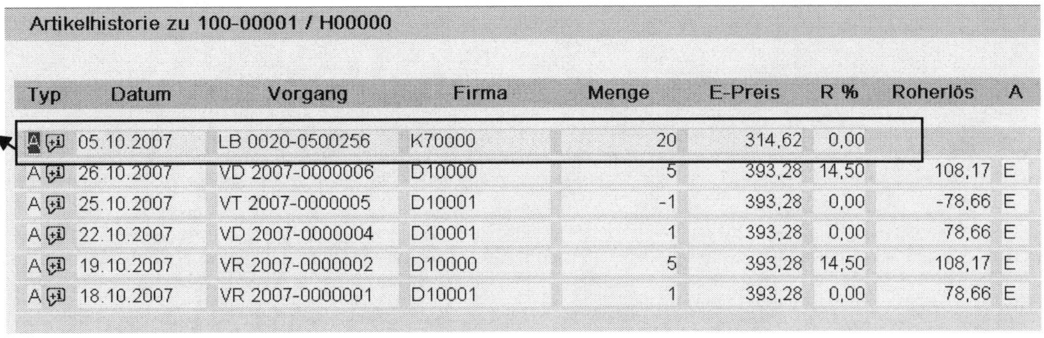

Artikelhistorie zu 100-00001 / H00000

Typ	Datum	Vorgang	Firma	Menge	E-Preis	R %	Roherlös	A
A	05.10.2007	LB 0020-0500256	K70000	20	314,62	0,00		
A	26.10.2007	VD 2007-0000006	D10000	5	393,28	14,50	108,17	E
A	25.10.2007	VT 2007-0000005	D10001	-1	393,28	0,00	-78,66	E
A	22.10.2007	VD 2007-0000004	D10001	1	393,28	0,00	78,66	E
A	19.10.2007	VR 2007-0000002	D10000	5	393,28	14,50	108,17	E
A	18.10.2007	VR 2007-0000001	D10001	1	393,28	0,00	78,66	E

ARTIKELHISTORIE. In der Artikelhistorie sehen Sie alle Lagerbewegungen des ausgewählten Artikels, vorausgesetzt, Sie haben im Artikelstamm im Feld 31 Historieneintrag das richtige Kennzeichen gesetzt. Sinnvoll ist hier die Auswahl 7 = jede Historie.

Lernzielkontrolle

☺ **Testen Sie Ihr Wissen**

1) Wie erfassen Sie ohne das Modul Bestellwesen einen Wareneingang? Beschreiben Sie den kompletten Ablauf mit eigenen Worten.

2) Warum ist es wichtig, beim Wareneingang die Einkaufspreise einzutragen?

3) Wann werden die Wareneingänge in die Karteikarten eingetragen?

Praktische Übungen

Tastaturübungen

1) Erfassen Sie einen Wareneingang von Conrad Electronic (K70000) mit folgenden Werten: Lieferschein 020-0500256 vom 05.10.2007 mit folgenden Positionen:
   - 20 DVD Player EUR
   - 2 Paar Sterolautsprecher, 280 Watt EUR
   - 300 DVDs Die Simpsons EUR

   Ermitteln Sie zunächst die jeweilige Summe je Position. Verwenden Sie dazu den im Artikelstamm hinterlegten MEK.

2) Drucken Sie das Lagerbewegungsprotokoll.

3) Überprüfen Sie im Artikelstamm die Bestände der einzelnen Artikel.

Kapitel

11

Tipps und Tricks

Hier noch ein paar Tipps und Tricks, die Ihnen die Arbeit in der Classic Line erleichtern.

Es gibt eine ganze Reihe von hilfreichen Einstellungen im Programm, die ein schnelleres und bequemeres Arbeiten ermöglichen. Einige davon wollen wir Ihnen in diesem Kapitel kurz vorstellen.

Arbeiten mit Favoriten

Favoriten sind bevorzugte Programme, mit denen Sie häufig arbeiten. Um diese Programme schneller aufrufen zu können, ohne jedes Mal im Menü zu suchen, können Sie jedes beliebige Programm als Favorit kennzeichnen. Dazu wählen Sie das gewünschte Programm im Menübaum aus, drücken die rechte Maustaste und markieren Favorit.

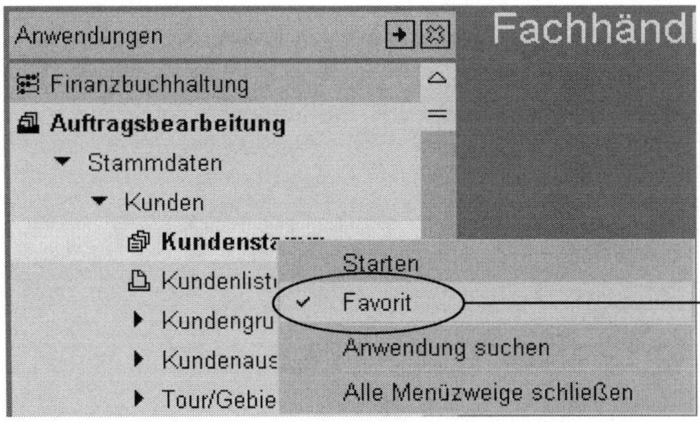

Dieser Menüpunkt ist jetzt als Favorit gekennzeichnet und kann über die Auswahl Favoriten gestartet werden.

FAVORIT. Sie können jedes beliebige Programm aus dem Menü Ihren Favoriten zuordnen.

Jetzt haben Sie die Möglichkeit, alle als Favoriten gekennzeichneten Programme über den Reiter Favoriten aufzurufen. Wenn Sie ein Programm aus den Favoriten entfernen möchten, nehmen Sie die Markierung auf dem gleichen Weg wieder raus.

Hier können Sie jetzt Ihre Favoriten direkt aufrufen.

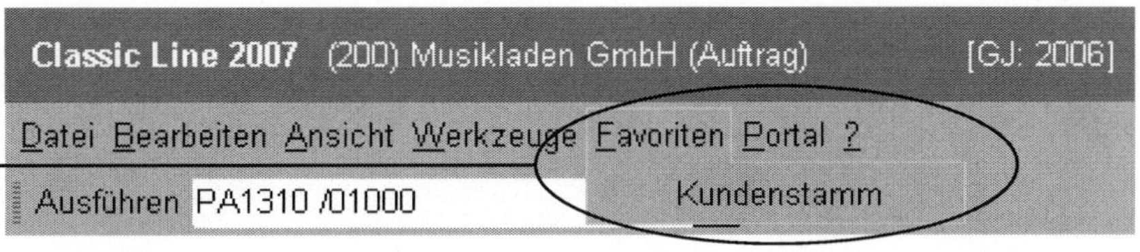

Auswahl Favoriten.

Sie können auch die Ansicht ändern und statt dem Menübaum nur die Favoriten anzeigen. Hierfür wählen Sie **Ansicht → Navigationsleiste → Favoriten**.

Klicken Sie auf Favoriten, um die Menüanzeige zu ändern.

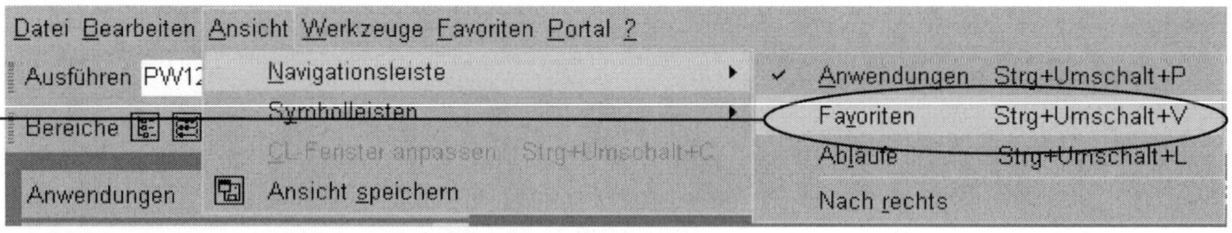

Hier können Sie die Ansicht wechseln.

Klicken Sie auf dieses Symbol, um wieder das komplette Menü anzuzeigen.

Jetzt werden statt dem Menü nur noch Ihre Favoriten angezeigt.

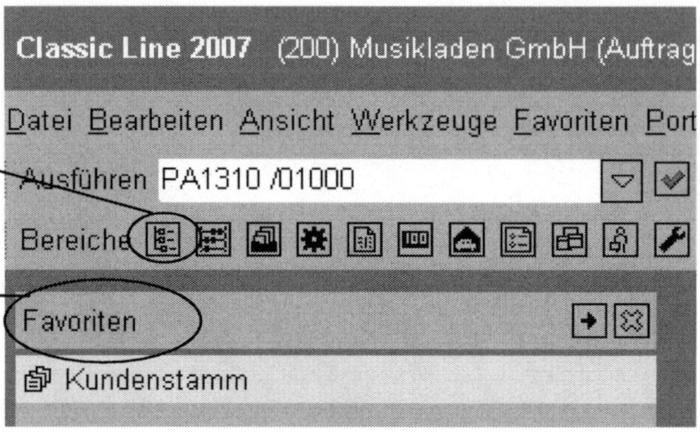

Jetzt werden nur noch ihre Favoriten angezeigt.

Anpassen der Optionen

Hilfreich ist es auch, die Optionen für die Anzeige am Bildschirm anzupassen. Über **Werkzeuge → Optionen** kommen Sie in das entsprechende Menü.

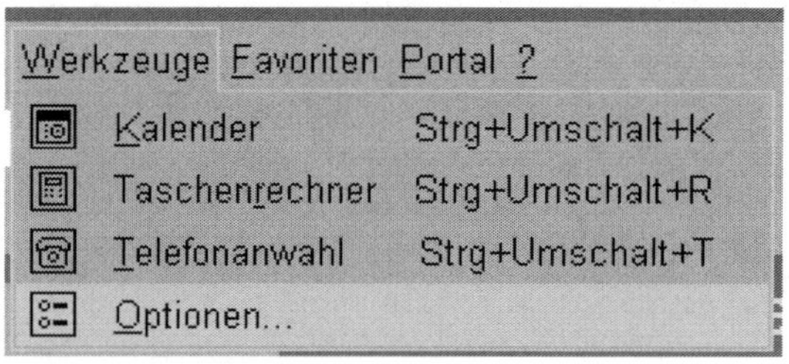

Aufruf Optionen.

In den Optionen können Sie einstellen, was alles am Bildschirm angezeigt wird. Darüber hinaus können Sie die Maussteuerung innerhalb der Classic Line einstellen und festlegen, ob ihre Einstellungen beim Beenden gespeichert werden sollen.

Die beiden interessantesten Punkte sind:

- Unter allgemein die Tipps und Tricks deaktivieren.
- Unter Aufbau der Titelleiste die aktive Anwendung markieren und auf Position 1 setzen und die Produktbezeichnung auf Position 5. Dann sehen Sie immer sofort, in welchem Classic Line Fenster welche Anwendung geöffnet ist.

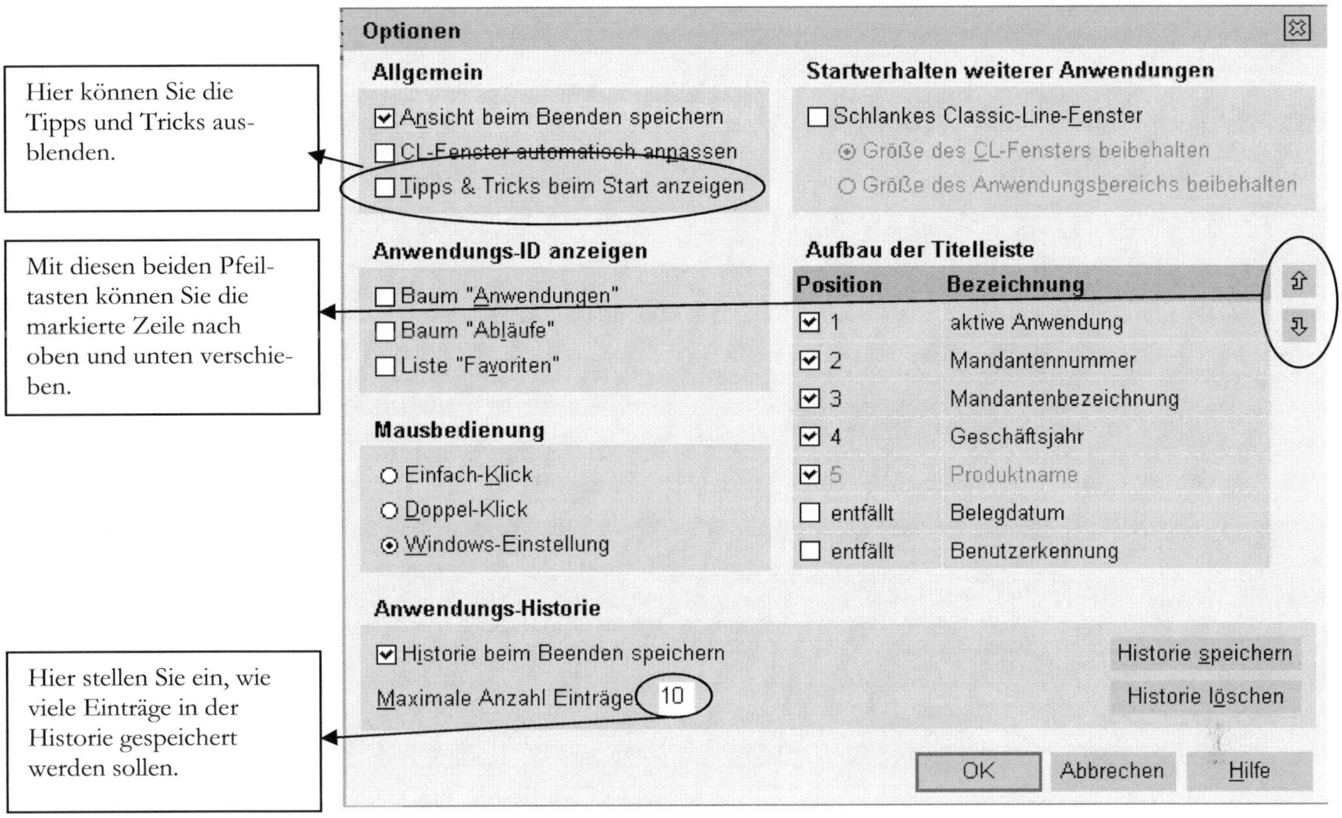

OPTIONEN. Hier können Sie die Classic Line für jeden Benutzer individuell einstellen.

Über die Historie können Sie sich in den einzelnen Bereichen anzeigen lassen, welche Datensätze Sie zuletzt bearbeitet haben. Das ist eine ganz interessante Funktion, vor allem, wenn Sie Stammdaten überarbeiten und laufend bei der Arbeit gestört werden (z.B. durchs Telefon).

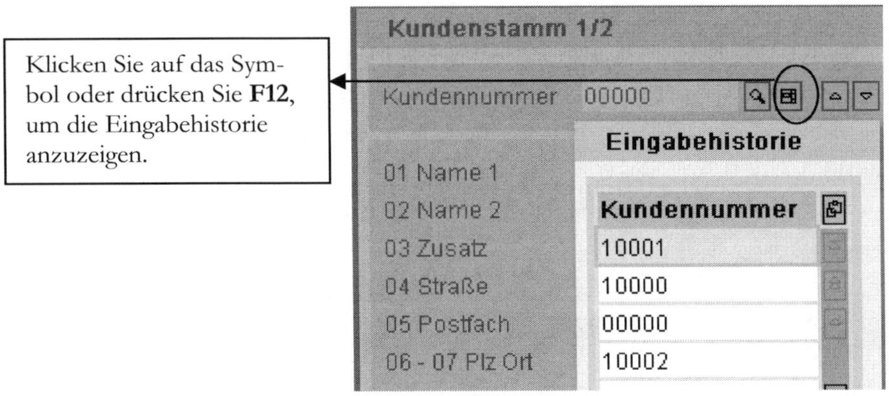

EINGABEHISTORIE. Hier sehen Sie die zuletzt bearbeiteten Datensätze (für den angemeldeten Benutzer).

Lieferdaten in Rechnung übernehmen

Seit dem **01.01.2004** sind Sie verpflichtet, das Datum des Lieferscheins in der Rechnung anzugeben. In der Version 3.4 können Sie einstellen, welche Daten automatisch aus dem Lieferschein in die Rechnung übernommen werden sollen. Dazu wählen Sie unter **Grundlagen → Grundlagen Auftragsbearbeitung / Bestellwesen → Einstellungen Auftragsbearbeitung Seite 21**, Zusammenfassung in Einzelrechnung aus. Tragen Sie im **Feld 01** Lieferscheine ein und wählen Sie im

Feld 02, ob Sie nur die Kurzinfo übernehmen wollen oder auch die komplette Anschrift.

Alternativ können Sie auch die komplette Lieferanschrift in die Rechnung übernehmen.

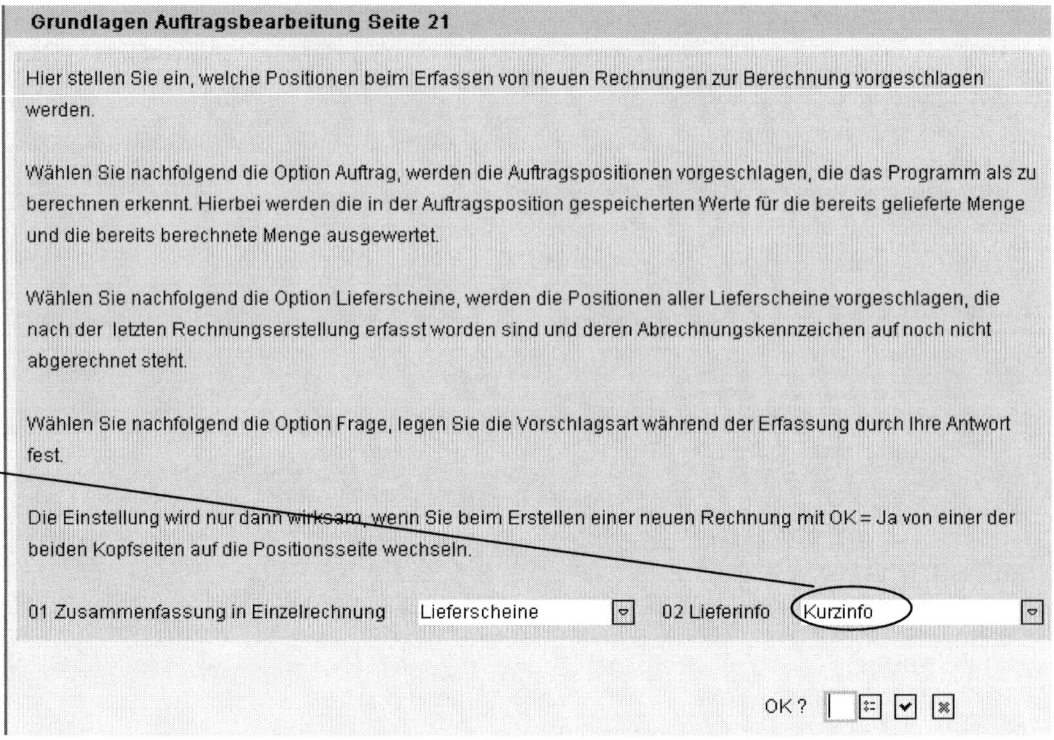

GRUNDLAGEN AUFTRAGSBEARBEITUNG SEITE 21. Stellen Sie hier ein, welche Daten aus dem Lieferschein übernommen werden sollen.

Wenn Sie jetzt eine neue Rechnung zu einem Lieferschein erstellen, werden die Positionen und die Kopfdaten aus dem Lieferschein übernommen. Dabei werden die Lieferscheindaten als Textzeile über den Artikelpositionen eingetragen.

Alternativ können Sie auch Frage wählen; dann kommt bei der Erfassung der Rechnung eine Frage, ob Sie die Daten aus dem Auftrag übernehmen wollen. Wenn Sie diese Frage mit nein beantworten, werden ebenfalls die Daten aus dem Lieferschein übernommen.

Datensicherung

🗁 **Wichtig**

Unter **Administration → Mandantenstamm → Mandant sichern** haben Sie die Möglichkeit, wahlweise auf Diskette oder auf Ihrer Festplatte eine Datensicherung zu erstellen. Denken Sie im Zweifel immer daran: Sie machen die Auftragsbearbeitung, d.h. wenn die Daten verloren gehen, müssen Sie Ihre Daten neu erfassen. Also liegt es in Ihrer Verantwortung, für eine regelmäßige Datensicherung Sorge zu tragen. Bei kleineren Datenbeständen können Sie auf Diskette sichern, bei größeren Datenmengen verwenden Sie ein Zip-Laufwerk oder legen Sie die Sicherung auf Ihrer Festplatte ab und brennen Sie regelmäßig (mindestens 1x pro Woche) eine CD. **Wichtig ist die regelmäßige Sicherung auf einen externen Datenträger.**

Mandant sichern ist für den Anwender die einfachste Möglichkeit, schnell eine Datensicherung anzulegen.

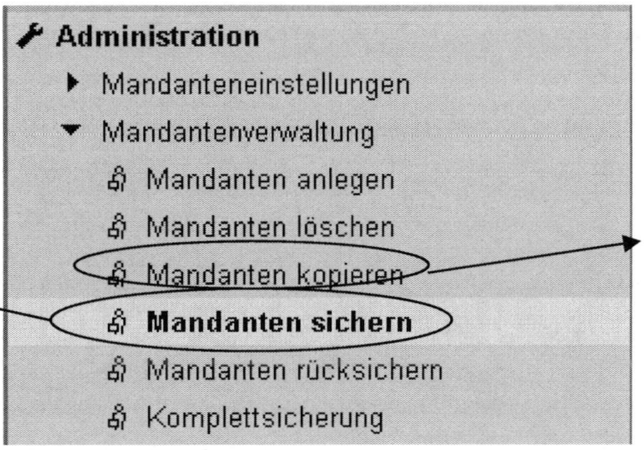

Die Funktion Mandant kopieren eignet sich hervorragend, um einen Übungsmandanten mit eigenen Daten anzulegen.

MANDANTEN SICHERN. Erstellen Sie hier eine Datensicherung.

Bei kleineren Datenmengen kann man bequem auf Diskette sichern, sonst auf der Festplatte oder einem ZIP-Laufwerk.

Bei Bedarf können Sie Ihre Sicherung mit einem Kennwort schützen. In diesem Fall sollten Sie das Kennwort dokumentieren, denn ohne Kennwort ist eine Rücksicherung der Daten dann nicht mehr möglich.

Seit der Version 3.3 können Sie jetzt einstellen, ob der Zieldatenträger vor der Sicherung gelöscht werden soll.

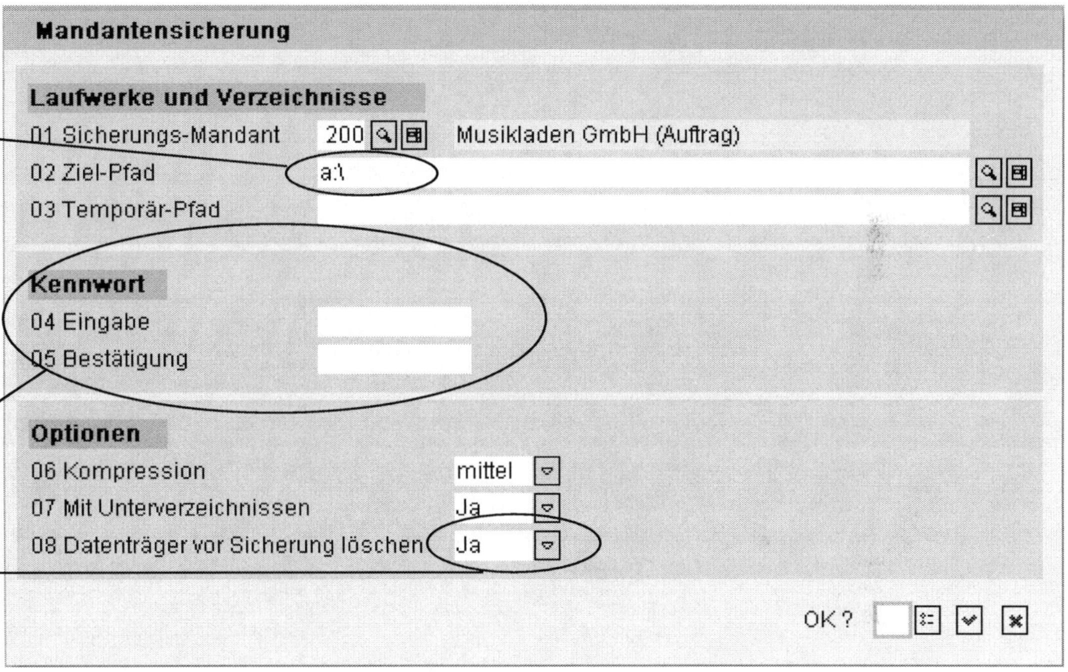

MANDANTENSICHERUNG. Hier geben Sie die Details für Ihre Datensicherung ein.

Bei der Datensicherung ist es wichtig, dass in der Classic Line keine weiteren Programme geöffnet sind. Bei Netzwerkinstallation prüfen Sie bitte, ob alle anderen Teilnehmer die Classic Line beendet haben. Ist die Classic Line mit dem gleichen Mandanten ein weiteres Mal geöffnet, wird die Sicherung automatisch abgebrochen. Aus diesem Grund kommt bei der Sicherung automatisch eine entsprechende Abfrage. Diese Abfrage bitte mit nein beantworten, sonst wird die Sicherung vom Programm automatisch abgebrochen.

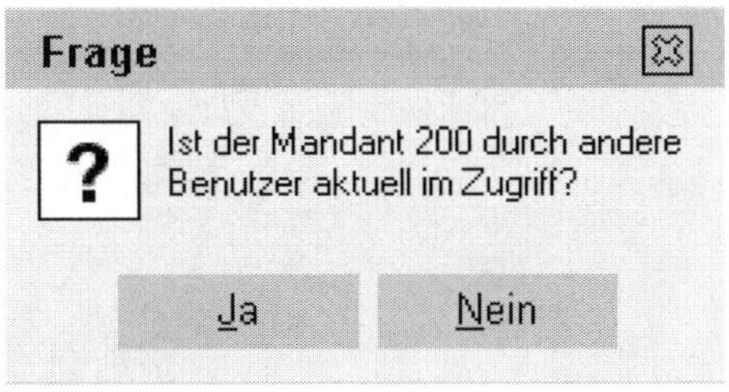

MANDANTENSICHERUNG SICHERHEITSABFRAGE

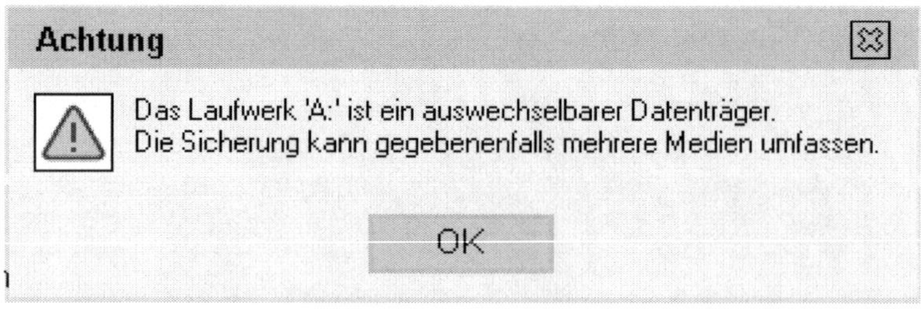

MANDANTENSICHERUNG. Hier geben Sie die Details für Ihre Datensicherung ein.

Jetzt werden Sie aufgefordert, die 1. Diskette einzulegen.

Legen Sie eine leere Diskette ein und bestätigen Sie die Frage mit Ja. Sollten mehrere Disketten für die Sicherung erforderlich sein, fragt das Programm automatisch nach einer weiteren Diskette.

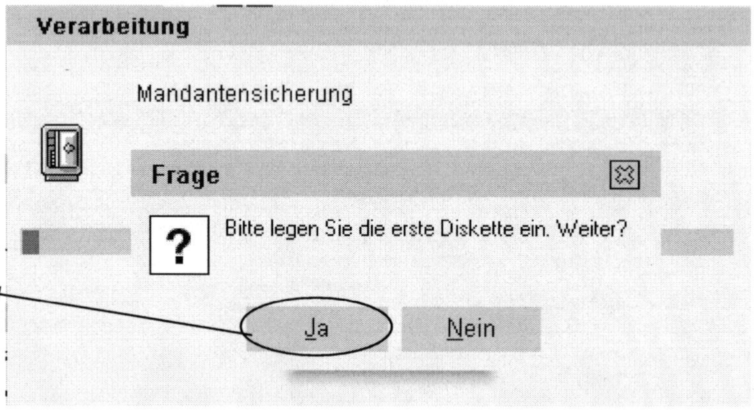

DISKETTENSICHERUNG

War die Datensicherung erfolgreich erscheint am Ende eine entsprechende Meldung; andernfalls wird die Sicherung automatisch abgebrochen.

Klicken Sie auf OK, um die Datensicherung abzuschließen.

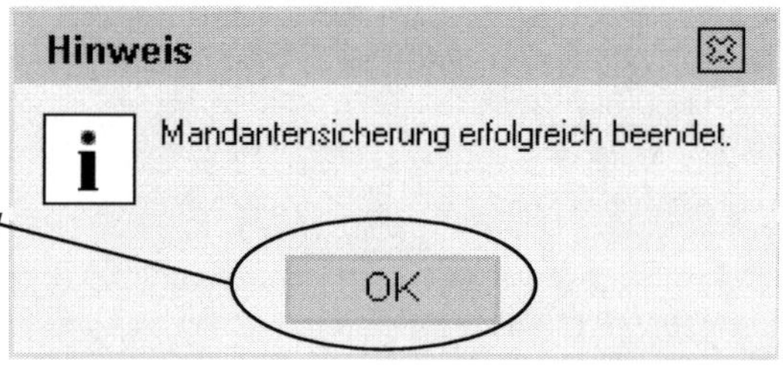

MANDANTENSICHERUNG - HINWEIS. Mit dieser Meldung ist die Datensicherung abgeschlossen.

Jetzt können Sie bei Bedarf Ihren Datenbestand innerhalb weniger Minuten mit Ihrer Datensicherung wieder herstellen.

Kapitel 12

Der Multicom Informationserver

Hier erhalten Sie einen kurzen Überblick über das von Kunden und Fachhändlern mit Bestnoten beurteilte Zusatzprogramm zur Classic Line.

Der Multicom Information Server liefert an vielen Stellen im Programm mit einem Mausklick genau die Informationen, die Sie gerade benötigen. Schnell, übersichtlich und kinderleicht zu bedienen. Ob Sie gerade im Kundenstamm sind und einen Überblick über alle offenen Vorgänge des Kunden haben wollen, Ihre Buchhaltung eine Rechnungskopie zu einem offenen Posten benötigt, oder …… Der Information Server hilft Ihnen weiter. Der Vorteil bei diesem Programm: Sie bewegen sich innerhalb der Classic Line, d.h. es ist weder ein Datenexport erforderlich, noch eine lange Einarbeitung. Auf Grund der Vielzahl der Möglichkeiten dieses Programms werden wir uns hier mit der Präsentation von einigen besonderen Highlights begnügen.

Zusätzliche Informationen im Kundenstamm

Im Kundenstamm finden Sie nach der Installation des Multicom Information Servers gibt es einige zusätzliche Informationen, die Sie per Mausklick abrufen können. Dafür gibt es einen zusätzlichen Reiter für **KIS**, das **K**unden **I**nformations **S**ystem und zwei zusätzliche Schaltflächen, eine hinter Name 1 und eine hinter Name 2.

KIS, **K**unden **I**nformations System. Einfaches, aber sehr hilfreiches Tool für den Vertrieb.

Auskunft offene Vorgänge.

Auskunft Umsatz. Zeigt den Umsatz des Kunden im wählbaren Zeitraum.

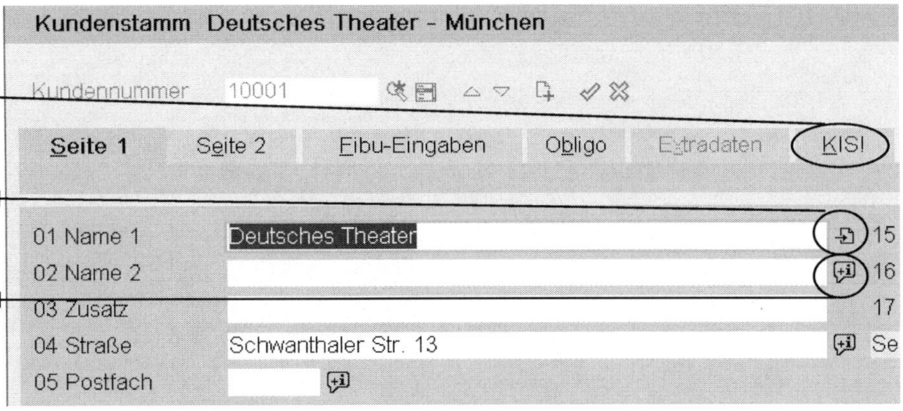

MULTICOM SCHALTFLÄCHEN IM KUNDENSTAMM. Nach Installation des Information Servers finden Sie im Kundenstamm 2 neue Schaltflächen.

Die Auskunft Vorgänge zeigt Ihnen alle offenen Angebot, Aufträge und Vorgänge zum Kunden. Per Mausklick können Sie jeden Vorgang komplett anzeigen und neuerdings den Vorgang auch direkt zur Bearbeitung aufrufen. Das erspart Ihnen die Sucherei in der Vorgangserfassung. So haben Sie beim Telefonat mit dem Kunden dort, wo es hilfreich ist, direkt im Kundenstamm, alle wichtigen Informationen.

Klicken Sie auf eine Vorgangsnummer, um die Details anzuzeigen.

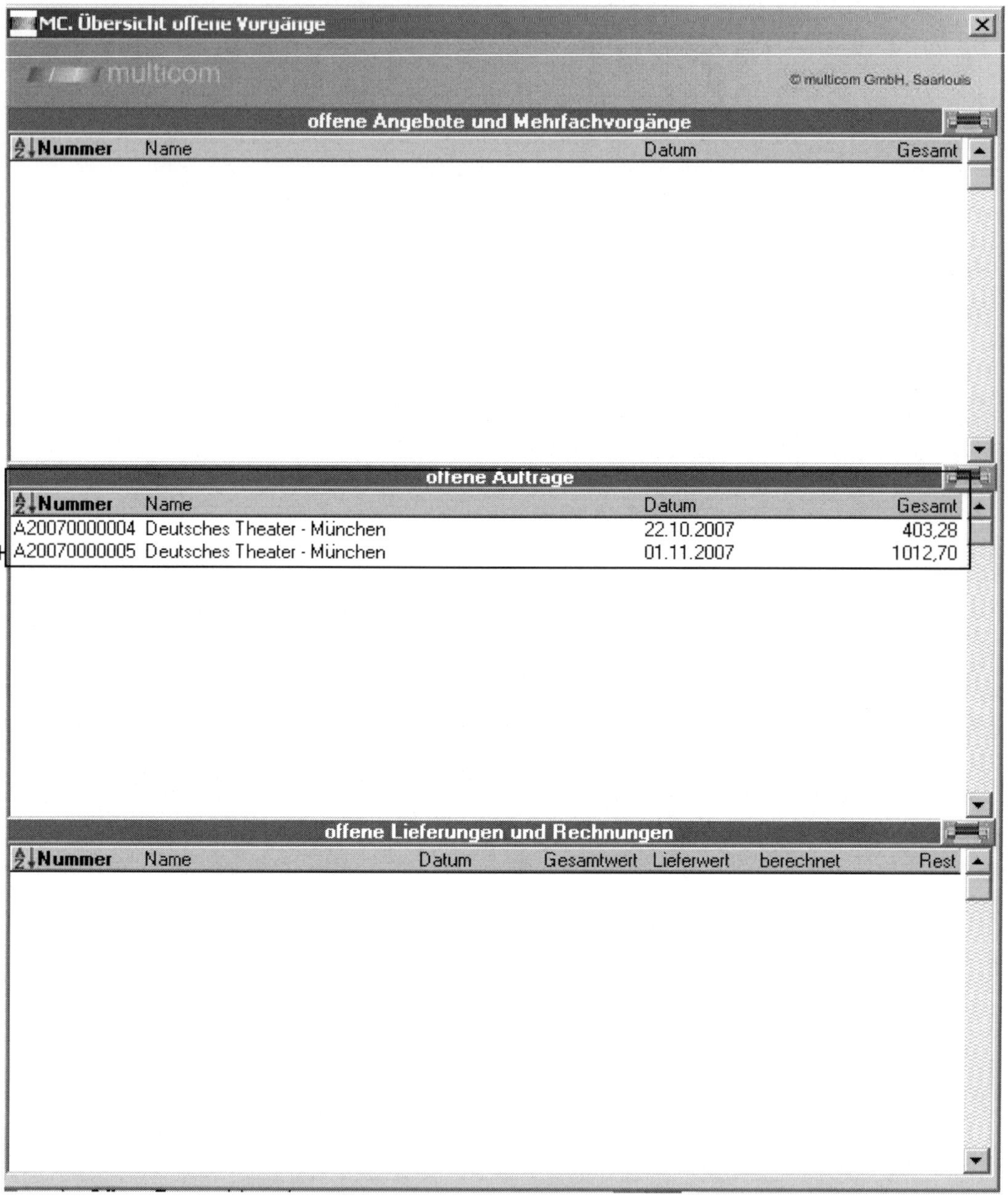

MULTICOM ÜBERSICHT OFFENE VORGÄNGE. In dieser Übersicht sehen Sie auf einen Blick alle offenen Vorgänge zum Kunden.

In der Detailansicht eines offenen Vorgangs haben Sie folgende Möglichkeiten:

- den Vorgang direkt auszudrucken
- in die Bearbeitung zu verzweigen
- den Vorgang zu kopieren.

Alle wichtigen Informationen auf einen Blick. Inkl. aller Kontaktdaten.

Sie können den ausgewählten Vorgang hier direkt ausdrucken.

Mit dem Häkchen rufen Sie den Vorgang zur Bearbeitung auf.

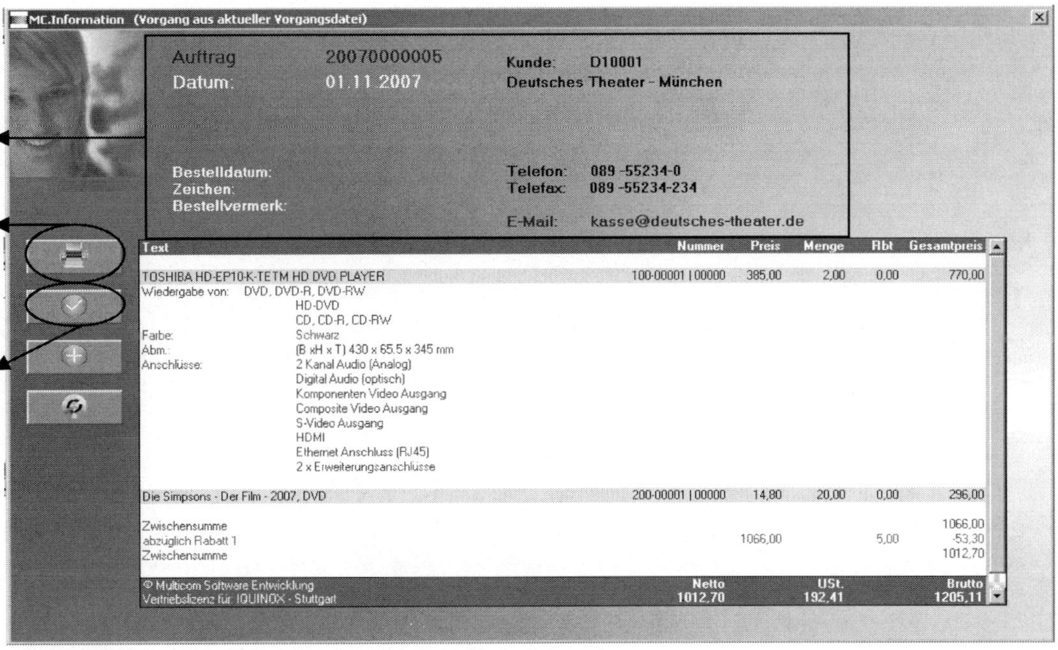

MULTICOM VORGANG AUS AKTUELLER VORGANGSDATEI. Hier sehen Sie alle Details zum Vorgang.

Über die Schaltfläche Auskunft Umsatz rufen Sie einen Kundenvergleich auf. Hier sehen Sie neben den Kundenumsätzen auch sofort die Platzierung dieses Kunden in der Gesamtwertung. Dabei können Sie per Mausklick den ausgewählten Zeitraum ändern.

Hier sehen Sie die Platzierung des ausgewählten Kunden in der Gesamtbetrachtung.

Den Zeitraum können individuell einstellen.

Sie können diese Daten auch bequem ausdrucken oder in eine Exceltabelle übertragen.

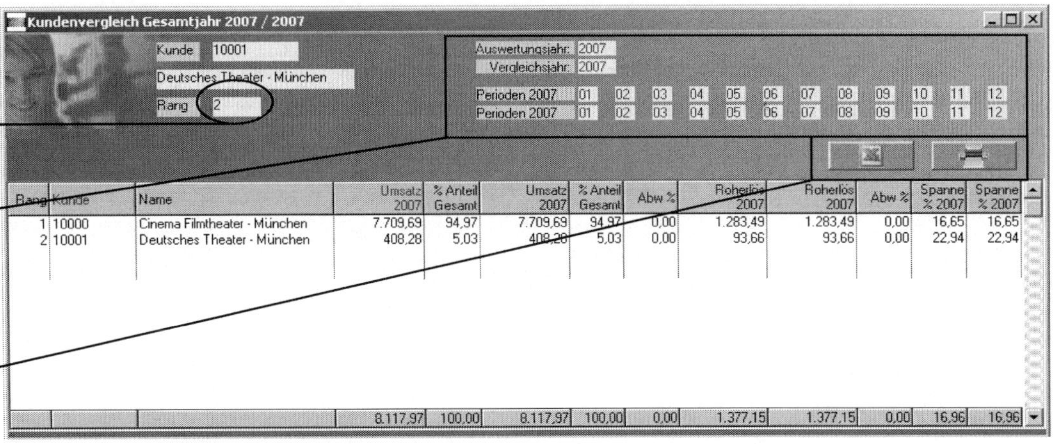

MULTICOM AUSKUNFT UMSATZ. Im Kundenvergleich sehen Sie neben dem Umsatz des ausgewählten Kunden auch den Gesamtumsatz und die Rangliste.

Solche Informationen sind für Preisverhandlungen und Angebote sehr hilfreich. Vor allem, wenn Sie sofort auf Knopfdruck verfügbar sind.

Unter dem Reiter **KIS**, **K**unden-**I**nformations-**S**ystem, finden Sie eine kleine, vollständig in die Classic Line integrierte Vertriebsunterstützung. Sie können hier Mails verschicken, Notizen eintragen und Termine auf Wiedervorlage legen. So haben Sie dann alle wichtigen Termine und Informationen in Ihrer To Do Liste. Ohne schon wieder ein Fremdprogramm starten zu müssen.

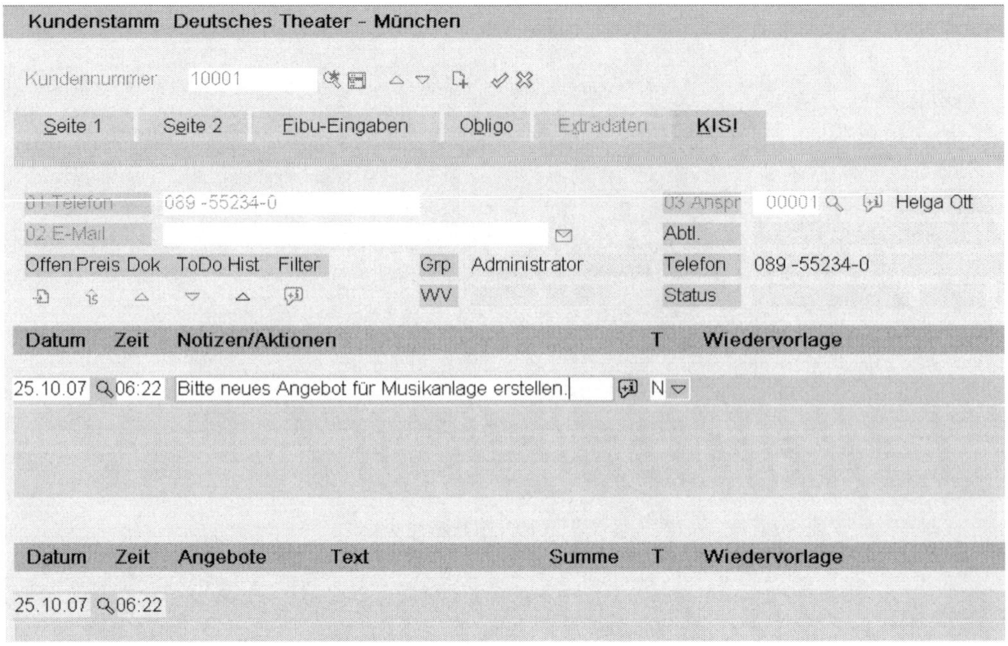

MULTICOM KUNDEN-INFORMATIONS-SYSTEM. Im KIS können Sie sich für die laufenden Kontakte zusätzliche Informationen hinterlegen und Termin auf Wiedervorlage packen, und vieles andere mehr.

Darüber hinaus steht Ihnen die Multicom Vorgangsauskunft auch in der Kundenhistorie und in der OP-Übersicht zur Verfügung.

Hier starten Sie die Multicom Auskunft.

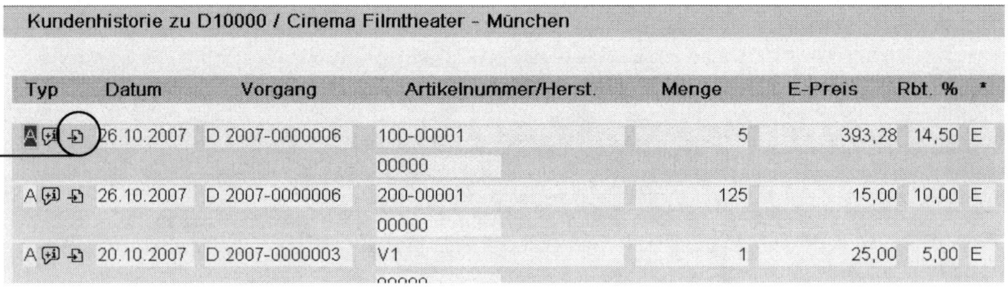

KUNDENHISTORE. In der Kundenhistorie haben in jeder Zeile eine zusätzliche Schaltfläche, um sich per Mausklick den kompletten Vorgang anzeigen zu lassen.

Sehr zur Freude der Buchhaltung ist es mit Hilfe des Multicom Information Servers möglich, zu jedem offenen Posten per Mausklick die dazugehörige Rechnung auszudrucken. Das spart Zeit und schont die Nerven.

Per Mausklick können Sie hier die Rechnung zum ausgewählten OP anzeigen.

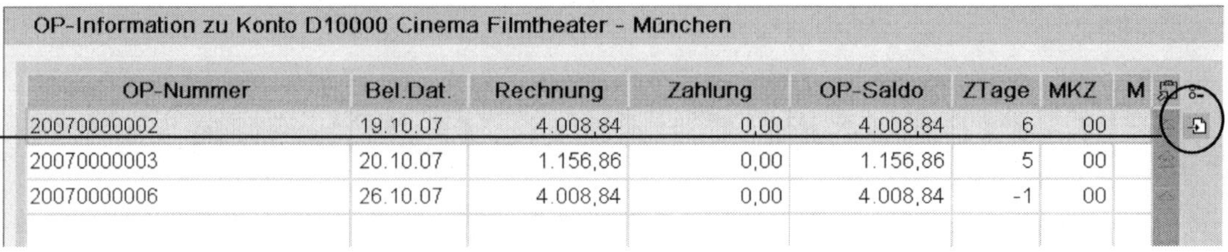

OFFENE POSTEN. Ob im Kundenstamm oder in der OP-Bearbeitung in der Finanzbuchhaltung: ein Mausklick und Sie sehen die komplette Rechnung zum ausgewählten offenen Posten..

MC Information Server – das Menü

Nach der Installation finden Sie am Ende des Menübaumes, nach der Administration, das Menü für den Multicom Information Server.

Einen großen Teil nimmt das KIS ein.

Das **CIS**, **C**hef **I**nformation **S**ystem fasst auf einer Seite alle wichtigen Informationen zusammen.

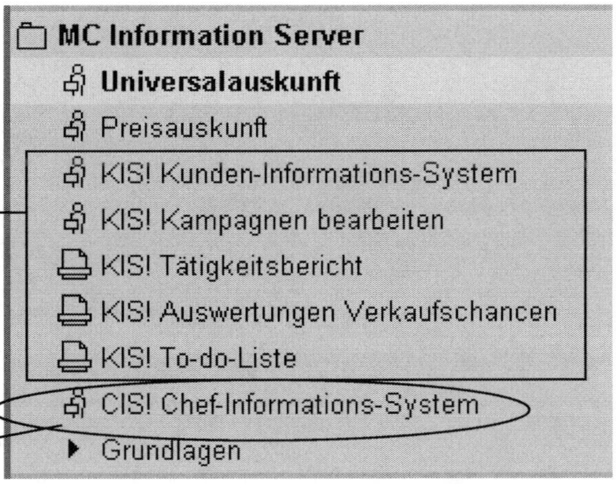

MULTICOM INFORMATION SERVER. Hier haben Sie das voll in die Classic Line integrierte Menü des Information Servers.

Im CIS sehen Sie die wichtigsten Informationen aus Auftragsbearbeitung, Bestellwesen und Finanzbuchhaltung, zusammengefasst auf einer Seite. Einfach den gewünschten Monat und das Jahr auswählen, auf den Button Werte ermitteln klicken und schon haben Sie Ihre Zahlen.

Jeweils 1 Block deckt einen Bereich mit Informationen ab.

Hier sehen Sie, für welchen Zeitpunkt diese Auswertung ermittelt wurde.

CIS – CHEF INFORMATION SYSTEM. Ob Kunde oder Artikel, die Top 10 Liste ergänzt die Zusammenfassungen aus Auftrag, Bestellwesen und Finanzbuchhaltung.

Weitere Infos und ein Bestellformular finden Sie unter: www.neueweltverlag.de .

Kapitel

13

Fragen und Aufgaben

In diesem Kapitel finden Sie Fragen und praktische Übungen zur Vertiefung.

Wir haben im Folgenden noch einige Fragen und Übungsaufgaben für Sie zusammengestellt. Erfassen Sie die Belege im November bzw. Dezember des Jahres 2007.

Lernzielkontrolle

☺ **Testen Sie Ihr Wissen**

1) Wo stellen Sie ein, wie viele Stellen Ihre Artikelnummern maximal haben dürfen?

2) Wie viele Fremdwährungen werden in der Classic Line unterstützt?

3) Warum sollten Sie in der Auftragsbearbeitung bei der Anlage eines neuen Mandanten nicht den Demomandaten als Vorlage nutzen?

4) Wo stellen Sie die Belegnummern für Angebote, Aufträge,... ein?

5) Wann werden in der Classic Line Offene Posten erzeugt?

6) Welche Möglichkeiten der Preisgestaltung in der Classic Line kennen Sie?

7) Wie können Sie in einem Vorgang (z.B. Angebot) feststellen, wo der Preis herkommt?

8) Wie viele Währungen können Sie einem Kunden zuordnen?

9) Was ist der Unterschied zwischen Artikelgruppe und Erlöscode?

10) Wo können Sie in einem Auftrag die Bestellnummer des Kunden erfassen, so, dass Sie später auch danach suchen können?

11) Wie erfassen Sie einen Wareneingang, wenn Sie nicht mit dem Bestellwesen arbeiten?

12) Was bietet der Multicom Information Server für sinnvolle Ergänzungen zur Classic Line?

Praktische Übungen November 2007

Tastaturübungen

1) Erstellen Sie eine Datensicherung.

2) Legen Sie folgenden Kunden neu an:

   D10003 Radio ohne Werbung
   Schwanthaler Str. 22
   80333 München
   Tel.: 089-0256892 / Fax: 089-0256893
   Ansprechpartner: Georg Blitz
   Zahlungskonditionen: 10 Tage netto

3) Legen Sie folgenden Lieferanten neu an:

   K70003 Haus der Klänge
   Traumstrasse 1
   11111 Gongstadt
   Tel: 01111-232323 Fax: 01111-232324
   Ansprechpartner: Gabi Sopran
   Zahlungskonditionen: 60 Tage netto
   Bankverbindung: Umweltbank BLZ 760 350 00 Kto. 18181

4) Erfassen Sie folgenden Artikel neu:
   Artikelnummer: 100-00002 Hersteller: 00000
   Bezeichnung: Verstärker KA-1235, 12 Kanal
   Zusatztext: Ausgangsleitung Sinus/Max 12 x 50/12 x 85 W an 4 Ω, 12 x 35/65 W an 8 Ω
   Mengeneinheit: Stück Artikelgruppe 100, HiFi-Geräte
   Erlöscode: 10, HiFi-Geräte
   EK und MEK: € 499,00 VK1: € 623,75

5) Schreiben Sie mit Belegdatum 05.11.2007 für Radio ohne Werbung ein Angebot für 5 DVD Player mit Stereolautsprechern und geben Sie 5% Rabatt auf die Summe.

6) Übernehmen Sie das Angebot in eine Direktrechnung und ergänzen Sie den Film "Die Simpsons – Der Film", 5 Stück.

7) Machen Sie die Restlieferung zum Auftrag 2007-0000002 an unseren Kunden Deutsches Theater. Berechnen Sie die Lieferung.

8) Schreiben Sie eine Direktrechnung an Cinema Filmtheater mit Belegdatum 27.11.2007 über 500 DVDs Die Simpsons – Der Film.

9) Drucken Sie das Rechnungsausgangsbuch zum 30.11.2007 inklusiv Statistiklauf.

10) Drucken Sie eine Kundenumsatzliste.

11) Erstellen Sie eine Datensicherung.

12) Frühren Sie den Periodenabschluss durch.

Praktische Übungen Dezember 2007

13) Legen Sie folgende Kunden neu an:

D10004 Neue Welt Verlag GmbH
Brawaweg 5
85465 Langenpreising
Tel.: 08762-7265890 / Fax: 08762-7265891
Mail: info@neueweltverlag.de
www.neueweltverlag.de
Ansprechpartner: Jörg Merk
Zahlungskonditionen: 10 Tage netto

14) Legen Sie folgenden Lieferanten neu an:

K70004 Starmultimedia GmbH
Am Glockenwall 13
20097 Hamburg
Tel: 040-03551990 Fax: 040-0355199-20
Ansprechpartner: Jens Starbuck
Zahlungskonditionen: 30 Tage netto
Bankverbindung: Deutsche Bank Hamburg, BLZ 200 700 00
Konto: 208095

15) Schreiben Sie eine Direktrechnung an D10004, Neue Welt Verlag, mit folgenden Positionen:
5 Verstärker
5 DVD Player
5 Paar Lautsprecher
5 Die Simpsons

Belegdatum: 14.12.2007

16) Drucken Sie das Rechnungsausgangsbuch zum 31.12.2007.

17) Erstellen Sie eine Mandantenkopie und eine Datensicherung.

18) Führen Sie den Jahresabschluss durch.

Nachwort

Wir haben diese Seminarunterlagen mit sehr viel Freude und Sorgfalt erstellt. Sollten sich Fehler eingeschlichen haben, so freuen wir uns über Ihre Hinweise unter:

info@neue-welt-verlag.de

Selbstverständlich freuen wir uns auch über Lob, Anregungen, Wünsche und Kritik. Wir werden Ihre Wünsche und Anregungen dann, soweit möglich, in der nächsten überarbeiteten Auflage umsetzen.

Seit Oktober 2007 finden Sie unter www.neue-welt-verlag.de eine Übersicht über weitere Schulungsunterlagen zur Classic Line 2008 inkl. Erscheinungstermin und können dort auch unser aktuelles Bestellformular herunterladen. Dort finden Sie auch alle Schulungsunterlagen ab der Classic Line 3.4.

Folgende Titel wird es für die Classic Line 2008 geben:

Sage Classic Line 2008 Finanzbuchhaltung
ISBN-13 978-3-937957-42-5 EAN 9783937957425

Sage Classic Line 2008 Auftragsbearbeitung
ISBN-13 978-3-937957-43-2 EAN 9783937957432

Sage Classic Line 2008 Bestellwesen
ISBN-13 978-3-937957-44-9 EAN 9783937957449

Sage Classic Line 2008 Produktion
ISBN-13 978-3-937957-45-6 EAN 9783937957456

Sage Classic Line 2008 Lohn & Gehalt
ISBN-13 978-3-937957-46-3 EAN 9783937957463

CD mit Lösungsmandanten Version 2008

Alle Bücher können direkt beim Verlag oder über den Buchhandel bestellt werden. Kopierlizenzen (für Fachhändler und Schulen) gibt es nur direkt über den Verlag unter: www.neueweltverlag.de oder per Mail an info@neueweltverlag.de.

Die CD mit den Lösungsmandanten gibt es ebenfalls nur direkt beim Verlag.